Helmut Leutenbauer

Geometrie in der Grundschule

Kopiervorlagen mit Anleitungen

Auer Verlag GmbH

Gedruckt auf umweltbewusst gefertigtem, chlorfrei gebleichtem
und alterungsbeständigem Papier.

4. Auflage. 2005
© by Auer Verlag GmbH, Donauwörth
Alle Rechte vorbehalten
Das Werk und seine Teile sind urheberrechtlich geschützt. Jede Nutzung in anderen als den gesetzlich
zugelassenen Fällen bedarf der vorherigen schriftlichen Einwilligung des Verlages. Hinweis zu § 52 a UrhG:
Weder das Werk noch seine Teile dürfen ohne eine solche Einwilligung eingecannt und in ein Netzwerk
eingestellt werden. Dies gilt auch für Intranets von Schulen und sonstigen Bildungseinrichtungen.
Gesamtherstellung: Ludwig Auer GmbH, Donauwörth
ISBN 3-403-0**2076**-2

Inhaltsverzeichnis

Vorwort 4

Grundlagen des Geometrieunterrichts in der Grundschule 5

1. Geometrisches Grundwissen 5
1.1 Topologie 5
1.2 Lagebeziehungen 6
1.3 Abbildungen 6
1.4 Flächen 6
1.5 Körper 7
1.6 Instrumentale Grundfertigkeiten 7

2. Arbeitsformen im Geometrieunterricht . 8
2.1 Prinzipien allgemeiner Art 8
2.2 Handelnder Vollzug 8
2.3 Zeichnerischer Vollzug 9
2.4 Kognitiv-verbaler Vollzug 9

3. Artikulation einer Geometriestunde 10
3.1 Phase der Zielbestimmung 10
3.2 Phase der Planung und Strategiebildung 10
3.3 Phase der Lösung und Ausführung 10
3.4 Phase der Wertung 10
3.5 Phase der Anwendung 11

Darstellung der Stoffinhalte 12

4. Topologische Grundfragen 12
4.1 Gerade Linien – krumme Linien 15
4.2 Offen – geschlossen 17
4.3 Innen – außen 19
4.4 Wir bestimmen die Lage 21
4.5 Wir betrachten Gebiete 23

5. Grundtechniken: Ausschneiden und Figuren legen 25
5.1 Zum Ausschneiden: Plättchen 27
5.2 Wir legen Figuren nach I 29
5.3 Wir legen Figuren nach II 31
5.4 Wir legen Figuren 33

6. Instrumentale Grundfertigkeiten: Messen und Zeichnen 35
6.1 Wir übertragen Figuren 37
6.2 Wir messen mit Zentimeter 39
6.3 Wir zeichnen Streckenzüge 41
6.4 Wir messen mit cm und mm 43
6.5 Wir zeichnen Strecken 45
6.6 Wir messen und zeichnen Strecken 47

7. Arbeiten im Gitternetz 49
7.1 Wir orientieren uns im Gitternetz ... 51
7.2 Wir zeichnen im Gitternetz 53
7.3 Wir bewegen uns entlang von Gitterlinien 55
7.4 Wir bewegen uns im Gitternetz 57

8. Rechnen mit Längenmaßen 59
8.1 Wir rechnen um: cm – mm 61
8.2 Wir rechnen um: dm – cm – mm ... 63
8.3 Wir rechnen um: m – cm 65
8.4 Wir rechnen um: m – dm – cm – mm 67
8.5 Wir rechnen um: km – m 69
8.6 Wir rechnen mit Längenmaßen 71

9. Symmetrische Figuren 73
9.1 Zum Ausschneiden: Symmetrische Figuren 75
9.2 Zum Ausschneiden: Überprüfen der Symmetrie 77
9.3 Wir malen symmetrische Figuren aus .. 79
9.4 Wir legen symmetrische Figuren ... 81
9.5 Wir zeichnen Faltachsen ein 83
9.6 Wir vollenden symmetrische Figuren ... 85
9.7 Wir ergänzen zu symmetrischen Figuren 87
9.8 Symmetriespiel 89

10. Verschieben und Drehen 91
10.1 Wir verschieben Figuren 93
10.2 Wir drehen Figuren I 95
10.3 Wir drehen Figuren II 97
10.4 Wir spiegeln, drehen, verschieben 99

11. Flächen 101
11.1 Wir betrachten Flächen 105
11.2 Wir untersuchen Vierecke 107
11.3 Wir betrachten Quadrate 109
11.4 Wir betrachten Rechtecke 111
11.5 Zum Ausschneiden: Rechtecke und Quadrate 113
11.6 Wir betrachten Quadrat und Rechteck .. 115
11.7 Wir bestimmen den Umfang von Flächen 117
11.8 Wir parkettieren 119

12. Körper 121
12.1 Wir betrachten Körper 123
12.2 Wir betrachten Würfel 125
12.3 Wir untersuchen Würfel 127
12.4 Wir betrachten Quader 129
12.5 Zum Ausschneiden: Würfelnetze 131
12.6 Zum Ausschneiden: Quadernetze ... 133
12.7 Wir betrachten Netze 135
12.8 Wir vergleichen Würfel und Quader .. 137
12.9 Wir untersuchen zusammengesetzte Körper 139

Literaturverzeichnis 141

Stichwortverzeichnis 142

Vorwort

Bis zur Reform des Mathematikunterrichts zu Beginn der siebziger Jahre war die Behandlung geometrischer Unterrichtsstoffe den höheren Klassen der Volksschule bzw. den weiterführenden Schulen vorbehalten.

Da sich damals die Einsicht durchsetzte, daß Kinder ihre Erfahrungen weder losgelöst von der Dimension Zeit noch unabhängig von der Dimension Raum erwerben, wurde der Stoffkanon der Grundschule entsprechend erweitert.

Geometrieunterricht in der Grundschule bedeutet deshalb aber nicht ein Vorziehen des bisher in höheren Jahrgängen erarbeiteten Stoffes, sondern beinhaltet das Reflektieren und das vereinfachte Systematisieren des oft umfangreichen, aber meist undifferenzierten Erfahrungswissens. Es schließt m. E. auch die Erarbeitung des Größenbereichs „Längen" mit ein, da das im Lehrplan geforderte „Messen und Zeichnen von Strecken" geometrische Arbeitsweisen und -techniken sind.

Die Schulung des logischen Denkens, die damit verbundene klare Begriffsbildung, das systematische, zielgerichtete Verbalisieren, das Anbahnen einer Raumvorstellung, der selbstverständliche Umgang mit Zeichengeräten, das Einüben grundlegender geometrischer Arbeitsweisen und der Erwerb eines formenkundlichen Grundwissens bilden die Schwerpunkte dieses Teilbereiches der Mathematik.

Die Aneignung dieser geometrischen Grunderfahrungen erfolgt – im Vergleich zum arithmetischen Bereich – stärker auf spielerisch-handelnder bzw. zeichnerischer Basis und wird deshalb in seiner Bedeutung für das weitere schulische Lernen häufig unterschätzt und so auch oft vernachlässigt.

Diese Arbeitshilfe, die auch zur Grundlegung des Geometrieunterrichts der Hauptschule herangezogen werden kann, sollte dazu anregen, diesen Bereich stärker bewußt zu machen und dessen systematische Behandlung durch methodische Hinweise und Arbeitsblätter (Kopiervorlagen) zu erleichtern.

Helmut Leutenbauer

Grundlagen des Geometrieunterrichts in der Grundschule

1. Geometrisches Grundwissen

Grundlage jeglicher räumlichen Orientierung ist das Erkennen von Lagebeziehungen. Ergänzend hierzu ist die Raumvorstellung anzubahnen, die auf der Kenntnis geometrischer Eigenschaften von Flächen und Körpern basiert.

Dieses geometrische Grundwissen, das ein Kind am Ende seiner Grundschulzeit vorweisen können sollte, läßt sich nicht eindeutig abgrenzen, denn:

– Die in den einzelnen Lehrplänen geforderten Lerninhalte weichen teilweise stark voneinander ab. Je nach Bundesland werden Mindest- oder Höchstforderungen festgeschrieben.
– Leistungswillige und ausdrucksstarke Schüler fühlen sich unterfordert, wenn im Unterricht immer nur das ihnen längst bekannte „Vorwissen" verlangt wird.
– Das von den weiterführenden Schulen als bekannt vorausgesetzte Wissen deckt sich meist nicht mit dem vorher behandelten Stoff.
– Von den Hauptschul- und Gymnasiallehrkräften wird häufig beklagt, daß die Schüler selbst in der fünften Jahrgangsstufe sich noch erstaunlich unbeholfen beim Umgang mit geometrischen Zeichengeräten, ja selbst beim Gebrauch des Lineals zeigen.

Dieser Situation entsprechend wird der Begriff des Grundwissens hier sehr weit ausgelegt. So fällt dem Bereich „Schulung der instrumentalen Fertigkeiten" eine zentrale Rolle zu, und es wurden auch Themenbereiche aufgenommen, deren Behandlung vielfach erst am Beginn der systematischen Geometrie ab der 5. Jahrgangsstufe vorgeschrieben ist.

1.1 Topologie

Die Topologie ist – wissenschaftlich gesehen – ein eigenständiger Teilbereich der Mathematik, wird aber vielfach als Vorstufe und Hinführung zur Geometrie angesehen.

Als Gründe hierfür sind zu nennen:

– Topologische Beziehungen gelten (vergleichbar der Mengenlehre) als Mutterstrukturen der Mathematik.
– Die Behandlung topologischer Aufgaben schult das räumliche Vorstellungsvermögen und liefert den Unterbau für die herkömmliche Geometrie.
– Die Topologie greift Themen auf, die im Gegensatz zur metrischen Geometrie auch dem Schulanfänger zugänglich sind.
– Mit einem Gummiband oder mit einem Faden sind die Lösungen vielfach leicht konkret nachvollziehbar.
– Das Kind hat beim Anfertigen topologischer Zeichnungen einen größeren Freiraum, da es dabei nicht auf die Genauigkeit geometrischer Konstruktionen ankommt.

So kommt die unterrichtliche Auseinandersetzung mit topologischen Fragestellungen dem Wesen (und der Handgeschicklichkeit) des Schulanfängers entgegen.

Die charakteristischen Merkmale der Topologie werden am besten durch eine vergleichende Abgrenzung zur Geometrie deutlich. Geometrie galt über Jahrhunderte hinweg als die Lehre von der „Messung der Erde" und als die „Wissenschaft von der unbeweglichen Größe und von den Gestalten" (Hrabanus Maurus, 780–856).[1]

Diese seit Euklid historisch verankerte Sichtweise dominiert auch heute noch im Geometrieunterricht. Er befaßt sich mit den Eigenschaften von Figuren, die bei sogenannten „euklidischen Bewegungen" (Parallelverschiebung, Drehung, Spiegelung) invariant bleiben. Unverändert abgebildet werden durch derartige Bewegungen z.B. die Länge einer Strecke, die Größe eines Winkels und damit auch die dadurch definierten Figuren wie Dreieck, Quadrat, Würfel, Prisma usw. Die Darstellung dieser Flächen und Körper, sei es durch die Angabe der Koordinaten im Gitternetz, sei es durch Schrägbild, Netz oder unterschiedliche Ansichten ergänzen später als Vorstufe der analytischen bzw. darstellenden Geometrie die Lerninhalte.

Topologische Figuren bleiben im Gegensatz zu diesen geometrischen Figuren bei Bewegungen allgemeiner Art (Verzerren, Dehnen, Biegen, Stauchen, Verwinden,...) invariant.

Folgende Fragen gewinnen dadurch grundlegende Bedeutung:

– Ist eine Figur offen oder geschlossen?
– Liegt ein Punkt im Innern, im Äußern oder auf dem Rand einer geschlossenen Figur?
– Wie viele Knoten (Schnittpunkte) entstehen bei sich schneidenden Linien?
– Welche Figuren (z.B. Blockbuchstaben) sind topologisch als äquivalent zu sehen, lassen sich also mit einem offenen Faden (geschlossenen Faden, offenen Faden mit einer Abzweigung) legen und durch topologische Bewegungen ineinander überführen? (z.B.: C, G, I, L, M,...)
– Wie viele Farben benötigt man, wenn bei mehre-

---
[1] Zitiert nach: Schiffler, H. und Winkeler, R.: Tausend Jahre Schule. Belser Verlag, Stuttgart, 1985

ren Gebieten zwei benachbarte stets verschieden zu färben sind?
– Entstehen bei sich schneidenden Geraden zwei oder mehrere Gebiete?
– Welche Zusammenhänge bestehen zwischen der Anzahl der in einem Punkt zusammenlaufenden Linien und den Möglichkeiten, alle diese Linien in einem Zug zu durchlaufen?
– Wie orientiert man sich in Labyrinthen?

Die letzten Fragestellungen machen bereits deutlich, daß die Topologie nicht nur dem Anfangsunterricht vorbehalten ist, sondern auch höheren Klassen Stoff für eine intensive Durcharbeitung bietet. Beim Einsatz der Kopiervorlagen ist dies zu beachten.

1.2 Lagebeziehungen

Durch ihre erweiterten Alltagserfahrungen, verbunden mit einer oft schon fortgeschrittenen sprachlichen Entwicklung, können viele Schulanfänger bereits bei der Einschulung Richtungen detailliert angeben bzw. ihre Standorte genau bestimmen.
Die topologischen Beziehungen „innen, außen, auf dem Rand" sind deshalb nur noch in einem räumlichen Vorstellungsgitter zu fixieren, ebenso wie die Lagebeziehungen „vor, hinter, neben, auf, über, in, unter, in der Mitte". Die Übungsarbeit wird sich bei diesen Einheiten auf die intensive sprachliche Durchdringung konzentrieren.
Lediglich bei der Unterscheidung zwischen rechts und links treten manchmal größere Probleme auf, sicher auch dadurch bedingt, daß Erwachsene diese Angaben häufig aus ihrem – der Sichtweise des Kindes genau entgegengesetzten – Blickwinkel machen. Deshalb werden die Lagebezeichnungen links bzw. rechts so lange aus der Sicht der Schüler angegeben, wie diese sich noch auf der Stufe der konkreten Denkoperationen befinden.

1.3 Abbildungen

Spiegelung, Drehung und Verschiebung sind unterschiedliche Formen von Abbildungen. Ihre unterrichtliche Behandlung soll nicht nur mit deren späterem Nutzen beim Erkennen geometrischer Eigenschaften, beim Durchführen von Beweisen bzw. als Hilfe bei Konstruktionen oder Berechnungen begründet werden. Ausschlaggebend ist in erster Linie die ursprüngliche Freude der Kinder an dem Phänomen der Symmetrie, die uns in vielfältiger Weise überall in der Natur und in unserer Alltagsumgebung begegnet.
Gerade dieser Bereich der elementaren Geometrie bietet zahlreiche Ansatzpunkte für handelndes Lernen, wobei die Möglichkeiten des spielerischen Erwerbs neuer Wissensstrukturen beim Ausschneiden, Falten, Ausmalen usw. nicht unterschätzt und

als schulisch unergiebig oder zu zeitintensiv abgewertet werden dürfen.
Folgende Begrenzung der Lerninhalte erscheint angebracht:
– achsensymmetrische Figuren ohne Überschneidungen
– Zeichnen der symmetrischen Figuren auf kariertem Papier (Hilfslinien)
– nur Halb- und Vierteldrehungen
– Drehpunkt liegt in einer Ecke der Figur oder außerhalb
– Urfigur und Bildfigur überschneiden sich nicht
– Auch bei Verschiebungen; keine Überschneidung von Ur- und Bildfigur.

Bei der Betrachtung und Untersuchung symmetrischer Figuren sind auch geometrische Flächen und Körper einzubeziehen, da deren Symmetrieeigenschaften in höheren Klassen Grundlage vieler Beweise und Konstruktionen sind.
Das Verschieben von Figuren dient auch der Vorbereitung für das spätere Zeichnen von Raumbildern (Schrägbilder von Körpern). Bei der systematischen Behandlung der Abbildungen wird meist auf das Hilfsmittel des *Gitternetzes* zurückgegriffen, in dem jeder Punkt einer Figur mit Hilfe der Koordinaten der Rechtswertachse und der Hochwertachse determiniert werden kann.
Im Rahmen dieses Werkes wurde aber das Gitternetz-Kapitel bewußt von den Abbildungskapiteln abgesetzt, um eine zu frühe Verquickung der beiden Bereiche zu vermeiden.
Auch die Einführung des Gitternetzes ist, sofern im Lehrplan überhaupt vorgesehen, propädeutisch zu sehen.

1.4 Flächen

Mit den geometrischen Eigenschaften dreieckig, viereckig, quadratisch, rechteckig und rund beschreiben Schüler oft nicht nur die entsprechenden Flächen Dreieck, Viereck, Quadrat, Rechteck oder Kreis, sondern auch Körper, die derartige Begrenzungsflächen aufweisen (Dreiecksäule, Pyramide, Würfel, Quader, Kugel, Kegel). Ihre Vorschulerfahrungen mit Bauklötzen, ihr Umgang mit den so beschriebenen logischen Plättchen und der ungenaue Sprachgebrauch vieler Erwachsener leisten diesem Fehler Vorschub.
Die Entwicklung und der Aufbau einer klaren Flächen- und Raumvorstellung setzt daher ein exaktes Verbalisieren und die konsequente begriffliche Unterscheidung voraus.

Beispiel:
– Es ist zu unterscheiden zwischen einer Figur mit drei (vier,...) Ecken und einem Dreieck (Viereck,...), dessen Begrenzungslinien gerade sein müssen.

- Die Schüler bezeichnen Quadrat und Rechteck als „normale Vierecke". Ein allgemeines Viereck, oft schon ein auf der Spitze stehendes Quadrat, wird dagegen als Ausnahme, als Besonderheit gesehen.
- Als „rund" wird jede Figur bezeichnet, deren Begrenzungslinien gekrümmt sind.
- Die Begrenzungslinie einer Figur wird nicht als Seite, sondern allgemein als Linie oder Strich bezeichnet.
- Die geometrischen Begriffe Seite, Länge, Breite, Ecke usw. werden synonym zu deren umgangssprachlichen Bedeutung verwandt.
- Die Schüler verwechseln den Umfang einer Fläche mit der Größe der Fläche.

Diese Beispiele verdeutlichen, daß Geometrie und Sprachschulung als Einheit zu sehen sind, daß ohne intensive sprachliche Strukturierung auch die Stoffinhalte nicht strukturiert werden können.

1.5 Körper

Das Kind erwirbt seine geometrischen Erfahrungen im Raum und mit räumlichen Objekten. Schon früh baut es mit Klötzen oder formt Figuren mit Sand. Im Spiel kann es vielfältige Formen (Dreiecksäule, Würfel, Quader, Kegel usw.) konkret unterscheiden, jedoch stellt das Beschreiben der Kennzeichen bzw. das Erklären der Unterschiede meist ein unüberwindbares Hindernis dar.

Deshalb kommt dem Verbalisieren in jeder Unterrichtsphase zentrale Bedeutung zu, während das Rechnerische nur am Rande von den Leistungsstärkeren mitabsolviert wird.

Als Grundkenntnisse sind zu erarbeiten:
- Ein Raum wird begrenzt durch Flächen.
- Eine Fläche wird begrenzt durch Linien.
- Eine Linie wird begrenzt durch Punkte.
- Die Berührungslinie zweier Flächen eines Körpers heißt Kante.
- Der Punkt, an dem drei Flächen (bzw. Kanten) zusammenstoßen, heißt Ecke.
- Die Gestalt vieler Körper wird durch die Form ihrer Grundfläche bestimmt und danach auch benannt.

Vorstellungen können sich nur dort bilden, wo vorher Entsprechendes „vorgestellt", also gezeigt und betrachtet wurde. Gerade in der Raumgeometrie sind daher Modelle unerläßlich, wobei Gebrauchsgegenstände durchaus das exakte Modell adäquat ersetzen können.

Würfel:	Spielwürfel, Steckwürfel, Margarinepackung
Quader:	Streichholzschachtel oder andere Schachtel
Kugel:	Ball
Dreiecksäule:	bekannte Schokoladenverpackung

Auch Kantenmodelle lassen sich mit Knetmasse und Holzstäbchen (abgebrannte Streichhölzer, Zahnstocher, ...) von den Kindern selbst leicht basteln. Durch das Aufschneiden von Schachteln entlang der Kanten oder das Abrollen und Umrahmen der einzelnen Flächen produzieren die Schüler ihre eigenen Flächenmodelle (Netze).

Erst nach dieser überwiegend handlungsorientierten Phase werden manche Schüler z. B. Netze ohne die konkrete Überprüfung rein abstrakt auf ihre Richtigkeit durchdenken können, wobei es unerläßlich ist, die Kinder ihre Vermutungen sach- und altersadäquat begründen zu lassen.

1.6 Instrumentale Grundfertigkeiten

Infiltriert von einer sehr einseitigen Darstellung, an weiterführenden Schulen komme es auf das Schriftbild und eine übersichtliche Heftführung nicht mehr an und auch den Weg des geringsten Widerstandes gehend, wird vielerorts die oft zeitraubende und mühselige Erziehungsarbeit mit dem Ziel einer ansprechenden Heftgestaltung nicht mit dem nötigen Nachdruck betrieben. Es ist ein Grundanliegen dieses Werkes, gerade den Gebrauch des Lineals als selbstverständlich im täglichen Unterricht zu zementieren.

Anlässe hierfür gibt es – nicht nur in Mathematik – genügend:

- Ränder ziehen
- Muster zur Heftausgestaltung zeichnen
- Überschriften einrahmen oder unterstreichen
- Kernaussagen unterstreichen...

Für geometrische Zeichnungen sind folgende Vereinbarungen zu treffen:

- Gezeichnet wird mit einem gespitzten Bleistift.
- Füller- und Kugelschreiberzeichnungen sind grundsätzlich abzulehnen.
- Sind Farben gefordert, so werden diese Linien zunächst mit Bleistift gezeichnet und dann mit einem Holzfarbstift oder Feinstrichfaserschreiber nachgezogen.
- Beim Ausmalen von Flächen sind zu klecksige Farben zu vermeiden. Auf eine scharfe Abgrenzung der Bereiche ist zu achten.
- Punkte werden mit einem Kreuz markiert.
- Hat eine Linie festgelegte Endpunkte (Strecke), so werden diese Punkte analog markiert.
- Im Anfangsunterricht sind Lineale mit aufliegender Zeichenkante besser geeignet.
- Viele (Werbe-)Lineale sind ungenau skaliert. Vergleichsmessungen in einer Klasse ergaben bei 30 cm-Linealen eine Differenz von 4 mm.
- Die genaueste Skalierung weisen in der Regel Geodreiecke auf. Ihr Einsatz ist aber trotzdem erst in der 5. Jahrgangsstufe (nach einer intensiven Einführung) zu befürworten, da die vielen Linien

und die teilweise entgegengesetzt verlaufenden Skalierungen verwirren.
- Ist nach dem Stoffverteilungsplan der Einsatz des Zirkels vorgesehen, so empfiehlt es sich, beim Elternabend folgende Empfehlungen zu geben:
  - Stellschrauben gewährleisten eine Wiederholgenauigkeit und erleichtern die Einstellung.
  - Klemmhalterungen für die Zirkelmine und die Nadel sind auch von ungeschickteren Kindern leicht zu bedienen.
  - Festverbundene Zirkelnadeln lassen sich nicht auswechseln.
  - Die Schenkellänge des Zirkels sollte 10–12 cm betragen.

2. Arbeitsformen im Geometrieunterricht

Jeder Fachbereich hat neben den allgemein gültigen Unterrichtsprinzipien ganz spezifische Arbeitsformen und -techniken.

2.1 Prinzipien allgemeiner Art

Der Unterricht hat sich nicht nur am Wissensstoff, sondern vor allem am Kind zu orientieren. Die allgemeinen Unterrichtsgrundsätze sind deshalb bei jeglicher Unterweisung zu beachten:
- Strukturierung: Bei der Anordnung des Lehrstoffes innerhalb einer Lernsequenz ist der Grundsatz „Vom Leichten zum Schweren" zu berücksichtigen.
- Zielorientierung: Die klare Festlegung von Lernzielen für jede Sequenz und von Feinzielen für jede Stunde trägt wesentlich zu deren Gelingen bei, weil der Lehrkraft bei deren Formulierung die jeweils von den Schülern zu fordernden Leistungen bewußt werden.
- Motivierung: Geometrie als Fach begeistert die Kinder im hier abgesteckten Rahmen von selbst. Diese intrinsische Motivation beruht auf dem überwiegend spielerischen und zeichnerischen Aspekt der Aufgabenstellung.
- Differenzierung: Das Anforderungsniveau innerhalb eines Arbeitsblattes, oft sogar innerhalb einer Aufgabe berücksichtigt das Prinzip der Strukturierung, so daß durch die Auswahl der zu lösenden Nummern bereits differenziert werden kann. Außerdem werden Zusatzaufgaben auf der Lösungsseite angegeben.
- Kontrolle: Bei zeichnerischen Aufgabenstellungen gewinnt die Frage einer sinnvollen Kontrolle enorme Bedeutung, da ein Nachmessen jeder einzelnen Länge praktisch nicht durchführbar ist. Ein Verzicht auf intensive Überprüfung würde aber einem schlampigen Arbeiten Vorschub leisten. Daher werden Eigen- und Partnerkontrolle unumgänglich sein.

Formen:
  - Viele Aufgaben (Ausmalen, Lösung ergibt eine regelmäßige Figur) lassen sich mit einem Blick kontrollieren.
  - Die Lehrkraft fertigt eine Kontrollfolie an, anhand der die Schüler ihre Lösungen vergleichen können oder die (bei unterschiedlichem Arbeitsende) nacheinander im Heft über die Lösung gelegt wird.
  - Die Schüler messen gegenseitig (Kontroll-)Strecken nach.
  - Die Summe der Längen des Streckenzuges dient als Kontrollzahl.
    Symmetrische (ausgeschnittene) Figuren werden durch deckungsgleiches Falten kontrolliert.
  - Weitere Hinweise erfolgen bei den Lösungen der Einzelaufgaben.
- Berücksichtigung lernpsychologischer Erkenntnisse: Nach Piaget sind für die Entwicklung des Raumbegriffes die Invarianz der Länge, der Entfernung und des Flächeninhalts wichtig. Als Konsequenz der Untersuchungen Piagets kristallisierte sich die Einsicht heraus, daß gerade in der Geometrie die Grundlage durch selbständiges Handeln am Objekt gelegt wird und nicht einfach gelernt werden kann.
  Aebli unterscheidet deshalb drei Stufen, die bei der Verinnerlichung einer mathematischen Operation durchlaufen werden:
  - Konkrete Stufe: Die Operation wird am konkreten Gegenstand effektiv vollzogen.
  - Figurale Stufe: Die Zeichnung ersetzt die konkrete Tätigkeit, der Schüler stellt sich den konkreten Vollzug vor.
  - Symbolische Stufe: Die Operation wird nur noch abstrakt mit Hilfe von Zeichen gelöst.

Auch der Psychologe Bruner unterscheidet beim Abstraktionsprozeß drei „Darstellungsebenen":
  - enaktive Ebene: Handlung
  - ikonische Ebene: Bild
  - symbolische Ebene: Sprache und mathematische Zeichen.

Da dieses Werk auf den Unterricht in der Grundschule abgestimmt ist, wird nur in Einzelfällen die symbolische Ebene, auf der die Operationen abstrakt vollzogen werden, erreicht.

2.2 Handelnder Vollzug

Im grundlegenden Geometrieunterricht kann das Prinzip des handelnden Lernens optimal realisiert werden, da sich in der Erarbeitungs- und Sicherungsphase die konkrete Ausführung der Handlungsanweisungen geradezu anbietet.
Die im praktischen Tun gewonnenen Erkenntnisse sind stets – und hier bestätigt die Praxis immer

wieder die wissenschaftlichen Aussagen – besser gesichert als verbal erarbeitete.

Die Freude am eigenen Operieren mit Gegenständen weckt das fachliche Interesse und motiviert viele Schüler. Die Auswirkungen auf das gesamte schulische Arbeiten eines Kindes und dessen Einstellung zur selbständigen Ausführung übersteigen damit oft den unmittelbaren Nutzen des durch den im konkreten Handeln erworbenen Wissenszuwachses.

Beispiele:

- Sport und Spiel: Vorübungen zu etlichen Themen (Lagebeziehungen, Gebiete); Würfelspiele, ...
- Legen von Linien mit Seilen und Tauen
- Auslegen von Figuren mit Plättchen
- Nachlegen von Figuren
- Legen freier bzw. symmetrischer Figuren
- Legen von Flächenformen mit Papierstreifen
- Legen von Ketten und Mustern
- Falten bei vorgegebener Faltkante
- Deckungsgleiches Falten
- Ausschneiden von Plättchen, Figuren, Netzen
- Sortieren der Plättchen nach Form und Größe
- Zusammenfügen von Figurenteilen (Puzzle)
- Basteln von Würfeln und Quadern aus Netzen
- Bauen von zusammengesetzten Körpern mit Bauklötzen oder Steckwürfeln
- Formen von Körpern aus Knetmasse
- Zuschneiden von Körpern aus rohen Kartoffeln
- Drucken: Die Begrenzungsflächen der Körper werden eingefärbt und auf Papier gedruckt.
- Basteln von Kantenmodellen aus Holzstäbchen und mit Knetmasse
- Verschieben von Figuren
- Drehen von Figuren.

2.3 Zeichnerischer Vollzug

Viele Aufgaben der propädeutischen Geometrie lassen sich zeichnerisch und malend lösen. Da diese Arbeitsformen auch als Vorstufe zur geometrischen Konstruktion anzusehen sind, ist von Anfang an auf die korrekte Handhabung der Zeichengeräte und auf eine saubere, übersichtliche Heftgestaltung zu achten.

Aufgaben:

- Ausmalen von Gebieten, Plättchen, Flächen, Figuren
- Nachspuren von Linien
- Wege, Linien, Strecken usw. einzeichnen
- Umfahren von Figuren und Lösungen
- Geraden, Strecken (Parallelen, Senkrechten) zeichnen
- Flächen vollenden
- Flächen ohne Vorlage zeichnen
- Figuren übertragen
- Figuren vollenden bzw. ergänzen
- Unterteilungen, Symmetrieachsen einzeichnen.

2.4 Kognitiv-verbaler Vollzug

Gerade der grundlegende Geometrieunterricht stellt an die Ausdrucksfähigkeit der Schüler erhöhte Anforderungen. In kaum einem anderen Teilbereich der Mathematik eröffnet sich eine so große Palette von Äußerungsmöglichkeiten, vom einfachen Nachvollzug eines vorgegebenen Sprachmusters bis zur frei formulierten Beschreibung des eigenen Handelns und zu fachsprachlich durchdrungenen Begründungen.

Beispiele:

- Benennen von Linien, Figuren, Flächen, Lagebeziehungen
- Beschreiben der Unterschiede: Figur mit drei Ekken kann gekrümmte Begrenzungslinien haben, ein Dreieck muß gerade Begrenzungslinien haben.
- Beschreiben des Vorgehens, z.B. beim Übertragen von Figuren
- Mit eigenen Worten formulieren: Umsetzen der geschriebenen Arbeitsanweisungen
- Erkennen von Gemeinsamkeiten: Quadrat – Rechteck; Würfel – Quader
- Begründen von Auswahlantworten
- Begründen von abstrakt vollzogenen Lösungen: „Aus diesem Netz kann (k)ein Quader gebildet werden, weil..."
- Ergänzen von Leerstellen im Text
- Erklären von Vermutungen und Lösungsvorschlägen.

Die drei Arbeitsformen „Handeln, Zeichnen, Verbalisieren" beinhalten keine Konkretisierung der Bruner'schen Darstellungsebenen, sondern eine Auflistung der möglichen Eigentätigkeiten der Schüler, die im Unterricht intensiv zu verquicken sind.

Beispiel:

Thema: Fortsetzen einer symmetrischen Figurenkette

Arbeitsblatt: Wir legen symmetrische Figuren (9.4.)

Arbeitsschritte mit Vollzugsformen:
- Beschreiben der auf dem Arbeitsblatt gezeichneten Plättchen nach Form, Größe, Lage
  ▷ *Verbalisieren*
- Schüler malen bei Verwendung farbiger Plättchen diese auf dem AB entsprechend aus
  ▷ *Zeichnen*
- Legen der Kette
  ▷ *Handeln*
- Schüler vollenden diese symmetrisch mit ihren Plättchen
  ▷ *Handeln*
- Beschreiben der gelegten Plättchen und Begrün-

den der Entscheidung, z. B. Spitze des Dreiecks zeigt auf dem Blatt zur Faltachse nach rechts, dann muß sie auf der anderen Seite nach links, ebenfalls zur Symmetrieachse zeigen
  ▷ *Verbalisieren*
- Zeichnen der Plättchen mit Lineal
  ▷ *Zeichnen*
- Farbsymmetrisches Ausmalen der Plättchen
  ▷ *Zeichnen.*

3. Artikulation einer Geometriestunde

Der Aufbau einer Geometriestunde in der Grundschule bedarf sowohl gegenüber der Artikulation einer entsprechenden Stunde in höheren Klassen als auch gegenüber der Planung anderer Mathematikeinheiten eine gewisse Modifizierung.
Echte Problemlösungen sind meist vom Stoff nicht möglich, da die zu erarbeitenden Erkenntnisse oft schon, wenn auch in undifferenzierter Ausprägung bekannt sind. Auch die Sicherungs- und Anwendungsphase gestaltet sich anders, da z. B. keine Formeln bei Sachaufgaben eingesetzt und gebraucht werden.

3.1 Phase der Zielbestimmung

Eine klare Lernzielvorgabe lenkt die Aufmerksamkeit der Schüler von Anfang an in die gewünschte Richtung. Die Tafelanschrift *„Wir zeichnen Strecken millimetergenau"* wird bessere Resultate erbringen als eine Formulierung wie *„Heute zeichnen wir mit dem Lineal".*

Die Zielangabe kann erwachsen aus:
- Spielsituation: Schüler legen mit Springseilen verschiedene Wege vom „Waldeingang" bis zum „Lager". Welcher Weg ist der kürzeste?
  ▷ *Thema: Gerade – krumm*
- Neugierverhalten: Teile einer gefalteten Figur sind vorgegeben. Welche Figur entsteht nach dem Ausschneiden und Auffalten?
  ▷ *Thema: Erstellen symmetrischer Figuren*
- Erwartungshaltung: Klecksbilder werden gezeigt. Ihr dürft heute ähnliche Bilder erstellen!
  ▷ *Thema: Symmetrie*
- Selbstformulierte Aufgabenstellung: Symmetrisches Muster wird ausgeteilt. Schüler beschreiben selbst ihre (gewünschte) Aufgabe.
  ▷ *Thema: Farbsymmetrisches Ausmalen*
- Problemstellung: Zwei Kinder streiten sich, wer das größere Zimmer hat.
  ▷ *Thema: Parkettieren bzw. Unterscheidung Umfang – Flächeninhalt*
- Freude am Basteln: Mehrere Netze sind vorgegeben. Welche ergeben einen Würfel, welche nicht?
  ▷ *Thema: Aus Netzen Körper erstellen*
- Freude am Ausprobieren: Mehrere Teile sind vorgegeben, die wie bei einem Puzzle zu einem Rechteck zusammengefügt werden müssen.
  ▷ *Thema: Rechteck*
- Herausforderung und Wettkampf: Wer findet in dieser Figur die meisten Dreiecke, Vierecke, usw.?
  ▷ *Formen erkennen*

3.2 Phase der Planung und Strategiebildung

Wurde das Ziel der Stunde genau definiert, so ist das weitere Vorgehen zur kognitiven oder zeichnerischen Lösungsfindung bzw. Ausführung festzulegen.

Beispiele:
- Längenmessung: Wie messen verschieden lange Strecken mit Fußlängen, Springseillängen, Maßband usw.
- Flächenvergleich: Wir legen (gleich große) Flächen mit (verschieden großen) Plättchen aus.
- Figuren übertragen: Wir legen zwei Punkte fest und bestimmen die Zahl der waagrechten und senkrechten Karos dazwischen.
  Figur wird dann analog gezeichnet.
- Meß- und Zeichenübungen: Wir legen das Lineal beim Nullpunkt an und markieren den Anfangs- und den Endpunkt.

3.3 Phase der Lösung und Ausführung

Die Aufgabe wird entsprechend der Planung gelöst bzw. bei zeichnerischen Übungen ausgeführt. Diese Stillarbeitsphase sollte zur sofortigen intensiven Einzelkontrolle und -hilfe verwandt werden, wobei vor allem auf die saubere Ausführung (gespitzter Bleistift, Lineal) zu achten ist. Unsaubere Zeichnungen sind nicht zu dulden und – wenn möglich – neu anfertigen zu lassen. Bei Ausmalübungen ist auf die scharfe Abgrenzung der einzelnen Gebiete zu dringen.

3.4 Phase der Wertung

Das erzielte Resultat entzieht sich entsprechend der Art der Aufgabenstellung oft einer Richtig-Falsch-Bewertung. Eine Unterscheidung gibt es häufig nur hinsichtlich der korrekten, sauberen Ausführung, wobei zusätzlich das Alter der Schüler zu berücksichtigen ist.
Werden deshalb besonders gelungene Zeichnungen oder sorgfältig gestaltete Arbeitsblätter ausgestellt, so hat dies nicht nur für die so herausgehobenen Schüler eine motivierende Wirkung.

3.5 Phase der Anwendung

Der vermittelte Stoff ist vielfach von so elementarem Charakter, daß sich die Übungsphase auf ähnlich strukturierte Aufgaben beschränken muß.

Der eigentliche Nutzen dieser intensiven Erarbeitung grundlegender Erkenntnisse kommt bei instrumentalen Fertigkeiten im täglichen Unterricht zum Tragen. Bei Flächen und Körpern wirkt sich diese bewußte Grundlegung von Begriffen und diese Schulung der Raumvorstellung im planmäßigen Geometrieunterricht der höheren Klassen positiv aus.

Darstellung der Stoffinhalte

4. Topologische Grundfragen

Die einzelnen Stoffinhalte sind relativ unabhängig voneinander, so daß vereinzelt die Reihenfolge bei der Erarbeitung anders gewählt werden kann. Vielmehr bietet es sich an, diese Themen bei passender Gelegenheit zu integrieren (Beispiel: Wir ziehen unsere Schuhe an; wir schwingen mit dem rechten/linken Arm; wir schreiben mit der rechten Hand;...). Häufig kann auch ein neues Spiel aus dem Sportunterricht oder aus der Bewegungsphase der Anlaß für das Aufgreifen eines Themas sein. Beispiele für mögliche Spiele finden sich beim jeweiligen Lernschritt.

Lernschritte:

- **Gerade – krumm**

Spielerische Übungen
- „Verzaubern": Die Schüler laufen als „Würmer" (mehrere Ketten) durch die Halle. Auf ein Zeichen wird jeder Wurm in einen „Stock" verwandelt. Jede Kette muß sich „gerade" (auf einer Linie in der Halle) aufstellen.
- „Erstarren": Die Kinder bewegen sich frei im Raum. Auf ein Zeichen erstarren sie. Sie müssen sich „gerade" hinstellen und ihre Arme wie ein Lineal ausbreiten.

Begriffsklärung mit Arbeitsblatt 4.1/Nr. 1:
  gerade
  krumm (gebogen)

Aufsuchen gerader und krummer Linien im Raum

Legen von geraden (krummen) Linien mit Schnur, Faden, mehreren Stiften

Zeichnen von (schräg liegenden) Geraden auf unliniertem Papier

Zeichnen von Geraden auf vorgegebenen Linien (z. B. Karopapier): Arbeitsblatt 4.1/Nr. 2

Zeichnen von Geraden durch vorgegebene Punkte: Arbeitsblatt 4.1/Nr. 3; 4

Die Kontrolle erfolgt jeweils durch den Partner durch das Anlegen eines Lineals.

- **Offen – geschlossen**

Spielerische Übungen:
- „Schlange beißt sich selbst": Mehrere Schlangen (Ketten) schlängeln sich durch die Halle. Auf ein Zeichen ringelt sich jede Schlange ein und beißt sich in den Schwanz. Welche Schlange schafft das am schnellsten?
- Alle Reigenspiele, bei denen zwischendrin der Kreis geöffnet wird.
- „Katz und Maus": Die Kinder bilden einen Kreis, der an zwei Stellen offen ist. Ein Kind spielt die Maus, die an jeder Stelle in bzw. aus dem Kreis schlüpfen darf. Die Katze darf nur an den offenen Stellen hinein oder heraus.

Begriffserklärung mit Arbeitsblatt 4.2/Nr. 1; 2:
offen: Die Linie hat einen Anfang und ein Ende.
geschlossen: Es entstehen zwei getrennte Bereiche.

Legen von offenen und geschlossenen Figuren mit Faden oder Schnur.

Anwendung: Arbeitsblatt 4.2/Nr. 3

- **Innen – außen**

Bei jeder geschlossenen Figur entstehen zwei Bereiche, das Innere und das Äußere. Die Trennlinie zwischen diesen beiden Bereichen ist der Rand der Figur.

Spielerische Übungen:
- Alle Fangspiele mit einem Freimal: Wer innerhalb des Freimals (Reifen, mit einem Tau gelegte Schleife,...) sich befindet, darf nicht abgeschlagen werden.
- „Freischlagen": Zwei Mannschaften unterschiedlicher Stärke kämpfen gegeneinander. Das kleinere Team stellt die Fänger. Jeder gefangene Gegner kommt in ein „Gefängnis" (Mal). Er kann befreit werden, wenn einer seiner Mitspieler in das Mal springt und ihn freischlägt.
- Kreisspiele wie „Schau nicht um, der Fuchs geht um"; „Faules Ei" (Variante, bei der das jeweils vom Gegner erwischte Kind sich in die Kreismitte setzen muß, bis ein anderes es ablöst);...
- „Ketten verwirren sich": Alle Kinder geben sich die Hand und bilden eine geschlossene Figur. Auf ein Zeichen bewegen sich alle Mädchen/Knaben beliebig im Raum, ohne daß die Kette reißt.

Begriffserklärung mit Arbeitsblatt 4.3:
innen   (das Innere)
außen   (das Äußere)
Rand

Übungen mit einem elastischen Band:
Man legt einen größeren Gummiring (z. B. Einweckgummi) auf den Overhead-Projektor und ordnet verschiedene Gegenstände innerhalb und außerhalb des Gummis an. Wird nun das Gummi auseinandergezogen, so bleibt innen, was vorher innen war und außen, was vorher außen war.

- **Lagebeziehungen**

Spielerische Übungen:
- „Mein rechter, rechter Platz ist leer": Alle Kinder sitzen im Kreis, ein Platz ist unbesetzt. Der links davon sitzende Schüler sagt: „Mein rechter, rechter Platz ist leer, da wünsch ich mir den/die...

her!" Das genannte Kind wechselt den Platz. Das links vom freigewordenen Stuhl sitzende Kind fährt fort: „Mein rechter, rechter..."
- Mehrere Kästen stehen in der Turnhalle verteilt, die Schüler laufen frei herum. Auf ein Zeichen verstecken sich die Kinder hinter einem Kasten, setzen sich auf/vor den Kasten/klettern auf die Sprossenwand/springen auf eine Langbank/legen sich hinter eine Langbank usw.
Die Lagebeschreibung (vor, hinter, auf) wird vorgegeben.

Begriffsklärung mit Arbeitsblatt 4.4:
rechts – links (Aufgabe Nr. 1)
vor – hinter (Aufgabe Nr. 2)
neben
in, an, auf
Anwendung
- Arbeitsblatt 4.4/Nr. 3
- Rätselspiel: Wie heißt das Kind, das neben/vor/hinter... sitzt?

● **Nachbargebiete**

Durch jede geschlossene Figur entstehen zwei Gebiete: das Innere und das Äußere. Grenzen mehrere Gebiete aneinander, so fragt die Topologie z. B. nach der bei topologischen Bewegungen invarianten Anzahl der angrenzenden Gebiete.
Im Unterricht wird man sich auf das Ausmalen der Gebiete beschränken, wobei benachbarte Gebiete verschiedenfarbig zu gestalten sind (Arbeitsblatt 4.5/Nr. 1, 2).

● **Vierfarbenproblem**

In Verbindung mit dem Lernschritt „Nachbargebiete" kann auch das Vierfarbenproblem aufgegriffen werden: „Wie viele verschiedene Farben benötigt man, um Nachbargebiete stets verschiedenfarbig zu markieren?"
▷ *maximal vier Farben*
Bei den Kindern sollte jedoch die Freude an der Ausgestaltung einer unterteilten Fläche im Vordergrund stehen. Je nach Altersgruppe sind die Felder des Arbeitsblatts entsprechend zu vergrößern (Arbeitsblatt 4.5/Nr. 3).

Nicht verbindlich für die Grundschule sind folgende Themen:

● **Bogen und Ecke**

In der Topologie wird die Verbindung zwischen zwei Punkten als „Bogen", der Schnittpunkt zweier oder mehrerer Bogen als „Ecke" bezeichnet.
Mathematisch gesehen ist der Zusammenhang zwischen der Anzahl der Bogen bei jeder Ecke und der Möglichkeit des Durchlaufens aller Bogen und Ecken in einem Zug von Interesse.
Im Rahmen der propädeutischen Geometrie wird hierauf nicht eingegangen, das Verständnis kann jedoch angebahnt werden. Straßen und Wege stehen bei den Übungen stellvertretend für die Bogen, die Plätze für die Ecken.
Die Lösung ist bei beliebigem Startpunkt immer dann möglich, wenn bei jedem Platz (Ecke) eine gerade Anzahl von Straßen (Bogen) endet. Eine Lösung mit unterschiedlichem Start- und Endpunkt ist möglich, wenn in maximal zwei Plätzen (Ecken) eine ungerade Anzahl von Straßen (Bogen) mündet.

Beispiel a:

Aufgabe: Gehe alle Straßen innerhalb des Ortes ab! Überquere dabei möglichst wenig Plätze! Zeichne den Weg ein!

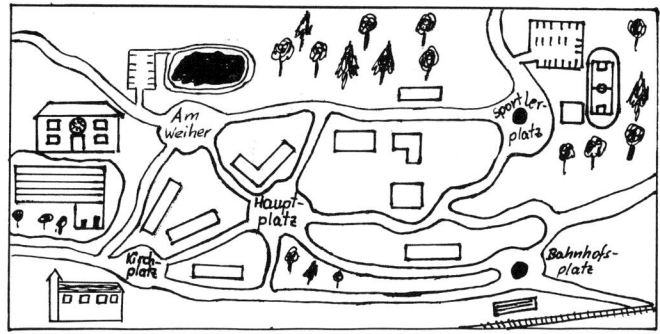

Beispiel b:

Aufgabe: Die Trimm-dich-Wege in einem Wald sind als Rundwege angelegt. Starte bei einem beliebigen Platz! Gehe alle Wege nur einmal ab, Plätze darfst du mehrmals überqueren! Zeichne den Weg ein!

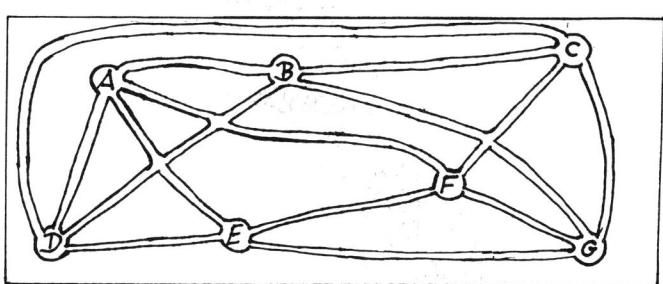

● **Labyrinthaufgaben**

Wege durch ein oder aus einem Labyrinth zu suchen ist eine bei Kindern beliebte Beschäftigung. Dabei wird in spielerischer Form das topologische Problem der Wege aufgegriffen.
Den Schülern kann auch als zusätzlicher Anreiz der Trick verraten werden, wie man aus jedem Labyrinth herauskommen kann:
Man bleibe stets mit der gleichen Hand (rechts) mit der Labyrinthwand in Fühlung und gehe jede Krümmung (aber auch jede sofort erkennbare Sackgasse) aus, zu der man von seinem „Leitstrahl" (rechte Hand) geführt wird. Ein Zurücklaufen oder Im-Kreise-Gehen scheidet bei konsequenter Einhaltung der „Tuchfühlung" aus. Der Weg erscheint zwar etwas länger, führt dafür aber sicher zum gewünschten Resultat.

Beispiel a:

Suche im Labyrinth einen Weg vom Startpunkt S zum Zielpunkt Z.

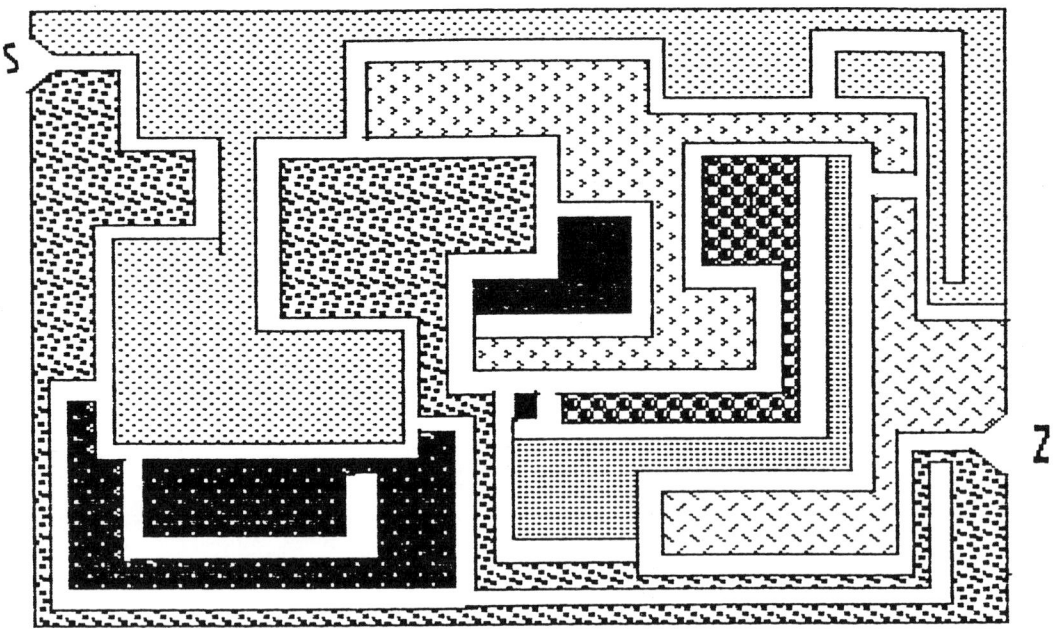

Beispiel b:

Welchen Weg muß die Maus laufen, um aus dem Irrgarten zu entkommen?

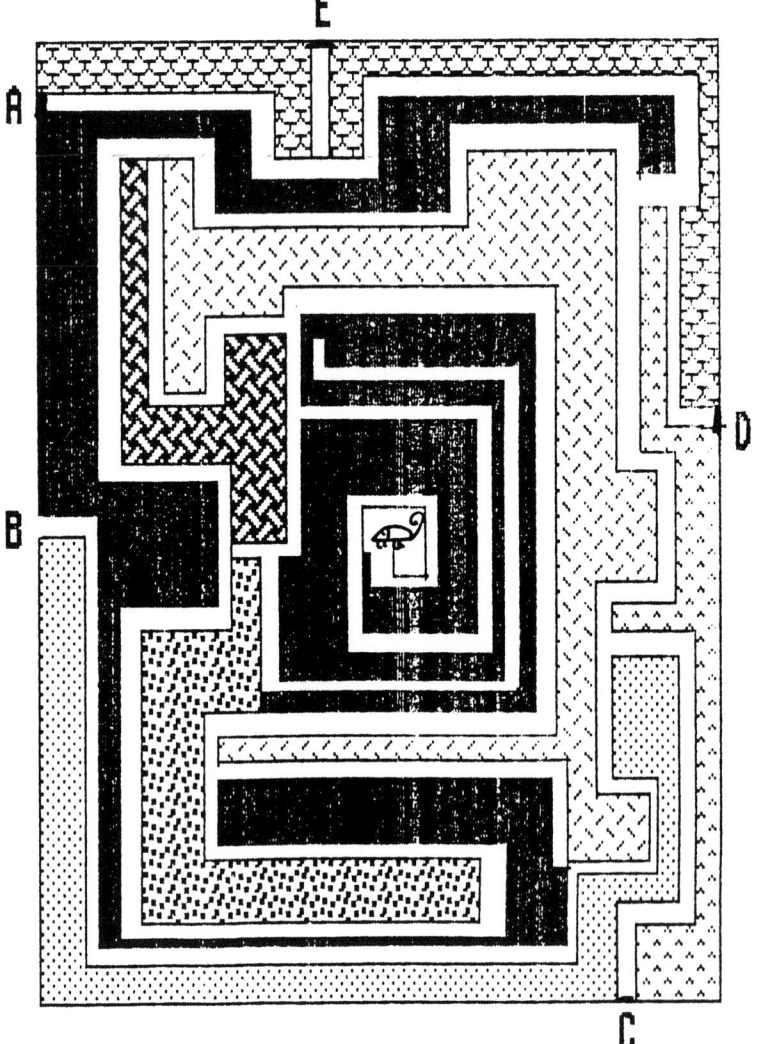

Gerade Linien – krumme Linien   AB 4.1

1. Trage bei geraden Linien das Zeichen [—], bei krummen Linien das Zeichen [~] ein. Überprüfe mit dem Lineal.

2. Fahre die geraden Linien von Aufgabe 1 mit Buntstift und Lineal nach.

3. Zwei Punkte sind jeweils durch eine krumme Linie verbunden. Zeichne zwischen diesen Punkten mit dem Lineal eine gerade Linie ein.

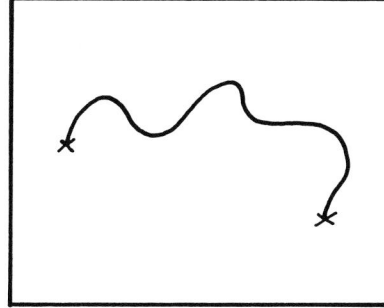 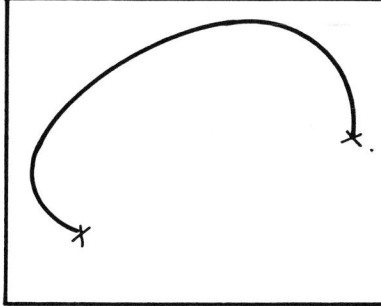 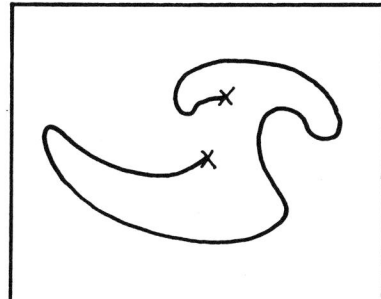

4. Verbinde die Punkte in jedem Feld. Zeichne möglichst viele gerade Linien (Lineal). Wie viele Linien kannst du jeweils zeichnen?

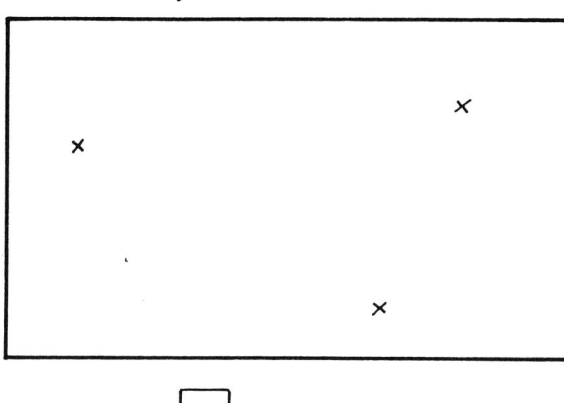 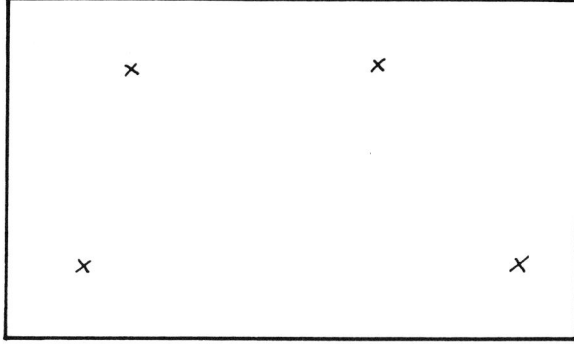

☐ Linien   ☐ Linien

AB 4.1: Hinweise

Nr. 1: Diese Aufgabe dient der Erarbeitung der Begriffe „gerade", „krumm".
Dabei stellt sich oft heraus:
Häufig werden von den Kindern nur waagrechte bzw. senkrechte Linien als „gerade" bezeichnet.
▷ *Vereinbarung: Verläuft eine Linie wie die Kante eines Lineals, so ist diese Linie gerade.*

Fällt der Ausdruck „gebogene Linie" oder „gekrümmte Linie" für „krumme Linie", so ist dies selbstverständlich als richtig zu werten.

Nr. 3/4: Bevor diese Aufgaben gestellt werden, ist es sinnvoll, ohne Vorgabe von Punkten Geraden mit dem Lineal zeichnen zu lassen. Die Überprüfung erfolgt in Partnerarbeit.

Lösung:

Gerade Linien – krumme Linien　　　　　　　　　　AB 4.1

1. Trage bei geraden Linien das Zeichen ⟨—⟩, bei krummen Linien das Zeichen ⟨∼⟩ ein. Überprüfe mit dem Lineal.

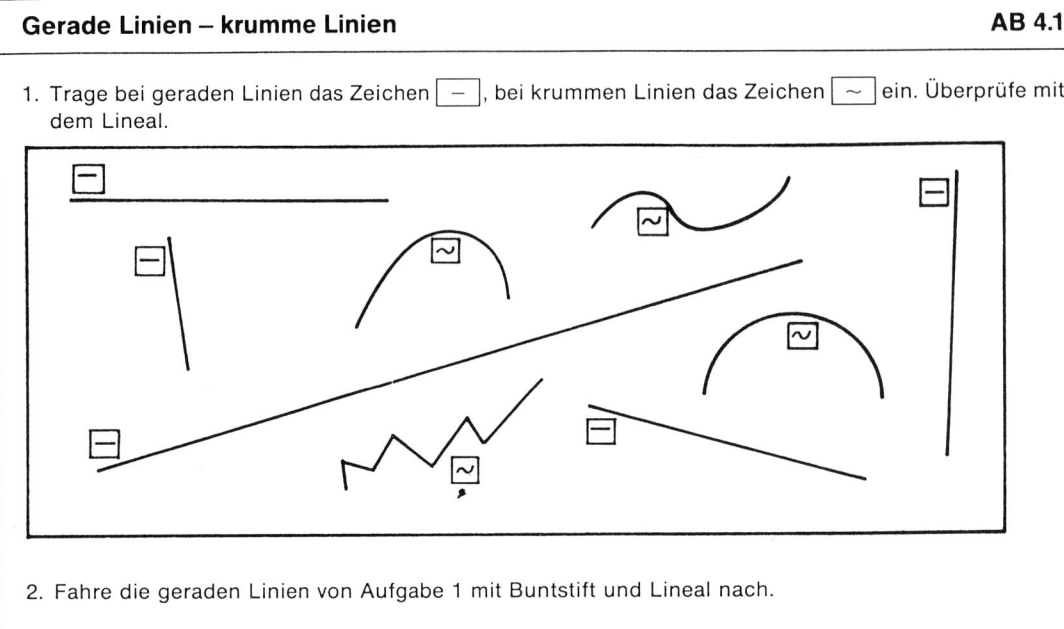

2. Fahre die geraden Linien von Aufgabe 1 mit Buntstift und Lineal nach.

3. Zwei Punkte sind jeweils durch eine krumme Linie verbunden. Zeichne zwischen diesen Punkten mit dem Lineal eine gerade Linie ein.

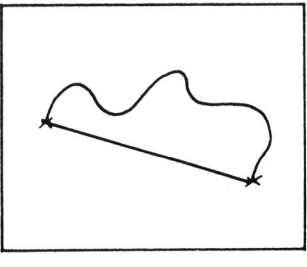 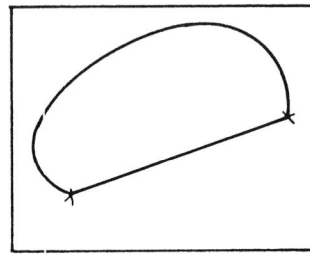 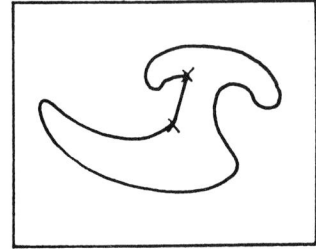

4. Verbinde die Punkte in jedem Feld. Zeichne möglichst viele gerade Linien (Lineal). Wie viele Linien kannst du jeweils zeichnen?

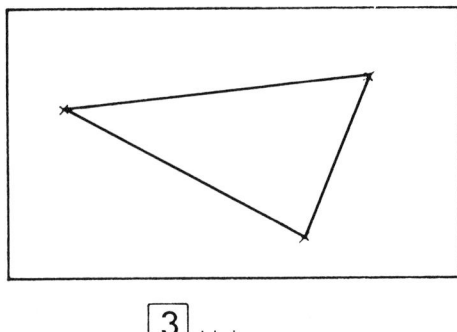 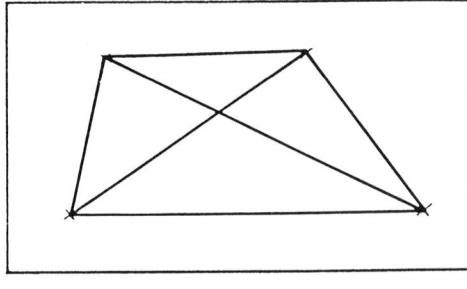

⟨3⟩ Linien　　　　　　　　⟨6⟩ Linien

Offen – geschlossen　　　　　　　　　　　　　　　　　　　　　　　　　　　　**AB 4.2**

1. Welche dieser Linien sind geschlossen? Kreise ein. Überprüfe durch Nachfahren mit einem Buntstift. Markiere bei offenen Linien den Anfangspunkt und den Endpunkt.

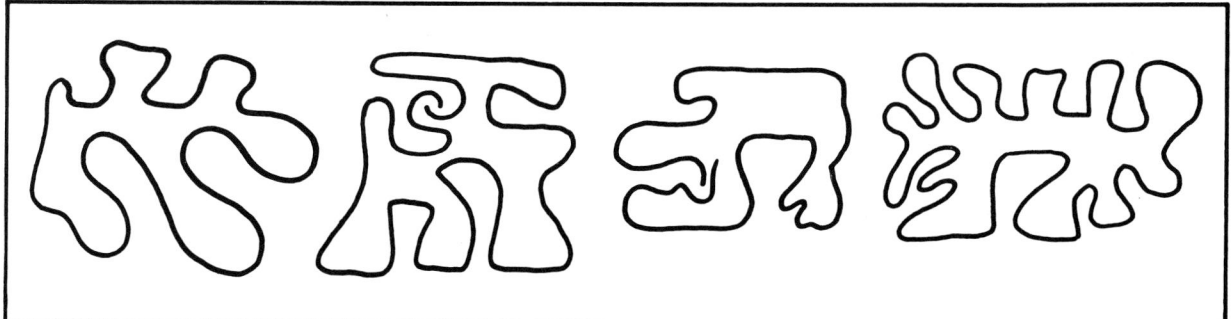

2. Diese Linien sind offen. Ergänze sie so, daß jeweils eine geschlossene Linie entsteht.

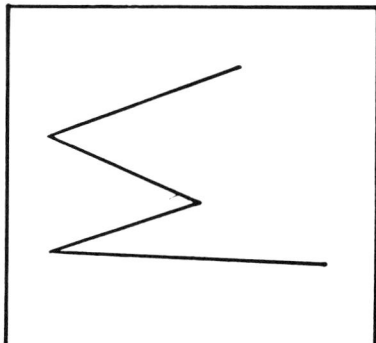  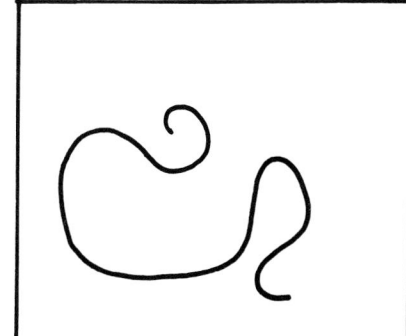

3. Überprüfe, ob diese Figuren offen (o) oder geschlossen (g) sind. Male dazu das Innere aus.

AB 4.2: Hinweise

Nr. 1: Diese Aufgabe dient zur Erarbeitung der Begriffe.
Durch das Nachspuren der Linien wird die Unterscheidung sofort klar. Bei den beiden mittleren Figuren sind Anfangs- und Endpunkt bewußt als „Klecks" hervorzuheben.

Nr. 3: Die Schüler beginnen irgendwo im angenommenen Inneren mit dem Ausmalen. Beginnt ein Schüler außerhalb der Figur, so bleibt bei geschlossener Linie das Innere weiß. Bei offenen Figuren (Mitte) ist am Ende das ganze Feld bemalt. Die Punkte beim Lösungsblatt deuten mögliche Startpunkte an.

Lösung:

Offen – geschlossen   AB 4.2

1. Welche dieser Linien sind geschlossen? Kreise ein. Überprüfe durch Nachfahren mit einem Buntstift. Markiere bei offenen Linien den Anfangspunkt und den Endpunkt.

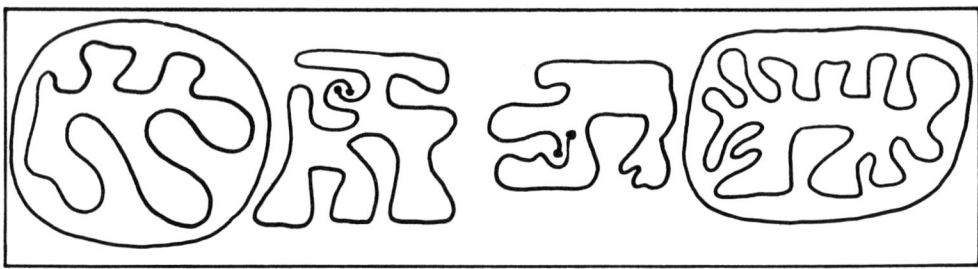

2. Diese Linien sind offen. Ergänze sie so, daß jeweils eine geschlossene Linie entsteht.

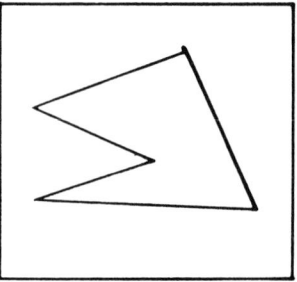  

3. Überprüfe, ob diese Figuren offen (o) oder geschlossen (g) sind. Male dazu das Innere aus.

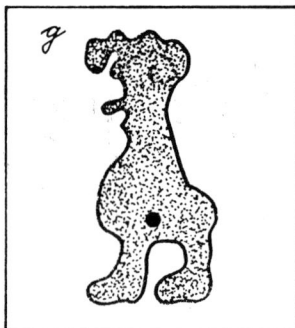 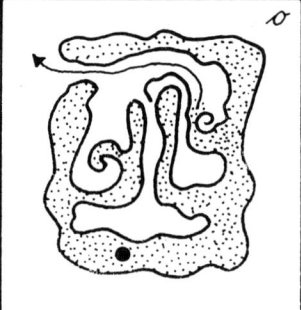 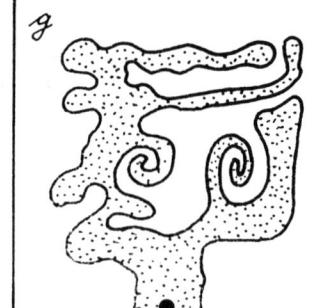

Innen – außen

AB 4.3

1. Male das Innere der Figur gelb und das Äußere grün aus. Fahre den Rand rot nach.

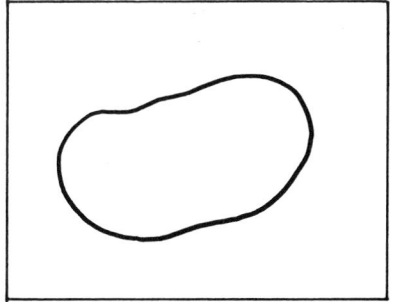 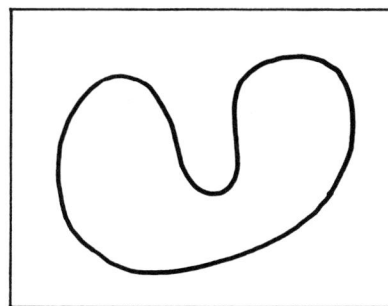 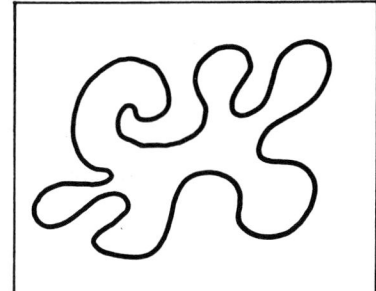

2. Liegt das Kreuz jeweils im Inneren der Figur oder im Äußeren? Schreibe i oder a.

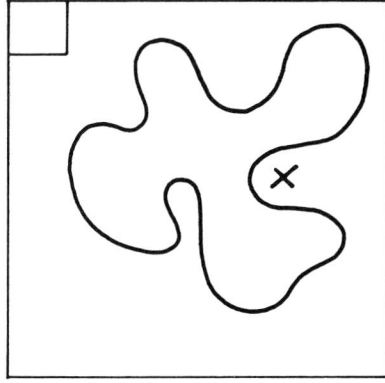 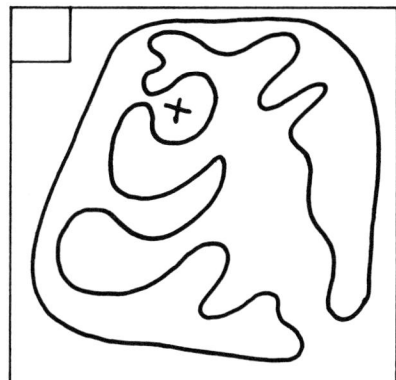 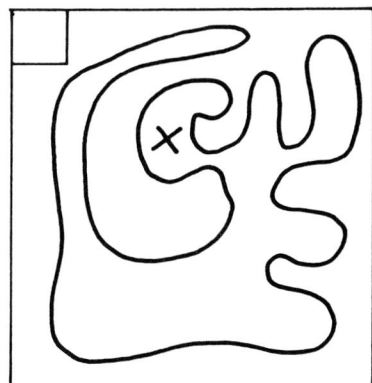

3. Male in jedem Feld das Innere der geschlossenen Figur aus. Verbinde dann die beiden Punkte, ohne in die farbige Figur zu kommen.

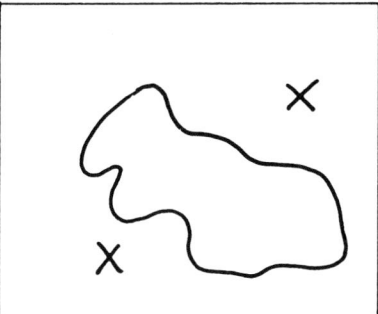  

4. Alle Kreise sollen jeweils im Inneren einer Figur liegen, die Kreuze außerhalb. Zeichne.

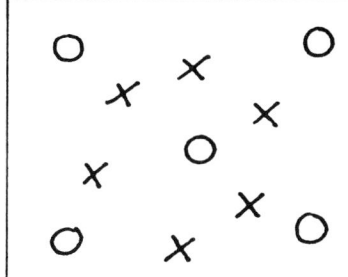 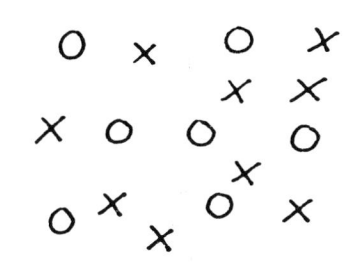 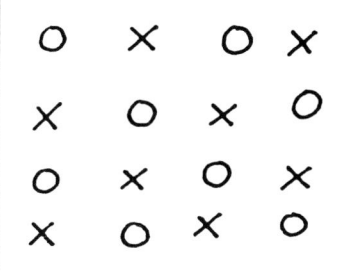

AB 4.3: Hinweise

Nr. 1: Diese Aufgabe dient wieder der Begriffsklärung. In Fortsetzung der Sequenz „Offen – geschlossen" werden hier nur noch geschlossene Figuren betrachtet.

Nr. 2: Wird die geschlossene Figur zuvor ausgemalt, so ist die Lage des Kreuzes sofort zu erkennen.

Nr. 3: Die Figur kann als „See mit vielen Buchten" eingeführt werden. Der Weg ist leichter zu finden, wenn sich die Figur durch Ausmalen deutlicher abhebt.

Nr. 4: Die Aufgabe kann in folgende Sachgeschichte gekleidet werden: Einige Schafe (Kreise) werden von Wölfen (Kreuze) umzingelt. Sie können nur gerettet werden, wenn sie schnell mit einem Zaungatter (Linie) umgeben werden.
Die Lösung gelingt leichter, wenn die Schüler zunächst zwei „Schafe" einkreisen, um dann den Zaun „Schaf" um „Schaf" auszubauen. Auf diese Weise brauchen die Kinder stets nur ein weiteres Objekt zu betrachten.

Lösung:

Innen – außen — AB 4.3

1. Male das Innere der Figur gelb und das Äußere grün aus. Fahre den Rand rot nach.

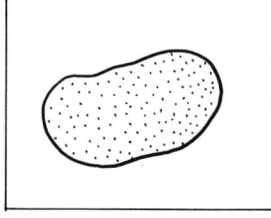 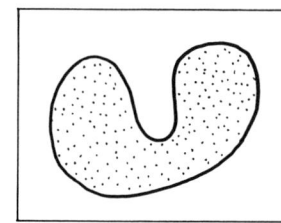 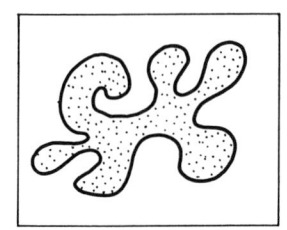

2. Liegt das Kreuz jeweils im Inneren der Figur oder im Äußeren? Schreibe ⬚i oder ⬚a.

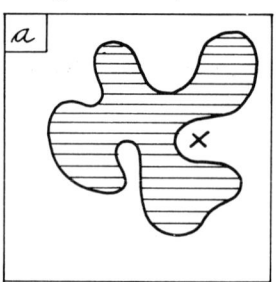 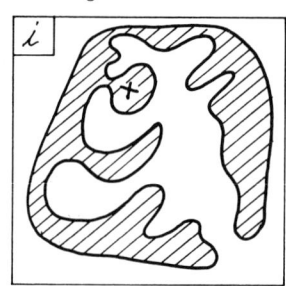 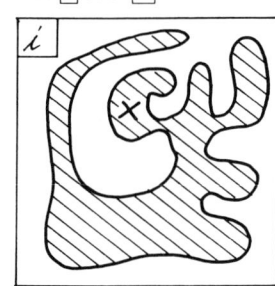

3. Male in jedem Feld das Innere der geschlossenen Figur aus. Verbinde dann die beiden Punkte, ohne in die farbige Figur zu kommen.

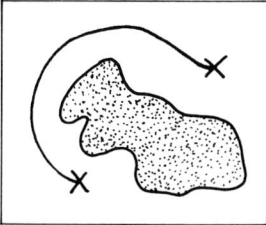 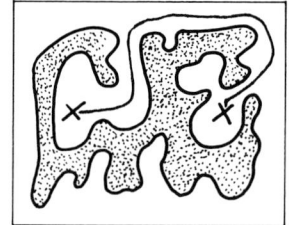 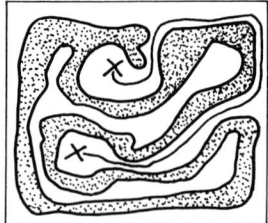

4. Alle Kreise sollen jeweils im Inneren einer Figur liegen, die Kreuze außerhalb. Zeichne.

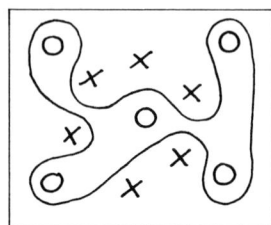 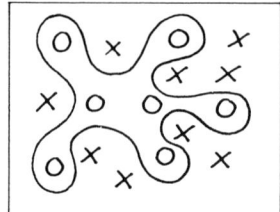 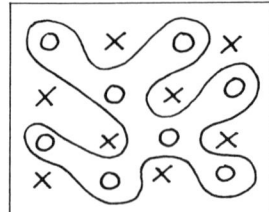

Wir bestimmen die Lage

AB 4.4

1. Male aus.

 rechter Punkt    linker Punkt    unterer Punkt 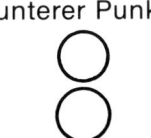   oberer Punkt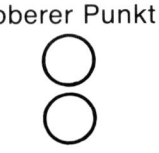

2. Die Maus sitzt

_____ von der Katze   _____ von der Katze   _____ von der Katze

3. Wo sitzt die Maus? Wo lauert die Katze?

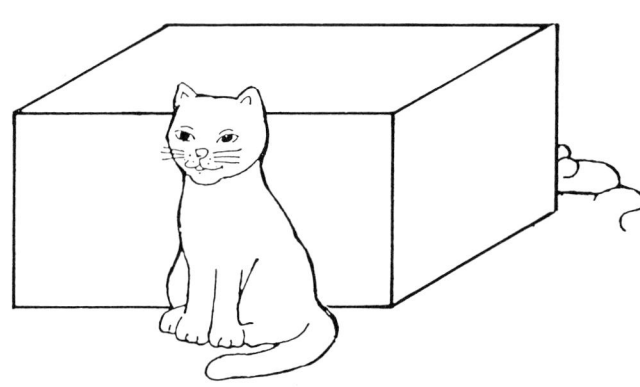   

Maus: _____ der Kiste   Maus: _____ der Kiste

Katze: _____ der Kiste   Katze: _____ der Kiste

Maus: _____ der Kiste   Maus: _____ der Kiste

Katze: _____ der Kiste   Katze: _____ der Kiste

AB 4.4: Hinweise

Nr. 1: Die Aufgabe soll bewußt machen, daß jegliche Lagebeziehung auf Bildern stets aus der Sicht des Betrachters angegeben wird. Die korrekte Lagebezeichnung könnte sonst u. U. dazu führen, daß die Schüler „seitenverkehrt" denken.

Nr. 2: Die Lage ist in bezug auf einen konkreten Fixpunkt (Katze) anzugeben. Zur Einübung empfiehlt es sich, dies von den Schülern und Schülerinnen spielen zu lassen, wobei allerdings die Spieler selbst ihre Lage nicht bezeichnen (Irreführung, da andere Sicht).

Nr. 3: Die übrigen Lagebezeichnungen werden eingeführt. Mit Hilfe einer Bank lassen sich die Darstellungen leicht konkretisieren.

Lösung:

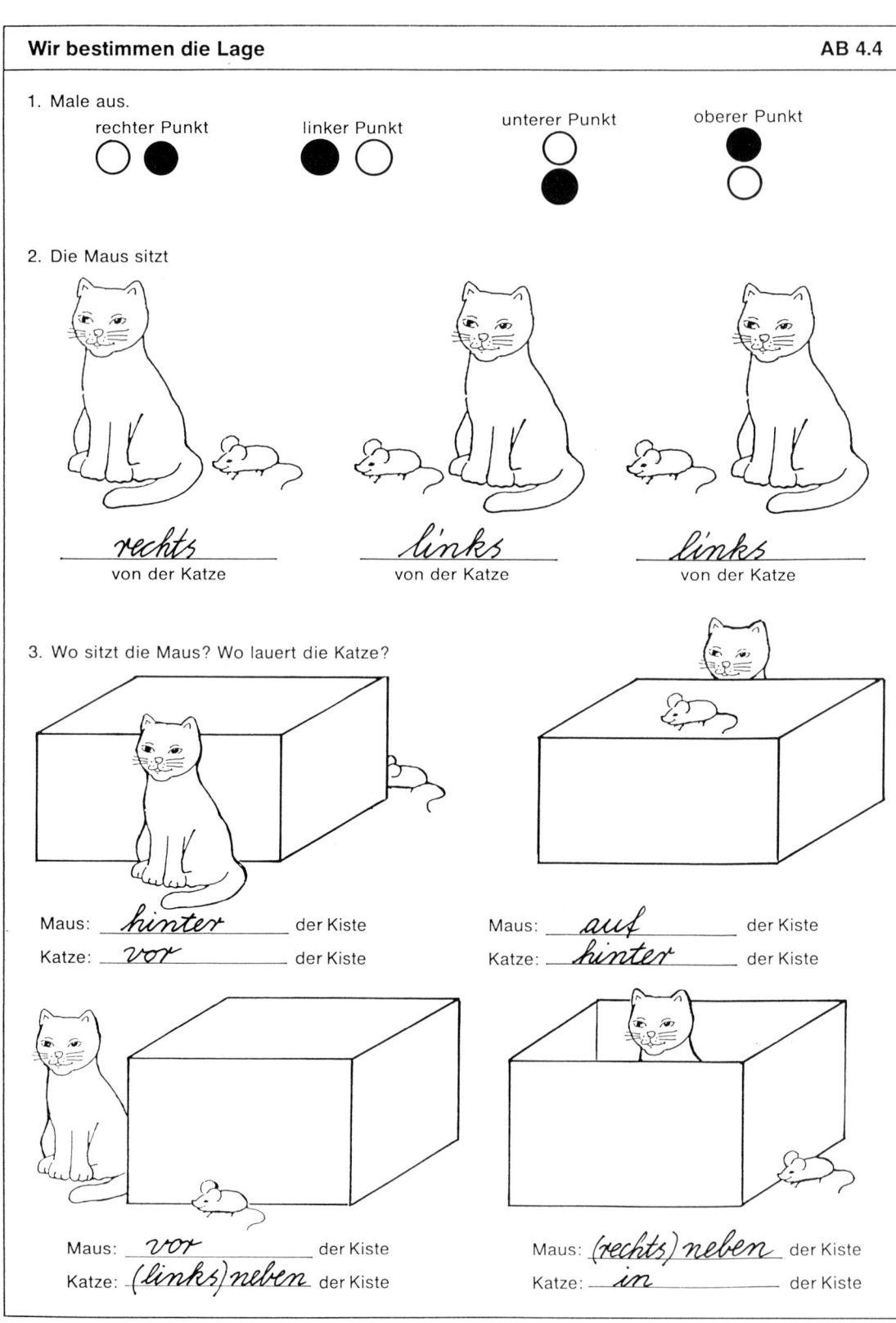

Wir betrachten Gebiete AB 4.5

1. Male Nachbargebiete verschieden aus. Verwende möglichst wenige Farben.

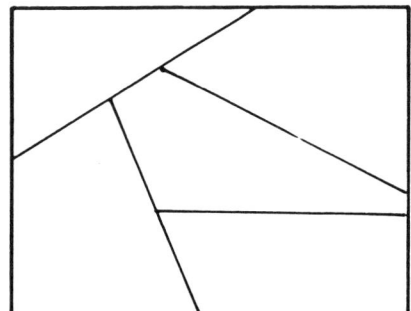 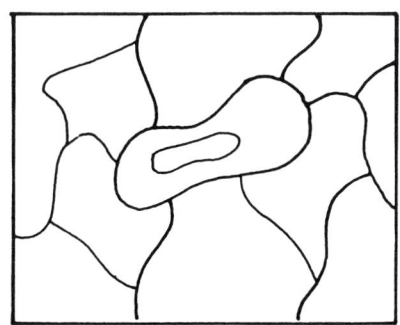 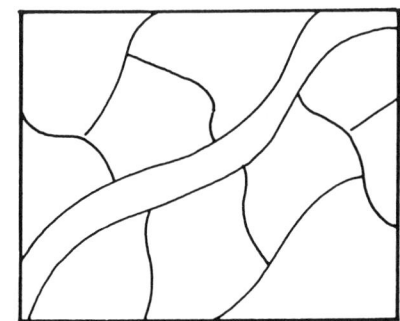

2. Bestimme die Anzahl der Gebiete. Male aus.

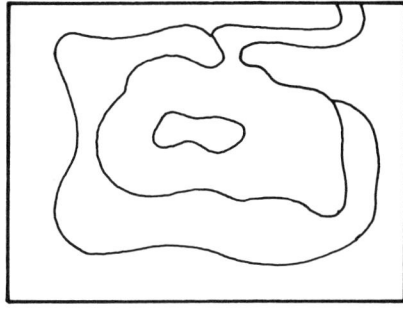 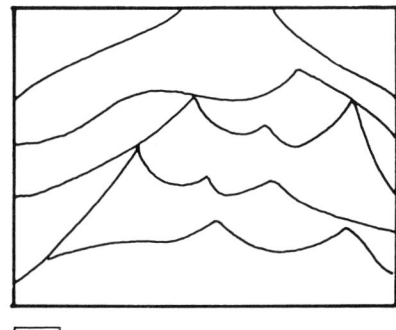 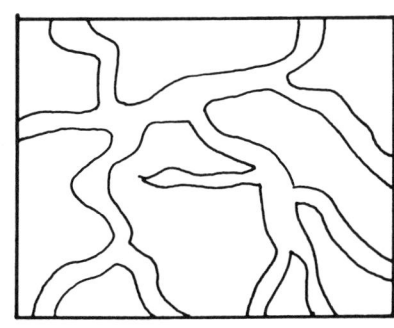

☐ Gebiete ☐ Gebiete ☐ Gebiete

3. Unterteile in Gebiete. Male verschieden aus.

| mit: 2 Geraden | 2 Geraden | mit: 3 Geraden |
| in: 3 Gebiete | 4 Gebiete | in: 4 Gebiete |

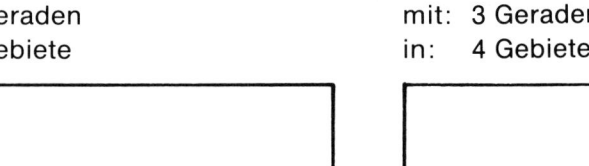

| mit: 3 Geraden | 3 Geraden | 3 Geraden |
| in: 5 Gebiete | 6 Gebiete | 7 Gebiete |

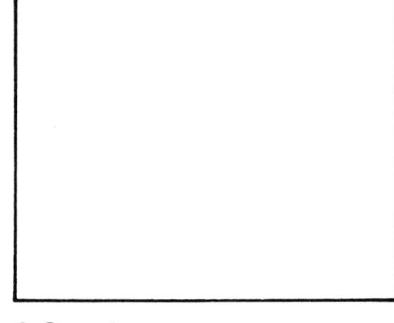 

AB 4.5: Hinweise

Bei jüngeren Schülern sind die Felder zum Ausmalen entsprechend zu vergrößern.

Nr. 1 und 2: Der Blick der Schüler soll auf unterschiedliche Formen der Gebietseinteilung gelenkt werden.
Von Nachbargebieten spricht man, wenn zwei Gebiete eine gemeinsame Begrenzungslinie haben.

Nr. 2/3: Das verzweigte „Flußgeflecht" bildet nur ein Gebiet, weshalb man bei dieser Aufgabe mit zwei Farben auskommen kann.

Nr. 3: Der Schüler soll sich intensiv mit dem Problem „sich schneidende Geraden" auseinandersetzen. Da sicher mehrere Versuche nötig sein werden, empfiehlt sich das vorherige Ausprobieren auf einem Extrablatt. Die Reihenfolge der Lösungen spielt keine Rolle.

Lösung:

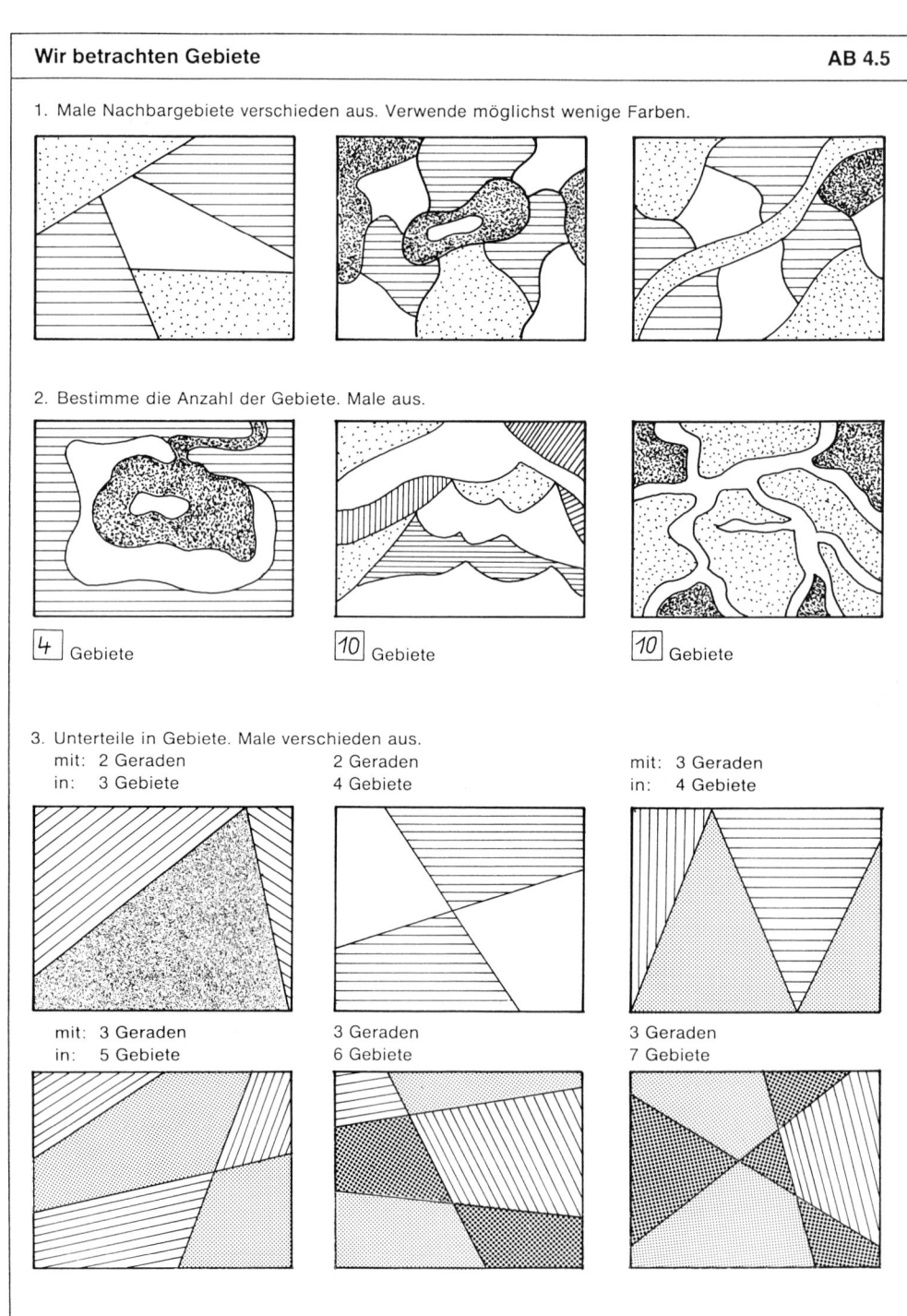

5. Grundtechniken: Ausschneiden und Figuren legen

Das liniengenaue Ausschneiden bereitet vielen Kindern, obwohl sie bereits seit Jahren mit der Schere hantieren, oft Schwierigkeiten.
Die instrumentale Fertigkeit für sich isoliert zu üben, kann nicht einsichtig gemacht werden. Deshalb wurde der Weg gewählt, daß die Schüler zunächst Plättchen ausschneiden, mit denen sie dann Figuren legen. Die Plättchen werden bei zahlreichen späteren Übungseinheiten immer wieder verwendet. Diese Plättchen sind nicht als Ersatz für schulbuchbegleitende Materialien gedacht, sondern dienen zu deren Ergänzung.

Lernschritte:

- **Formen ausschneiden und beschreiben**

Das Arbeitsblatt 5.1 wird auf dünnen Karton geklebt und dann entlang der durchgehenden Linie ausgeschnitten.
Beim Beschreiben der Plättchen wird man meist mit Bezeichnungen wie „großes Viereck" (für Quadrat), „längliches Viereck" (für Rechteck), „schräges Viereck" (für Raute) usw. konfrontiert. Es ist aber hier noch nicht der richtige Zeitpunkt, um die korrekten Flächenbezeichnungen verbindlich einzuführen.
Zur besseren Verständigung empfiehlt sich das Bemalen oder Markieren gleicher Plättchen mit gleichen Farben oder gleichen Zeichen.

- **Freies Legen**

Mit den Plättchen dürfen die Kinder in einer Phase des freien Spiels beliebige Figuren legen.

a) Auslegen von Figuren

Mit den Plättchen des Arbeitsblattes 5.1 können die Figuren der Arbeitsblätter 5.2 und 5.3 ausgelegt werden. Hierzu sind die einzelnen Formen bereits differenziert zu betrachten (z. B. gleichseitiges Dreieck – gleichschenkliges Dreieck).

b) Nachlegen von Figuren

Durch das Nachlegen (verkleinerter) Umrißfiguren in Originalgröße (Arbeitsblatt 5.4) werden sowohl das Auge für die Charakteristika der einzelnen Flächenformen als auch das Denken in zweierlei Längendimensionen geschult.

c) Anfertigen weiterer Plättchen

Das Arbeitsblatt 5.1 läßt sich anhand der Markierungen vielfältig weiter unterteilen. Bei vergleichenden Formbetrachtungen kann es durchaus angebracht sein, von den zahlreichen Einzelformen Gebrauch zu machen.
Ziel: Möglichst viele verschiedene Formen finden.
Das Blatt kann aber auch zur Schulung der instrumentalen Fertigkeiten (Verbinden von Punkten, Zeichnen nach Vorgabe, Ausschneiden) eingesetzt werden, wenn die Unterteilung nach Vorgabe durch die Lehrkraft (auf dem OHP) erfolgt. Dieses genaue Nachzeichnen bereitet vielen Kindern erhebliche Schwierigkeiten.
Dem Arbeitsblatt 5.1 wird auf der folgenden Seite das Haus mit nur einer Unterteilung vorangestellt.
Sollte zur Vorübung eine nicht so ins Detail gehende Unterteilung gewünscht werden, kann diese anhand der Markierungsstriche selbst vorgenommen werden.
Beim Aneinanderfügen der eventuellen Rechtecke und Quadrate stimmen die Seitenlängen trotzdem überein.

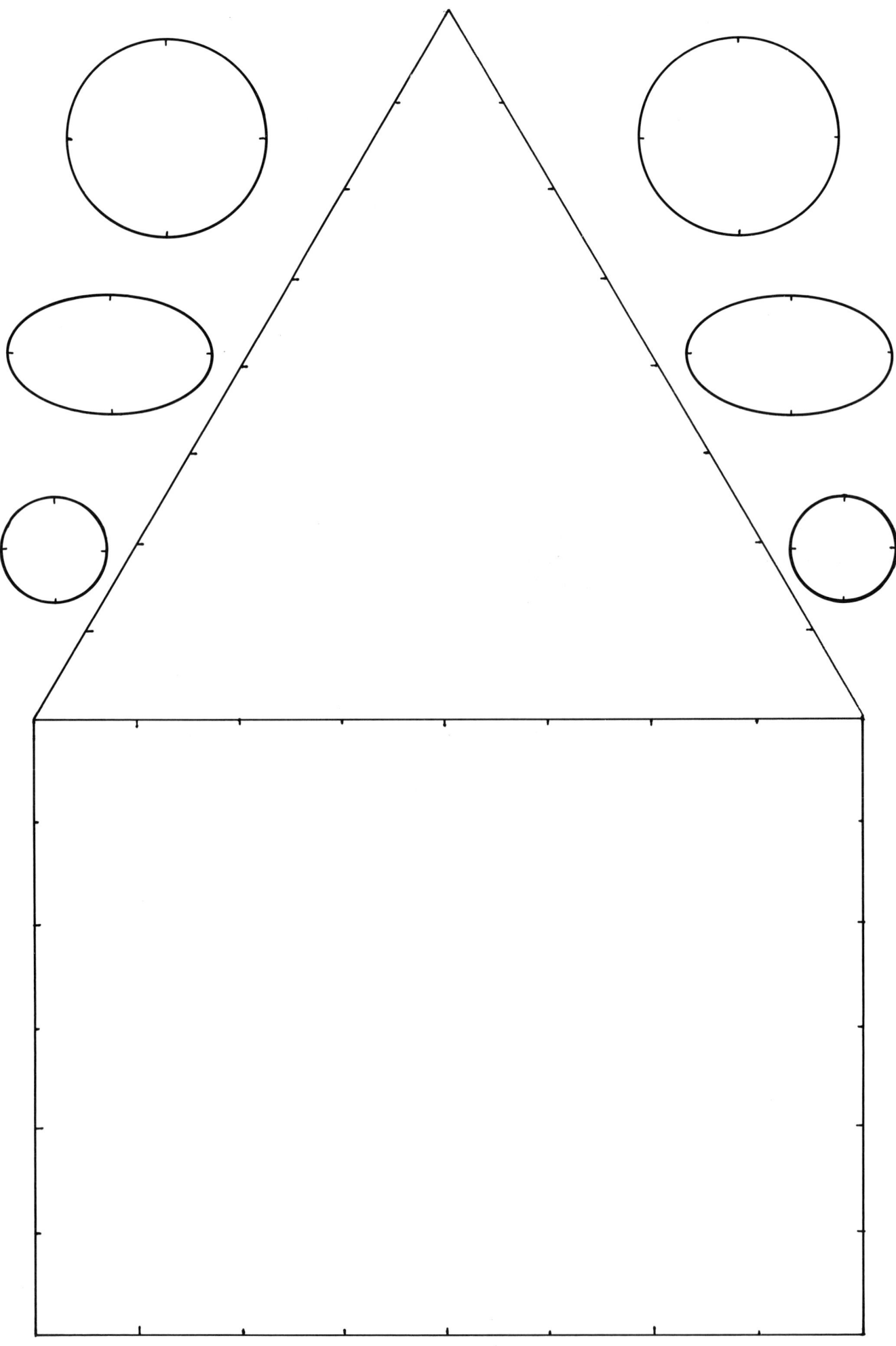

Zum Ausschneiden: Plättchen AB 5.1

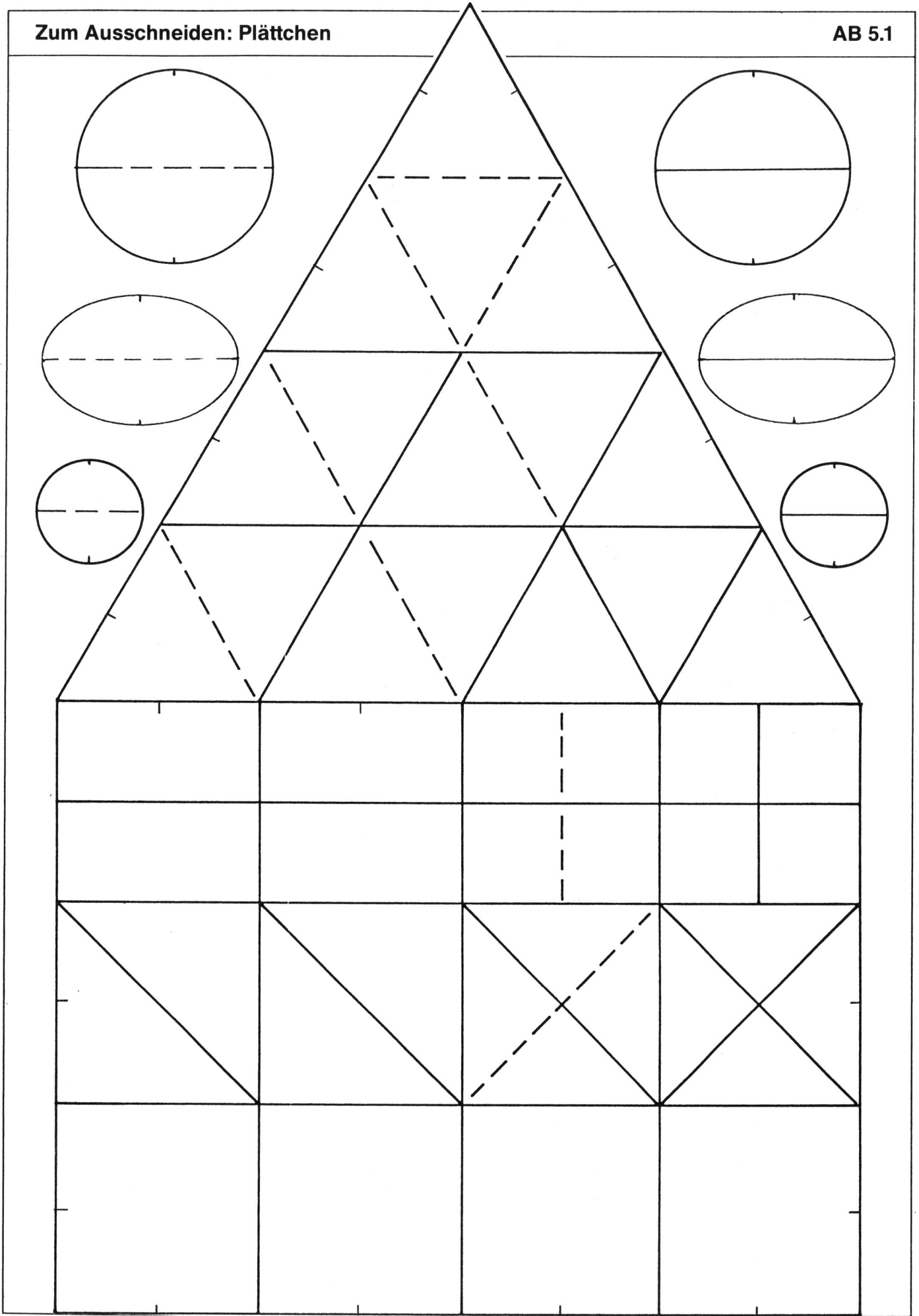

AB 5.1: Hinweise

Werden die Plättchen (auf dünnen Karton geklebt) entlang der durchgehenden Linien ausgeschnitten, so ergeben sich folgende Formen:

A: 4 große Quadrate (Seitenlänge: 4 cm)
B: 6 große gleichschenklige Dreiecke (4 cm Schenkellänge)
C: 4 kleine gleichschenklige Dreiecke (4 cm Basislänge)
D: 6 Rechtecke (Seitenlängen: 4 cm; 2 cm)
E: 4 kleine Quadrate (Seitenlänge: 2 cm)
F: 4 Rauten (4 cm Seitenlänge)
G: 4 kleine gleichseitige Dreiecke (4 cm Seitenlänge)
H: 1 großes gleichseitiges Dreieck (8 cm Seitenlänge)
a: 1 großer Kreis (4 cm Durchmesser)
b: 2 große Halbkreise
c: 1 große Ellipse (Hauptachse: 4 cm)
d: 2 Halbellipsen
e: 1 kleiner Kreis (2 cm Durchmesser)
f: 2 kleine Halbkreise

Lösung:

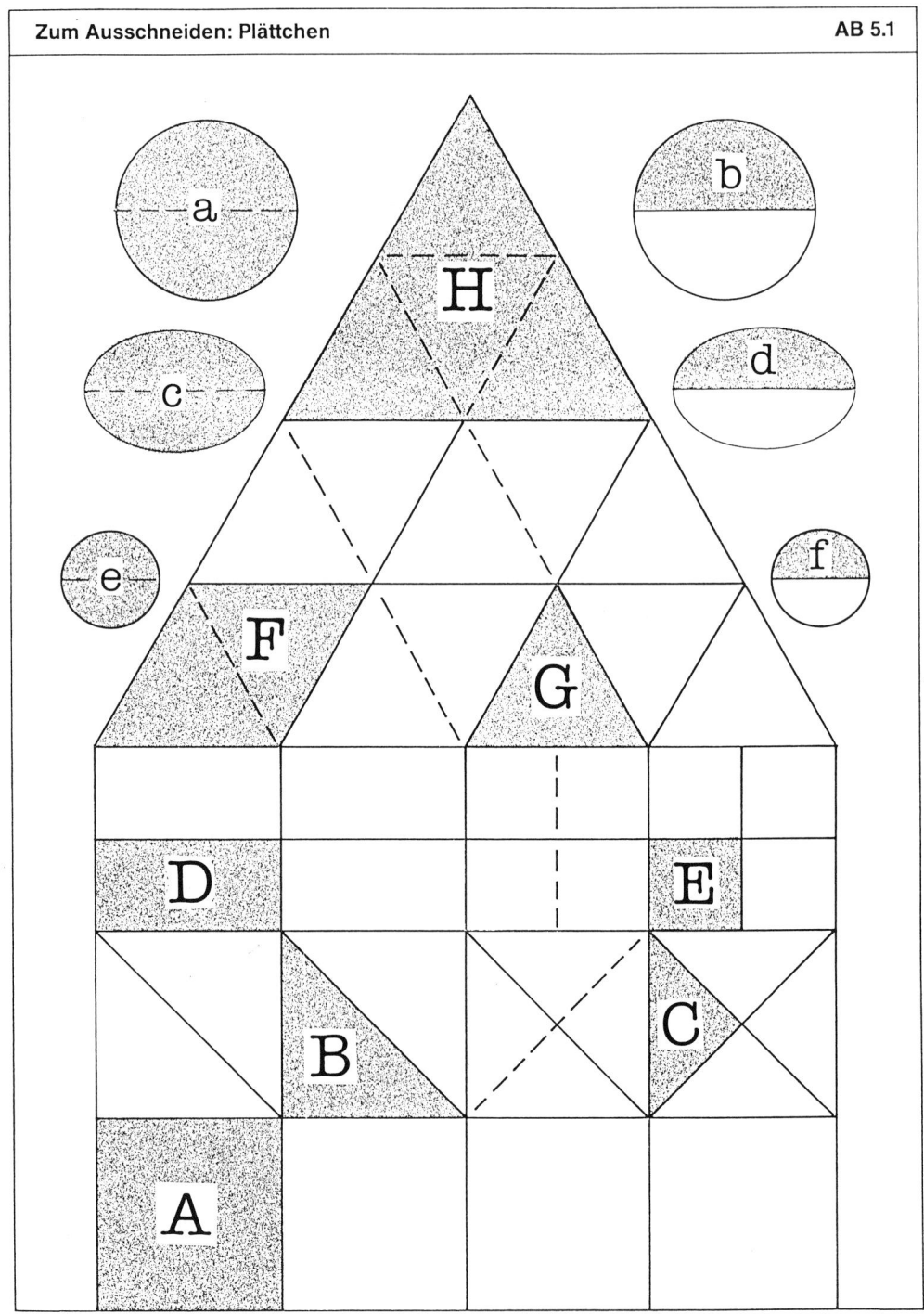

Wir legen Figuren nach I AB 5.2

Lege diese Figur mit den Plättchen aus.

AB 5.2 und 5.3: Hinweise

Mit den Plättchen von Arbeitsblatt 5.1 können die Figuren der Arbeitsblätter 5.2 und 5.3 nachgelegt werden. Das Lösungsblatt zeigt jeweils, welche Plättchen verwendet werden.

Lösung:

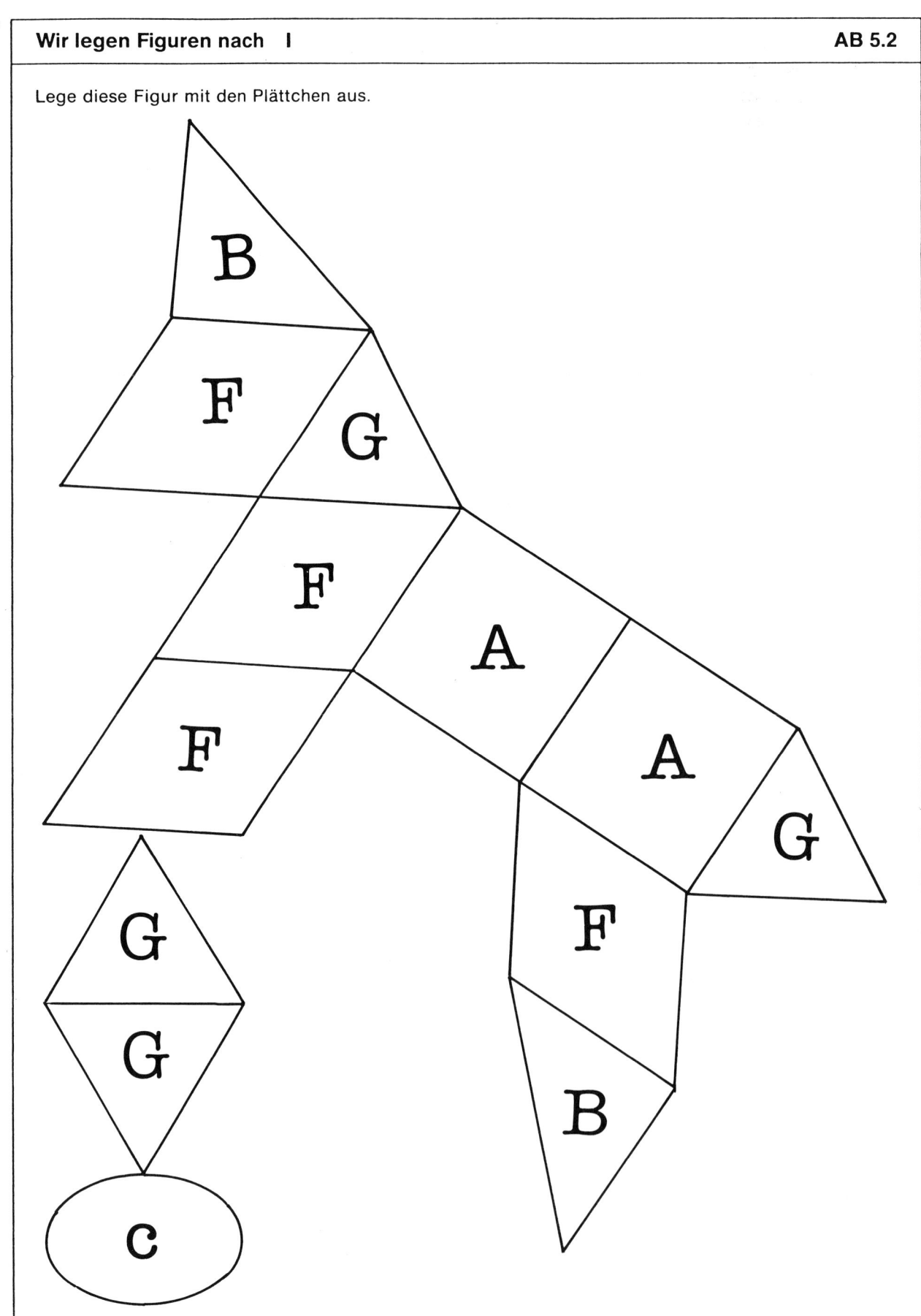

Wir legen Figuren nach II   AB 5.3

Lege diese Figur mit den Plättchen aus.

Lösung: **Wir legen Figuren nach II** AB 5.3

Lege diese Figur mit den Plättchen aus.

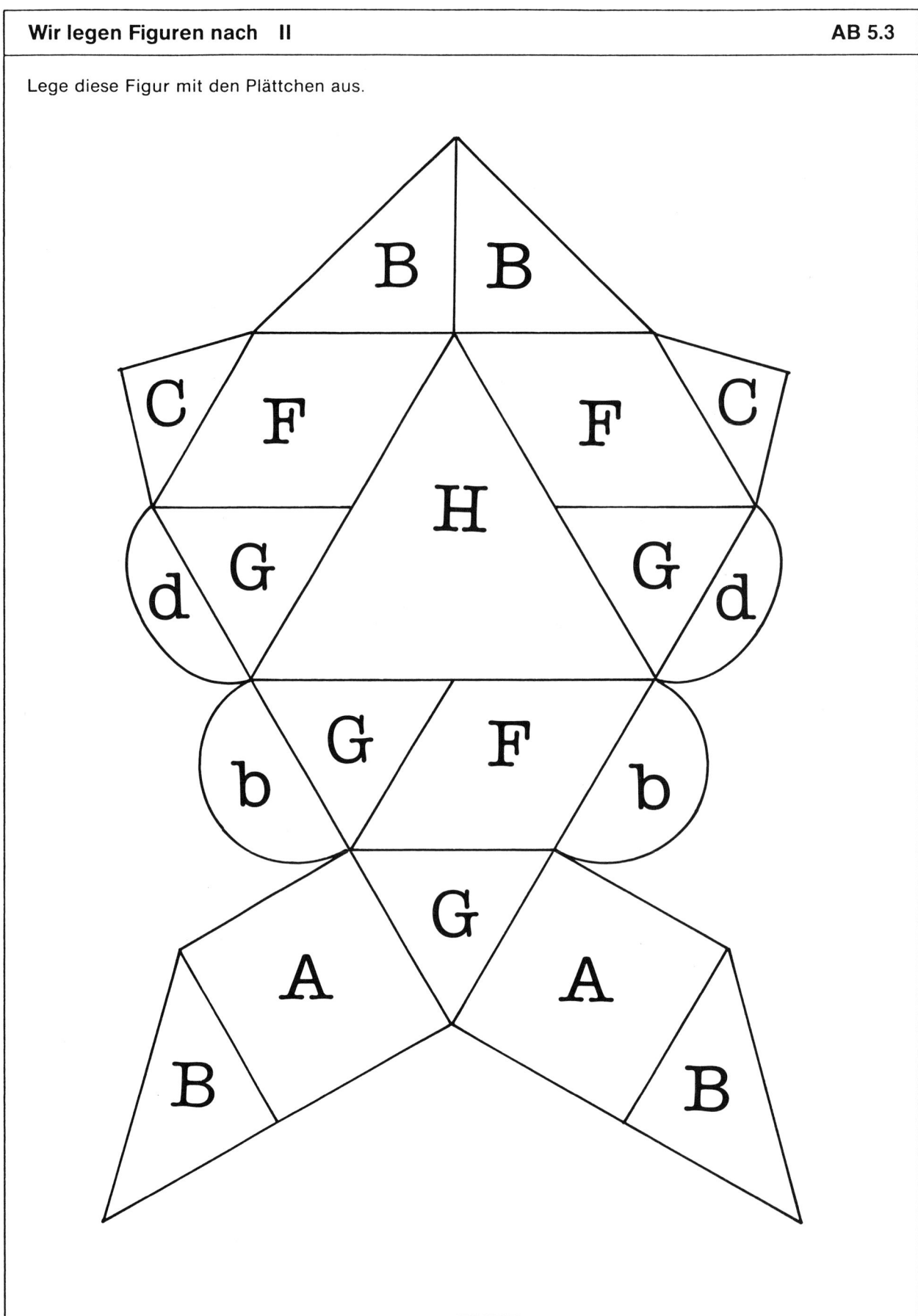

32

Wir legen Figuren

AB 5.4

Lege diese Figuren mit der angegebenen Plättchenzahl.

Männchen: 13 Plättchen

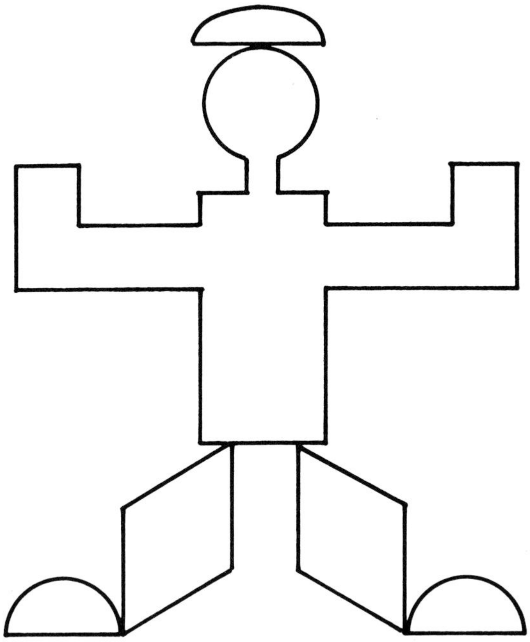

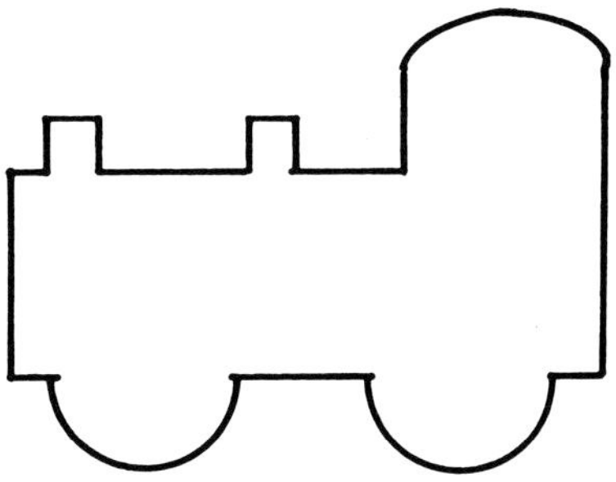

Lokomotive: 9 Plättchen

Stern: 8 Plättchen

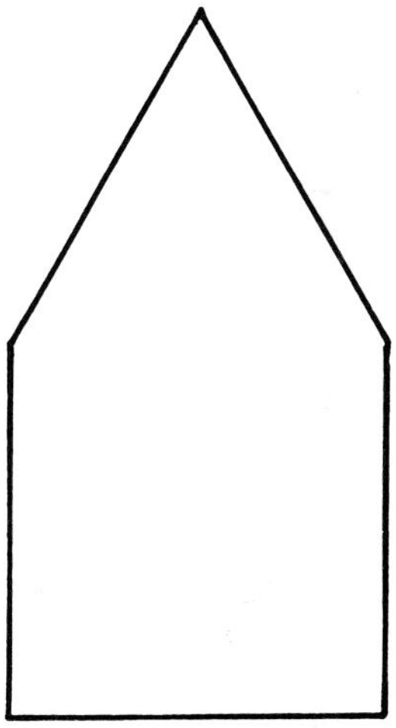

Haus: 5 Plättchen

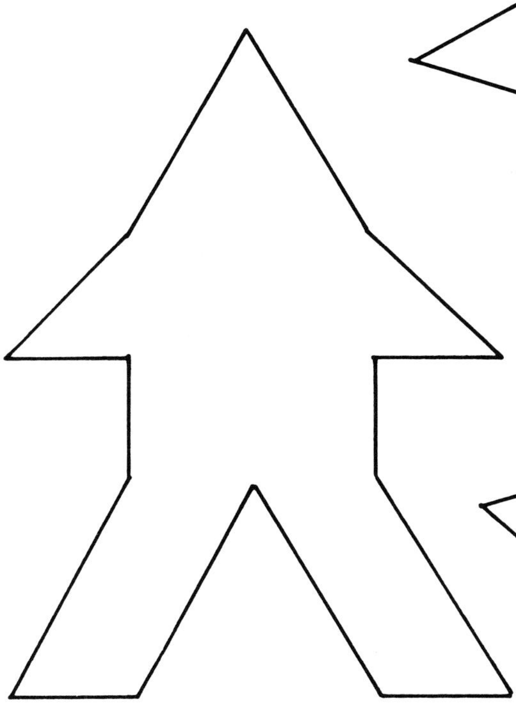

Nashorn: 14 Plättchen

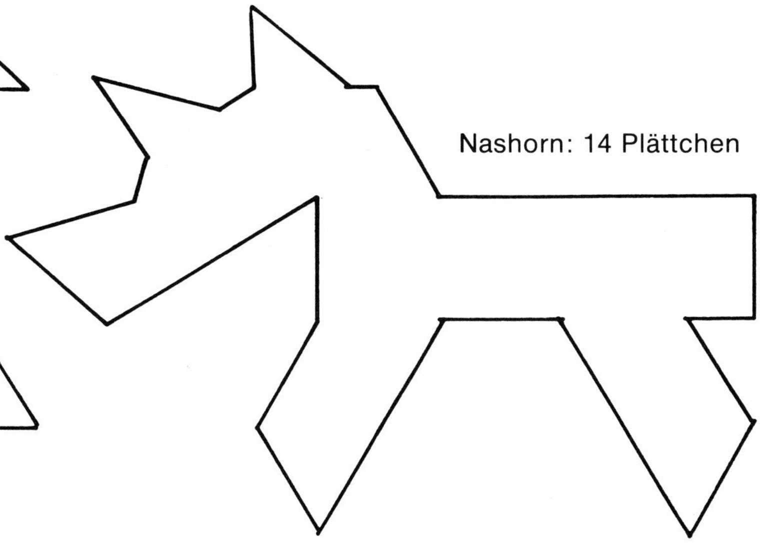

Rakete: 11 Plättchen

AB 5.4: Hinweise

Bei dieser Vorlage sind die Figuren verkleinert und ohne Begrenzungslinien angegeben. Als Anhaltspunkt zur Lösung ist jeweils die Gesamtzahl der verwendeten Plättchen genannt, wobei stets die größtmöglichen Plättchen einzusetzen sind.

Als Zusatzhilfe kann angegeben werden, welche Plättchen verwendet werden (entsprechend der Kennzeichnung von Arbeitsblatt 5.1/Lösung).

Männchen: 2A, 4D, 1E, 2F, 1a, 1d, 2b
Lokomotive: 3A, 1D, 2E, 2b, 1d
Stern: 4F, 4G
Haus: 4A, 1H
Rakete: 4A, 2B, 4F, 1H
Nashorn: 4A, 1B, 2C, 1D, 3F, 3G

Lösung:

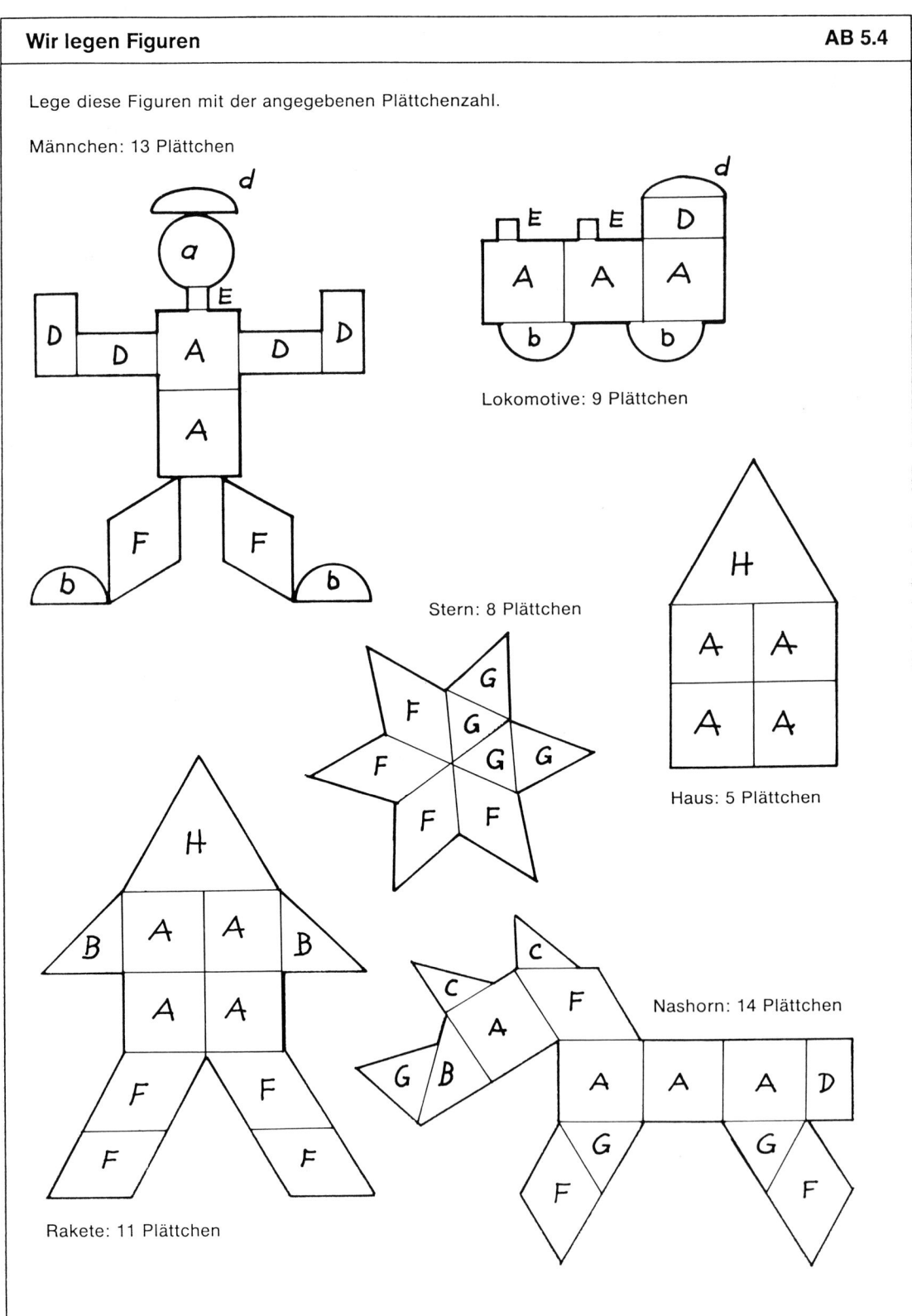

6. Instrumentale Grundfertigkeiten: Messen und Zeichnen

Grundlagen jeglicher geometrischer Arbeit sind das Vertrautsein mit dem zeichnerischen Handwerkszeug Bleistift, Lineal, eventuell auch Geodreieck und Zirkel, sowie das genaue Messen und Zeichnen von Strecken. Die Einübung dieser instrumentalen Fertigkeiten – die z. B. im bayerischen Lehrplan nicht unter „Geometrie", sondern im Bereich „Größen" angesiedelt wurden – erstreckt sich über mehrere Jahrgangsstufen, so daß es in der Entscheidung der Lehrkraft liegt, wann welches Arbeitsblatt am sinnvollsten eingesetzt wird.

Parallel zum Messen und Zeichnen erfolgt in der Regel auch die Einführung der Längenmaße und das Rechnen damit.

Aufgrund der thematischen, nicht jahrgangsstufenbezogenen Strukturierung des Stoffes wird die Einführung der Längenmaße und der rechnerische Teil im 8. Kapitel dargestellt.

In dieser Lernsequenz liegt der Schwerpunkt auf der richtigen Handhabung der Zeichengeräte.

Lernschritte:

- **Ziehen gerader Linien mit dem Lineal**
- Freies Zeichnen gerader Linien
- Verbinden vorgegebener Punkte (Arbeitsblatt 4.1/ Nr. 3, 4):
  Gerade durch einen gegebenen Punkt zeichnen,
  Gerade durch zwei Punkte ziehen,
  Zwei oder mehrere Geraden schneiden sich in einem Punkt.
- Einsatz des Lineals als Arbeitsprinzip:
  Überschriften, Ergebnisse stets unterstreichen lassen
  In Heften: Ränder, Spalten ziehen, Merktexte einrahmen,...
  Auf folgendes ist besonders zu achten:
  - Lineal auf der ganzen Länge festhalten,
  - Bleistift in einem Zug an der Kante entlang führen,
  - anfangs ein Lineal mit aufliegender Zeichenkante verwenden.
- Muster zeichnen
  Muster zeichnen zu lassen, kann mehrere Beweggründe haben:
  Freude der Schüler an regelmäßigen Figuren,
  Anregung zur Ausgestaltung von Hefteinträgen,
  Vorübung zu den Themen Symmetrie, Verschieben und Drehen.
  Durchführung:
  Vorgegebene Muster (nur Linien) werden ausgemalt.
  Muster werden nach Vorlage (an der Tafel) nachgezeichnet (Beispiele Seite 92).
  Schüler gestalten Muster nach Vorgabe einzelner Elemente des Arbeitsblattes 10.1.
  Schüler entwerfen frei Muster.
  Gelungene Arbeiten sollten auf alle Fälle ausgestellt werden.
- Zierschriften anfertigen

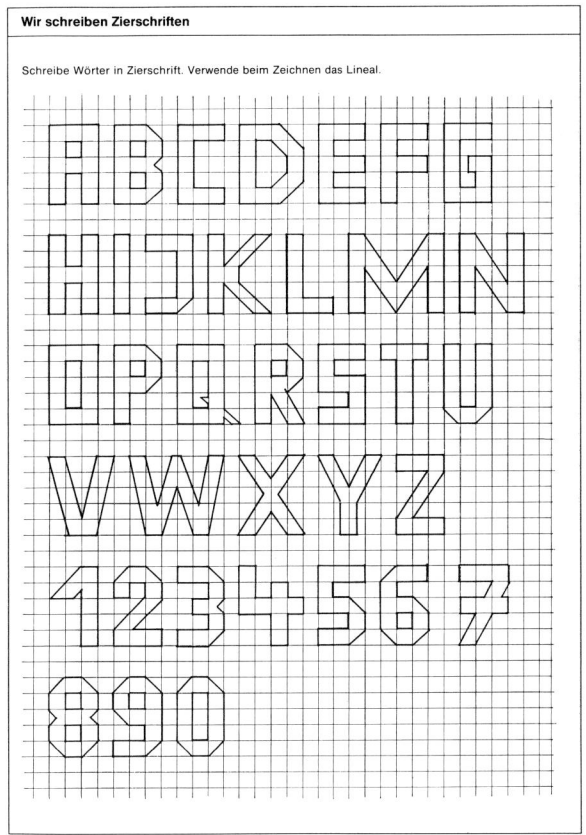

- **Zeichnen auf Karopapier**

Arbeitsblatt 6.1/Nr. 1

- **Übertragen von Figuren**

Arbeitsblatt 6.1/Nr. 2–4

- **Zeichnen komplexer Figuren auf Karopapier**

Ein Kind zeichnet eine Figur vor, bei der die Eckpunkte auf den Schnittpunkten der Karolinien liegen. Der Nachbar zeichnet diese Figur nach.

- **Direkter Längenvergleich**

Die Länge zweier Gegenstände wird durch Nebeneinanderlegen verglichen.

- **Messen mit selbstgewählten Meßeinheiten**

Die Länge der Bank wird z. B. mit „Mathematikbuchlängen" usw. gemessen.
▷ Die Notwendigkeit, eine einheitliche Meßeinheit zu schaffen, wird so offensichtlich.

- **Maßeinheit „Zentimeter" (cm)**

– Wir betrachten die Einteilung des Lineals, zunächst die mit Zahlen versehen Abstände:
  ▷ Maßeinheit „Zentimeter" (cm)
– Folie mit Lineal, Abschnitt aus Zollstock oder Maßband:
  Ablese- und Zeigeübungen (nur Zentimeterangaben)
– Partnerübung: Ein Schüler zeigt (nennt) eine Länge in Zentimeter, sein Nachbar nennt (zeigt) diese.
– Zentimetereinteilung selbst zeichnen (Arbeitsblatt 6.2/Nr. 1)

- **Strecken messen**

– Arbeitsblatt 6.2/Nr. 2 bis 4
– Freies Zeichnen von Zentimeter-Strecken: Der Nachbar überprüft durch Nachmessen.
– Streckenzüge
  Begriffserarbeitung (Arbeitsblatt 6.3)
– Zeichen- und Meßübungen (Arbeitsblatt 6.3/Nr. 1, 2)

- **Maßeinheit „Millimeter" (mm)**

– Lineal näher betrachten: Bedeutung der feineren Unterteilung eines Zentimeters in zehn gleiche Abstände erklären lassen
– Folie: siehe Lernschritt „Maßeinheit ‚Zentimeter' (cm)"

- **Mit dem Lineal messen**

– Längen ablesen (Arbeitsblatt 6.4/Nr. 1; 3; 4)
– Längen markieren (Arbeitsblatt 6.4/Nr. 2)
– Übungen des genauen Messens und Zeichnens (Arbeitsblatt 6.5 und 6.6).

Wir übertragen Figuren   AB 6.1

1. Übertrage diese Figuren auf kariertes Papier. Miß die Länge der einzelnen Strecken oder zähle die Karos ab.

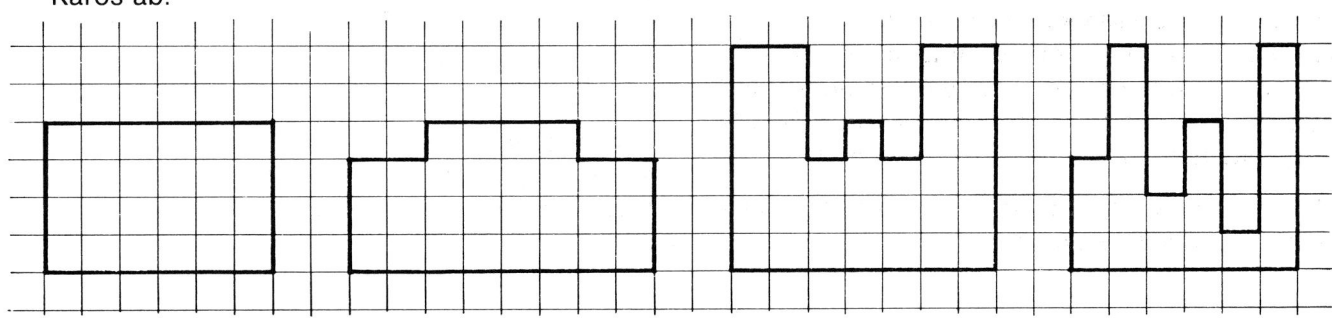

2. So kannst du schräg verlaufende Linien leicht übertragen.
   a) Bestimme 2 Karopunkte, durch die die Linie verläuft.
   b) Stelle zwischen diesen beiden Punkten die Anzahl der waagrechten und der senkrechten Karos fest. Übertrage und zeichne die Linie.

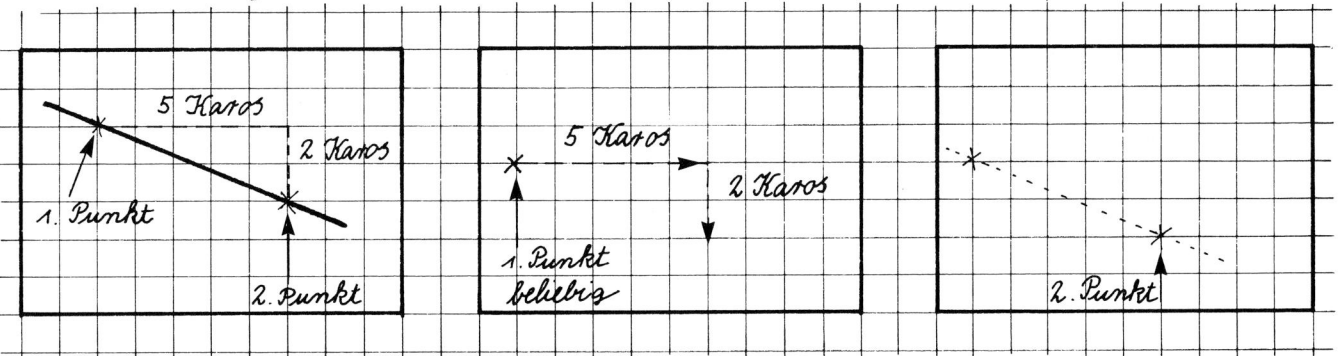

3. Übertrage die folgende Linie. Verfahre wie bei Aufgabe 2.

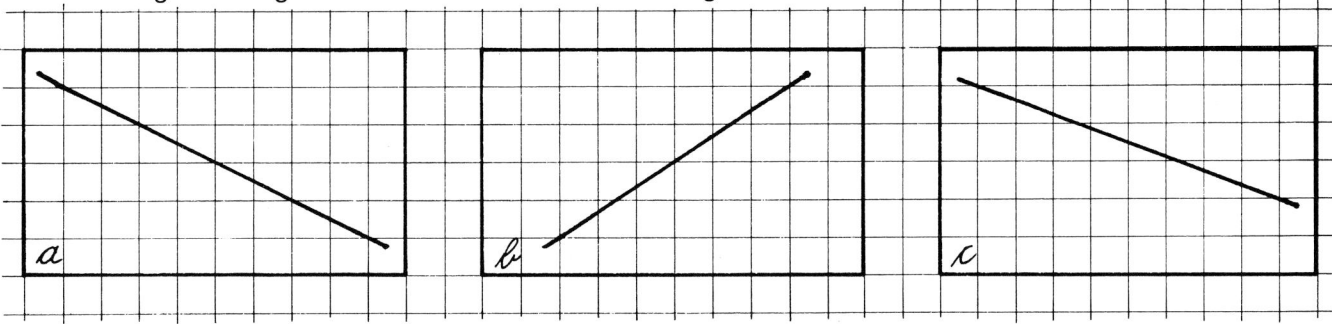

4. Übertrage diese Figuren.

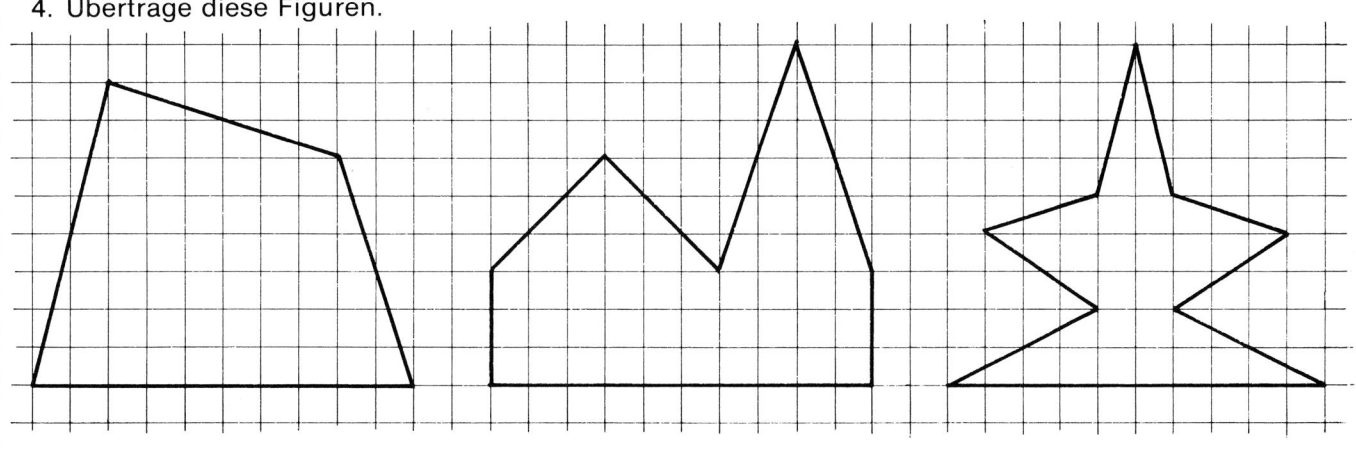

AB 6.1: Hinweise

Neuere Untersuchungen ergaben, daß vielen Schülern gerade das Übertragen von Figuren auf kariertes Papier Schwierigkeiten bereitet.

Nr. 1: Die Aufmerksamkeit wird auf die Karos gelenkt, die abzuzählen sind. Beim Zeichnen ist ausdrücklich darauf hinzuweisen, daß Anfangs- und Endpunkt einer Linie Karopunkte sind und daß die Linie genau auf der Karolinie verlaufen muß.

Nr. 2: Das Vorgehen ist an der Tafel mit den Schülern schrittweise zu erarbeiten.

Nr. 3: Zunächst werden auf dem Arbeitsblatt die Punkte markiert, die die Grundlage für die Übertragung werden. Auch die Pfeile wie bei Nr. 2 werden eingezeichnet.

Nr. 4: Anwendungsaufgaben

Weiterführende Aufgaben:
Ein Schüler zeichnet eine Figur vor, sein Nachbar überträgt sie. Die Figuren von Nr. 4 werden doppelt so groß gezeichnet. Dazu sind alle Längen, alle (Karo-)Abstände zu verdoppeln.

Lösung:

Wir übertragen Figuren   AB 6.1

1. Übertrage diese Figuren auf kariertes Papier. Miß die Länge der einzelnen Strecken oder zähle die Karos ab.

2. So kannst du schräg verlaufende Linien leicht übertragen.
   a) Bestimme 2 Karopunkte, durch die die Linie verläuft.
   b) Stelle zwischen diesen beiden Punkten die Anzahl der waagrechten und der senkrechten Karos fest. Übertrage und zeichne die Linie.

3. Übertrage die folgende Linie. Verfahre wie bei Aufgabe 2.

4. Übertrage diese Figuren.

Wir messen mit Zentimeter AB 6.2

1. Trage die Zentimeter ein.

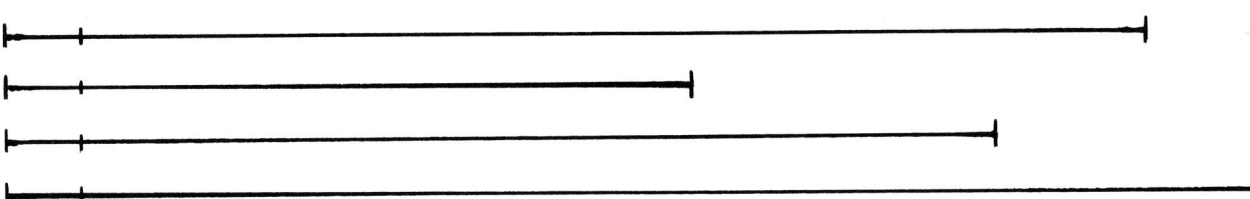

2. Miß die Länge dieser Strecken. Berechne bei f bis i die Gesamtlänge.

a = _____ cm   d = _____ cm   g = _____ cm
b = _____ cm   e = _____ cm   h = _____ cm
c = _____ cm   f = _____ cm   i = _____ cm

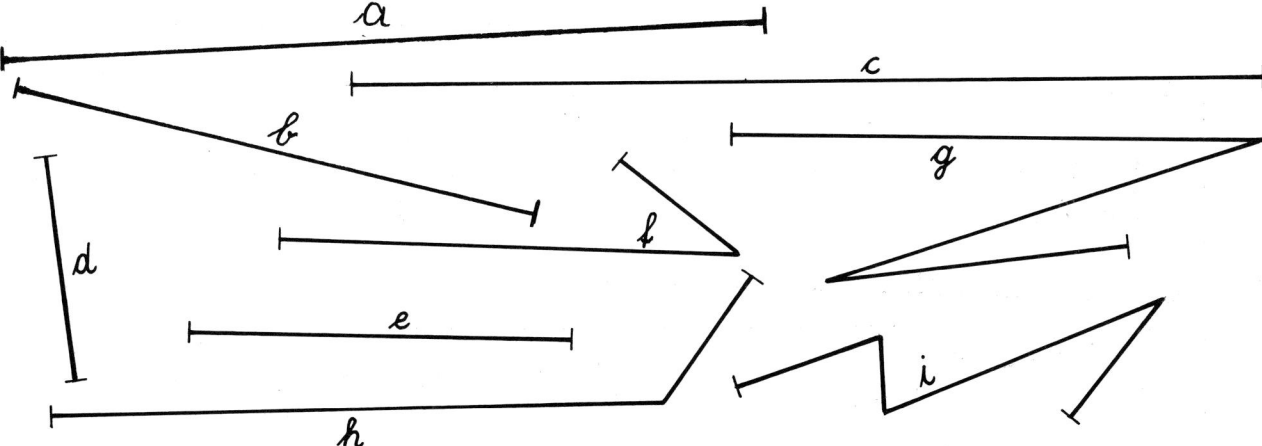

3. Zeichne immer die Mitte ein.

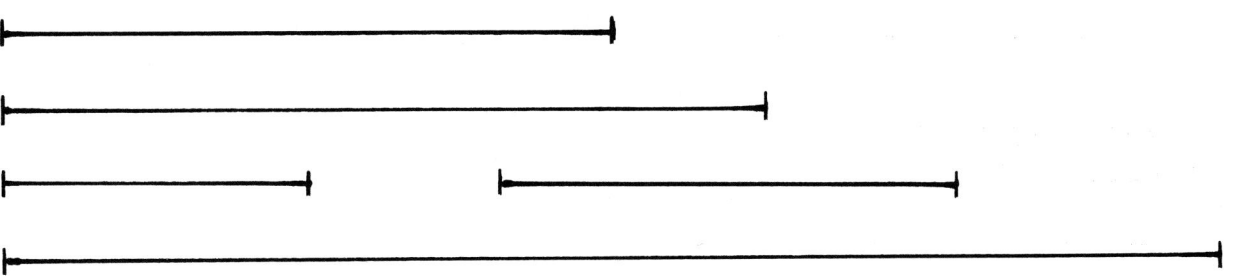

4. Unterteile diese Strecken in 4 gleich lange Abschnitte.

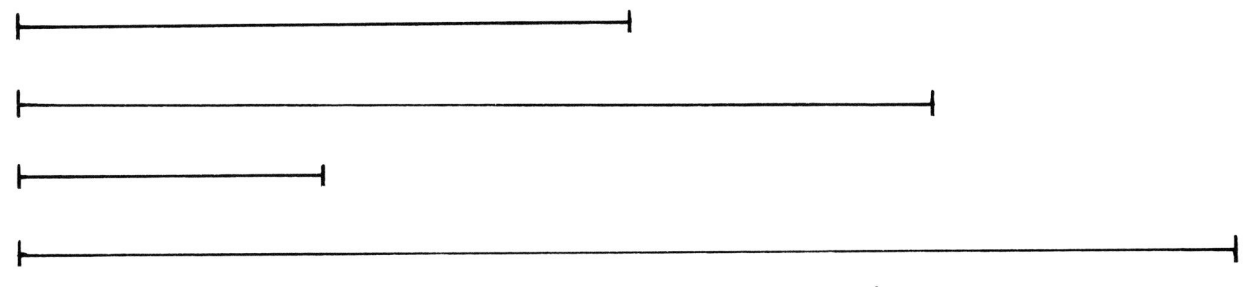

AB 6.2: Hinweise

Nr. 1: Die Schüler messen die Gesamtlänge jeder Strecke und notieren diese. Nach der zeichnerischen Unterteilung zählen sie die Anzahl der Teilstrecken ▷ *Übereinstimmung der Maßzahl*

Nr. 2: Bei f, g, h und i sind die Einzelstrecken zu addieren.

Nr. 3 und 4: Zunächst wird jeweils die Gesamtlänge gemessen, dann die Hälfte errechnet.
oder: Die Schüler schneiden 1 cm breite Streifen der vorgegebenen Länge aus. Die Mitte (bzw. davon wieder die Mitte) wird durch Falten festgestellt.

Lösung:

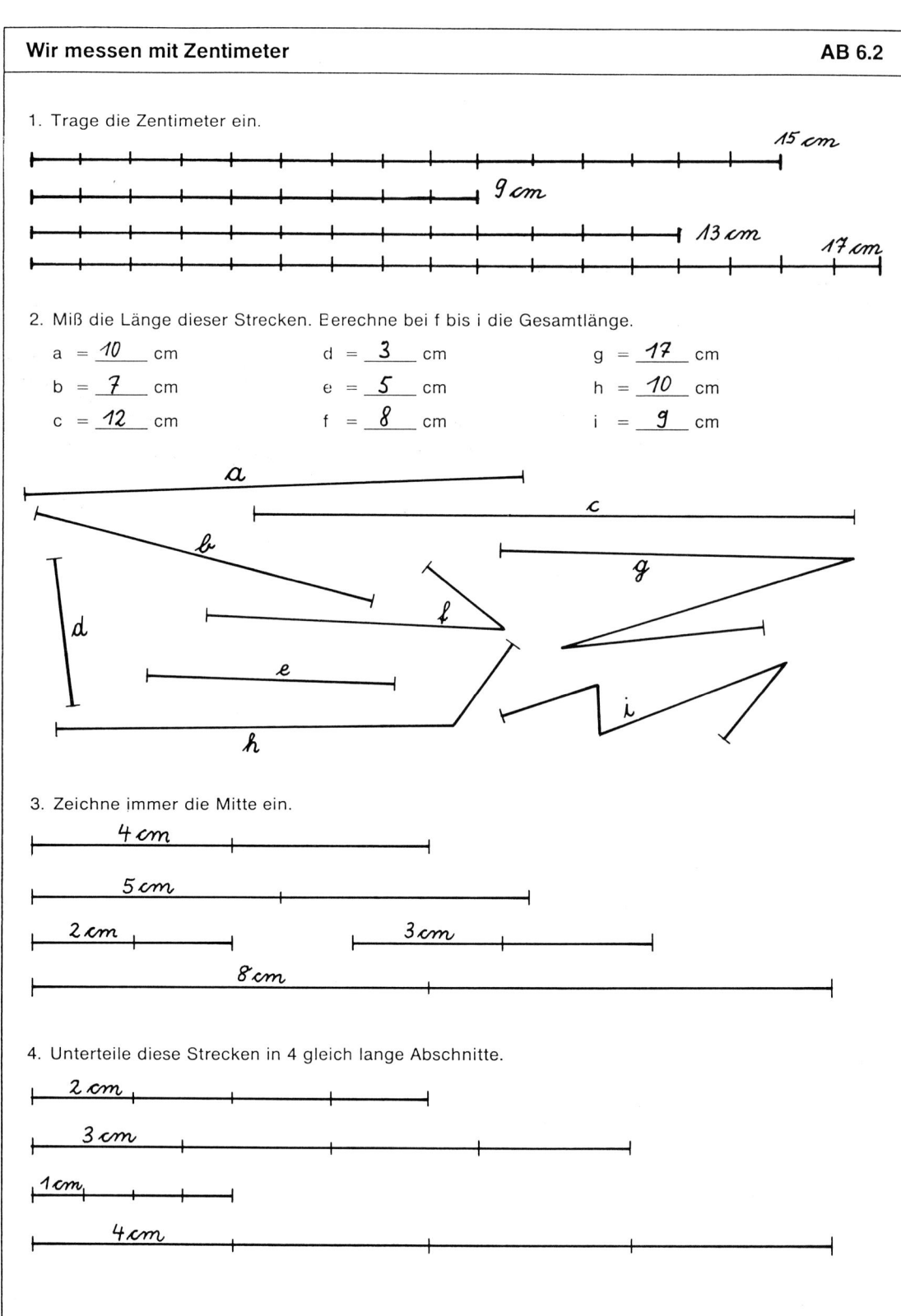

Wir zeichnen Streckenzüge AB 6.3

Wir unterscheiden:

offener Streckenzug   geschlossener Streckenzug

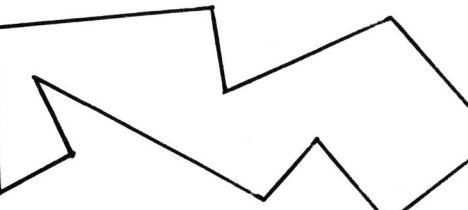

1. Verbinde diese Punkte in der numerierten Reihenfolge. Miß die Länge des offenen Streckenzuges.

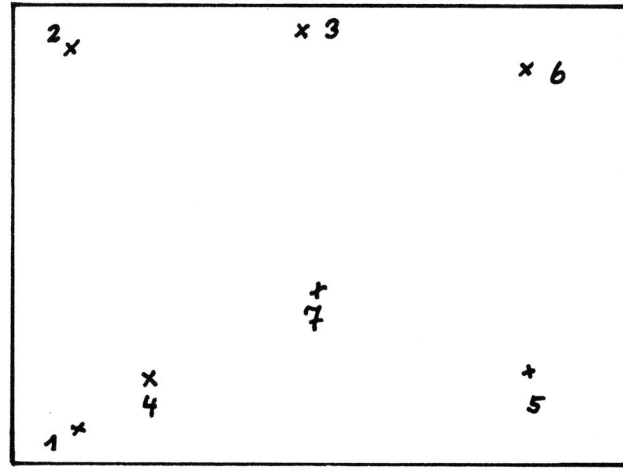   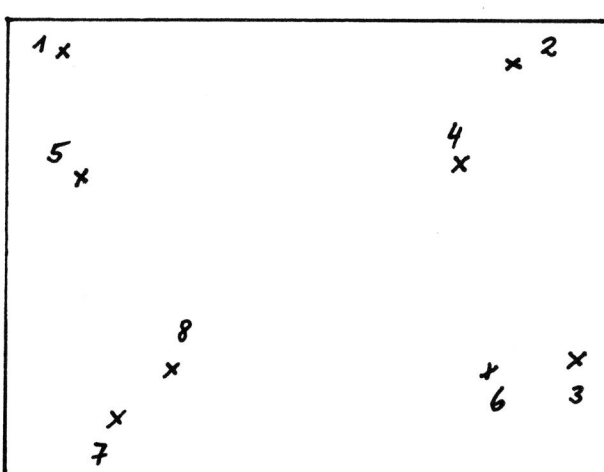

Länge: _____ cm   Länge: _____ cm

2. Zeichne geschlossene Streckenzüge. Miß deren Länge.

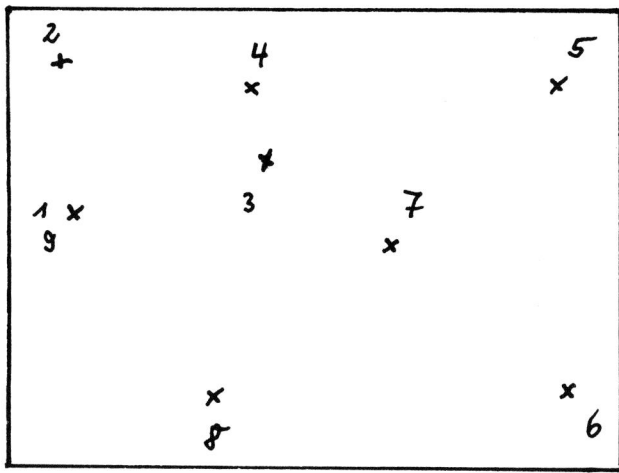   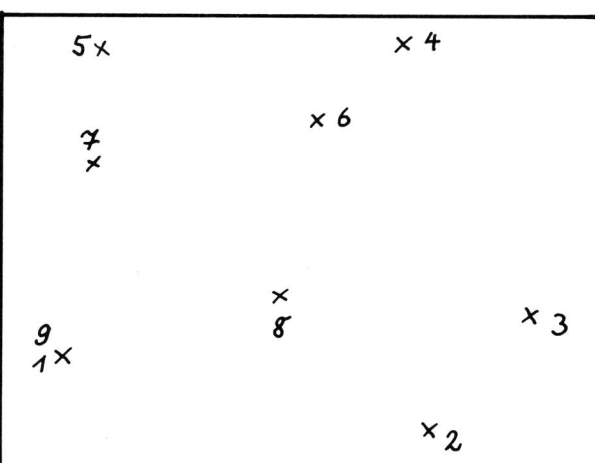

Länge: _____ cm   Länge: _____ cm

AB 6.3: Hinweise

Der Begriff „Streckenzug" tritt in Stoffverteilungsplänen nur selten auf. Er erleichtert aber bei vielen folgenden Arbeitsaufträgen deren Verständnis. Der Schwerpunkt dieses Arbeitsblattes liegt auf dem genauen Zeichnen und Messen.

Lösung:

Wir zeichnen Streckenzüge — AB 6.3

Wir unterscheiden:

offener Streckenzug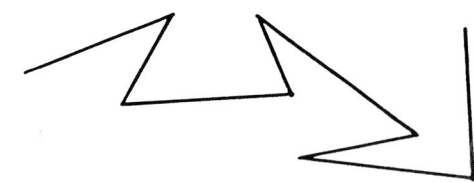

geschlossener Streckenzug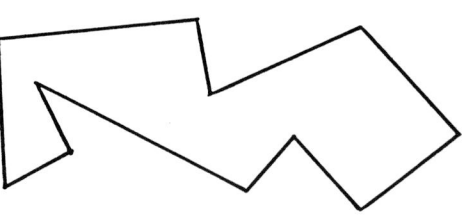

1. Verbinde diese Punkte in der numerierten Reihenfolge. Miß die Länge des offenen Streckenzuges.

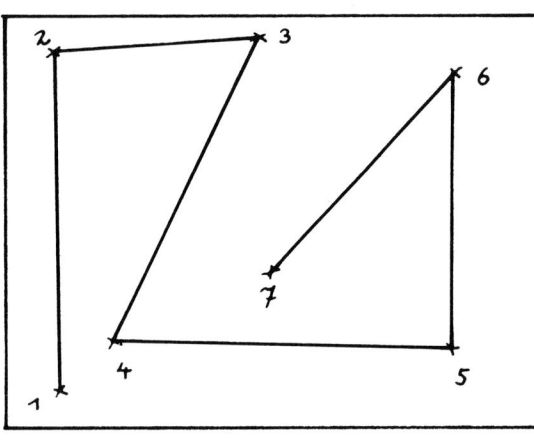

Länge: __26__ cm

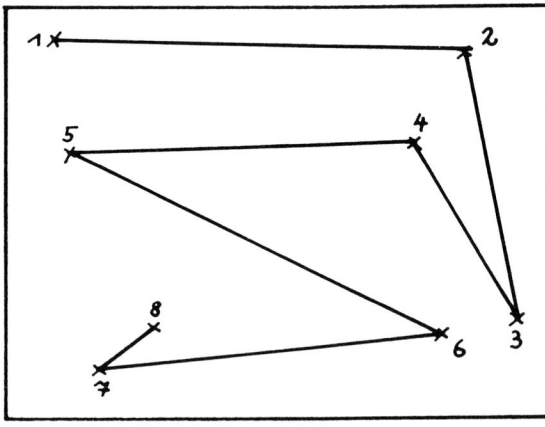

Länge: __30__ cm

2. Zeichne geschlossene Streckenzüge. Miß deren Länge.

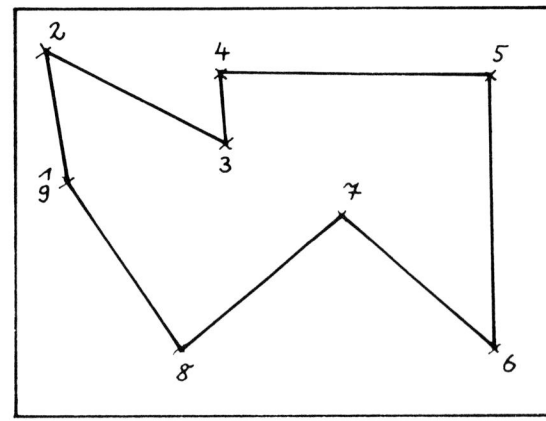

Länge: __23__ cm

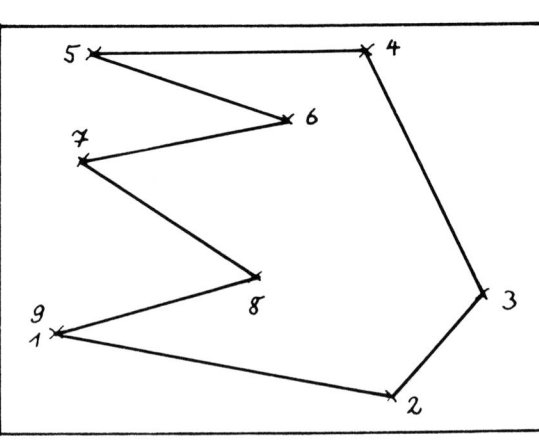

Länge: __27__ cm

Wir messen mit cm und mm   AB 6.4

1. Welche Längen sind markiert?

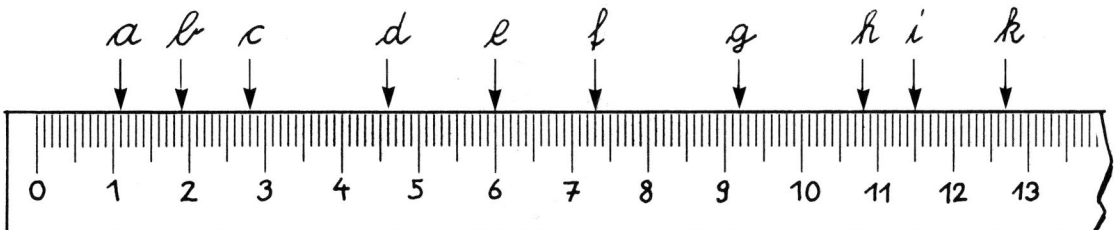

a) 1 cm 1 mm = 11 mm

b) ___ cm ___ mm = ___ mm

c) ___ cm ___ mm = ___ mm

d) ___ cm ___ mm = ___ mm

e) ___ cm ___ mm = ___ mm

f) ___ cm ___ mm = ___ mm

g) ___ cm ___ mm = ___ mm

h) ___ cm ___ mm = ___ mm

i) ___ cm ___ mm = ___ mm

k) ___ cm ___ mm = ___ mm

2. Markiere auf dem Lineal folgende Längen.

a) 13 cm 4 mm

b) 25 cm 3 mm

c) 19 cm 8 mm

d) 21 cm 4 mm

e) 186 mm = ___ cm ___ mm

f) 270 mm = ___ cm ___ mm

g) 265 mm = ___ cm ___ mm

h) 143 mm = ___ cm ___ mm

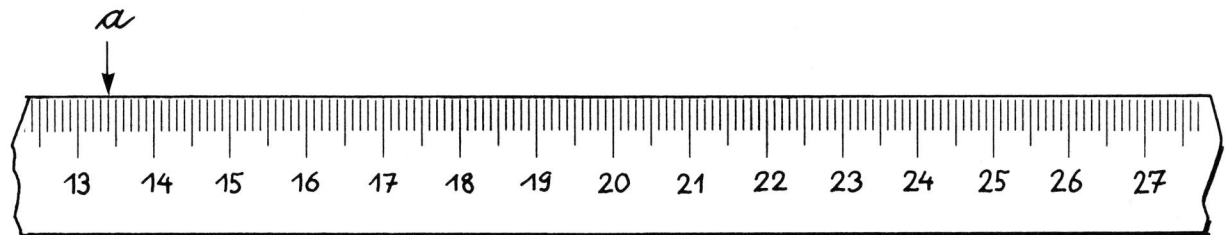

3. Welcher Weg ist am längsten?

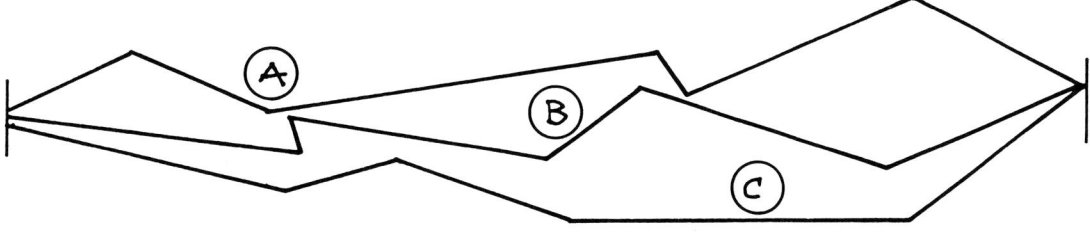

A: ___ cm ___ mm   B: ___ cm ___ mm   C: ___ cm ___ mm

4. Miß die Längen.

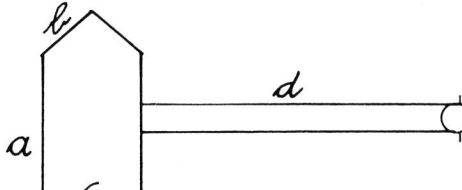

a) ___ cm ___ mm

b) ___ cm ___ mm

c) ___ cm ___ mm

d) ___ cm ___ mm

AB 6.4: Hinweise

Vorbemerkungen:
Die dezimale Unterteilung der Längenmaße ist für Erwachsene selbstverständlich, bereitet Kindern aber immer wieder Schwierigkeiten.
Die Skalierung vieler (Werbe-)Lineale ist ungenau. Lösungsdifferenzen von ± 1 mm sind deshalb zu akzeptieren. Bei Streckenzügen sind größere Abweichungen möglich.

Nr. 1: Die markierten Längen werden zunächst als Zentimeter-Millimeter-Angaben geschrieben, dann aber in Millimeter umgerechnet. Auf die unveränderte Ziffernfolge ist hinzuweisen.

Nr. 2: Umkehraufgabe zu Nr. 1.

Nr. 3:
A) 1,8 cm + 2,0 cm + 5,1 cm + 0,7 cm + 3,3 cm + 2,6 cm = 15,5 cm
B) 3,9 cm + 0,5 cm + 3,4 cm + 1,5 cm + 3,4 cm + 2,9 cm = 15,6 cm
C) 3,8 cm + 1,5 cm + 2,4 cm + 4,5 cm + 2,9 cm = 15,1 cm

Lösung:

Wir messen mit cm und mm — AB 6.4

1. Welche Längen sind markiert?

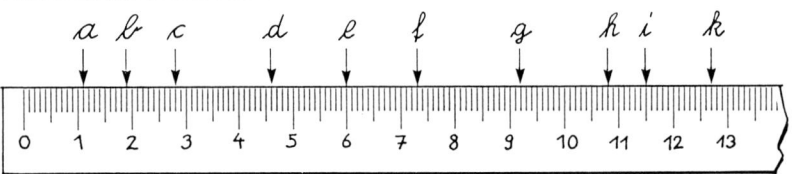

a) 1 cm 1 mm = 11 mm
b) *1* cm *9* mm = *19* mm
c) *2* cm *8* mm = *28* mm
d) *4* cm *6* mm = *46* mm
e) *6* cm *0* mm = *60* mm
f) *7* cm *3* mm = *73* mm
g) *9* cm *2* mm = *92* mm
h) *10* cm *8* mm = *108* mm
i) *11* cm *5* mm = *115* mm
k) *12* cm *7* mm = *127* mm

2. Markiere auf dem Lineal folgende Längen.

a) 13 cm 4 mm
b) 25 cm 3 mm
c) 19 cm 8 mm
d) 21 cm 4 mm
e) 186 mm = *18* cm *6* mm
f) 270 mm = *27* cm *0* mm
g) 265 mm = *26* cm *5* mm
h) 143 mm = *14* cm *3* mm

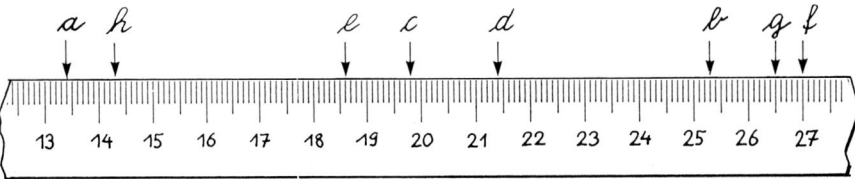

3. Welcher Weg ist am längsten?

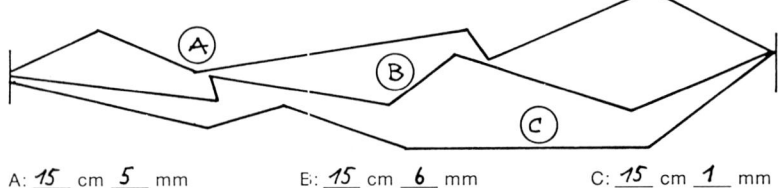

A: *15* cm *5* mm   B: *15* cm *6* mm   C: *15* cm *1* mm

4. Miß die Längen.

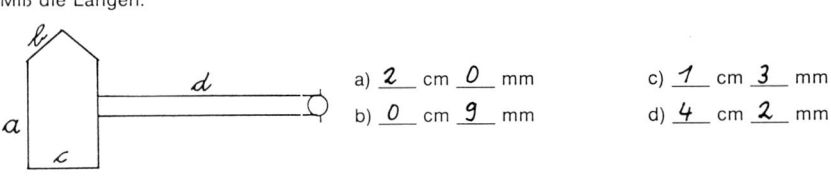

a) *2* cm *0* mm
b) *0* cm *9* mm
c) *1* cm *3* mm
d) *4* cm *2* mm

Wir zeichnen Strecken AB 6.5

1. a) Zeichne die Strecken in alphabetischer Reihenfolge.
   b) Verbinde die Endpunkte von a, b, c, ... k und l zu einer geschlossenen Figur.

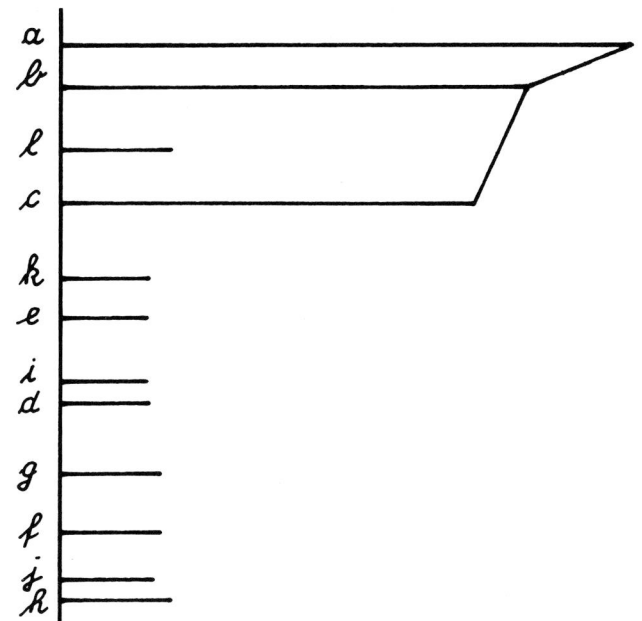

a = 7 cm 5 mm
b = 6 cm 1 mm
c = 5 cm 4 mm
d = 2 cm
e = 4 cm 7 mm
f = 3 cm 4 mm
g = 5 cm
h = 5 cm 5 mm
i = 6 cm 7 mm
j = 7 cm 7 mm
k = 7 cm 4 mm
l = 8 cm 1 mm

c) Welche Figur ist entstanden? Male die Figur aus.

2. a) Verlängere jeweils in Pfeilrichtung.

ab Punkt:	A	B	C	D	E	F	G	H
Länge:	3 cm 4 mm	8 cm 5 mm	3 cm 4 mm	6 cm 5 mm	6 cm 4 mm	5 cm 7 mm	4 cm 6 mm	5 cm 9 mm

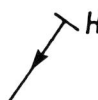

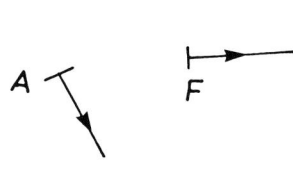

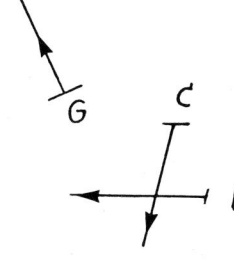

b) Male die entstandene Figur aus.

AB 6.5: Hinweise

Nr. 1: Es ist unbedingt in alphabetischer Reihenfolge vorzugehen. Der jeweilige Endpunkt ist sofort mit dem vorherigen Endpunkt zu verbinden. Die Verbindung l nach a ist zu ergänzen.

Nr. 2: Die Streckenlängen sind bewußt so gewählt, daß sie sich überschneiden.

Lösung:

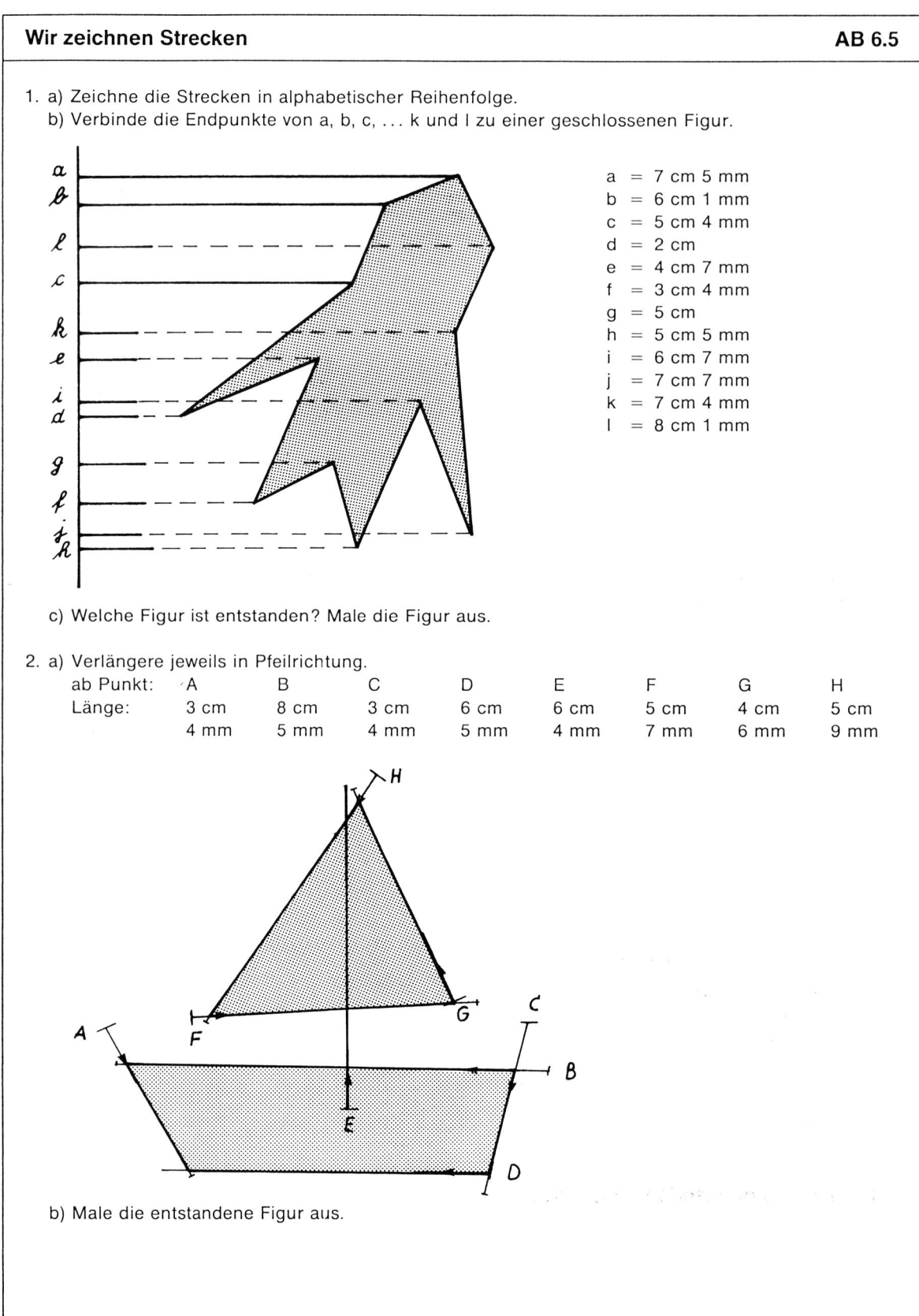

Wir messen und zeichnen Strecken   AB 6.6

1. Wie „lang" ist jeder Fluß?
   a) Verbinde die Buchstaben der einzelnen Flußnamen.
   b) Miß jeweils den Abstand von Buchstabe zu Buchstabe des einzelnen Flußnamens (MAIN: M - - - A; A - - - I; I - - - N). Zähle zusammen und vergleiche.

   MAIN: ___ cm ___ mm   RHEIN: ___ cm ___ mm

   DONAU: ___ cm ___ mm   ELBE: ___ cm ___ mm

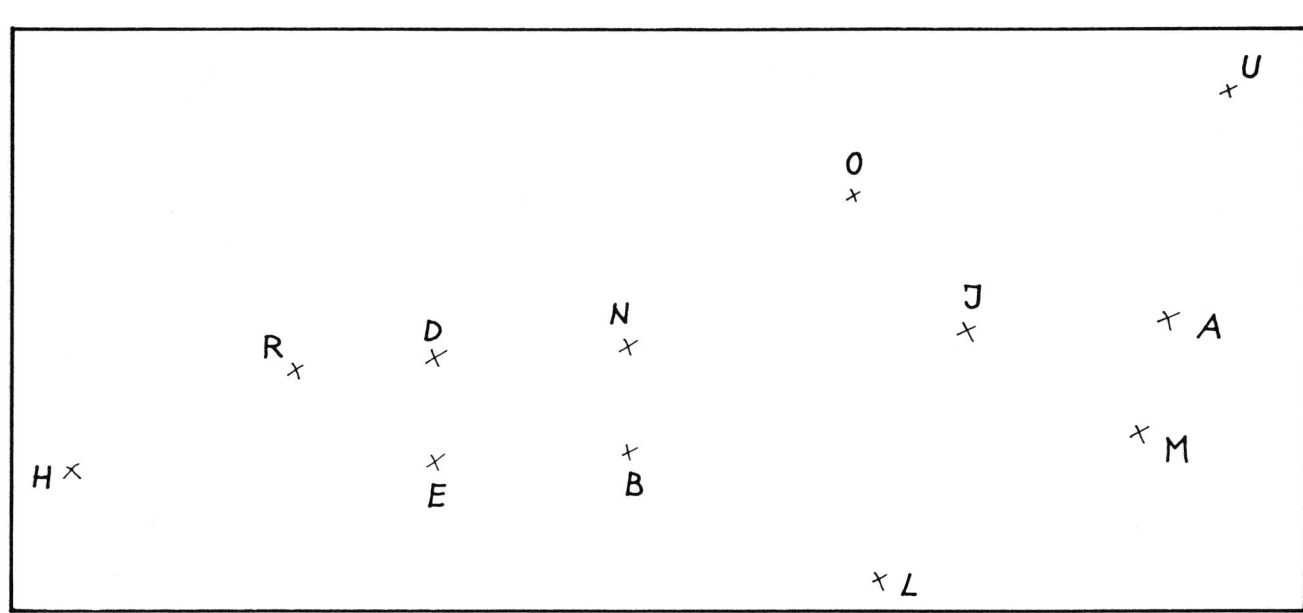

   c) Verbinde noch B mit M, D mit R und U mit I. Welche Figur ist entstanden? Male sie aus.

2. Miß die jeweils dick gezeichnete Strecke ab. Zeichne diese Strecke noch dreimal hintereinander. Bei welchem Kontrollstrich (A, B, C, ..., H, J) endet jeweils die Gesamtstrecke?

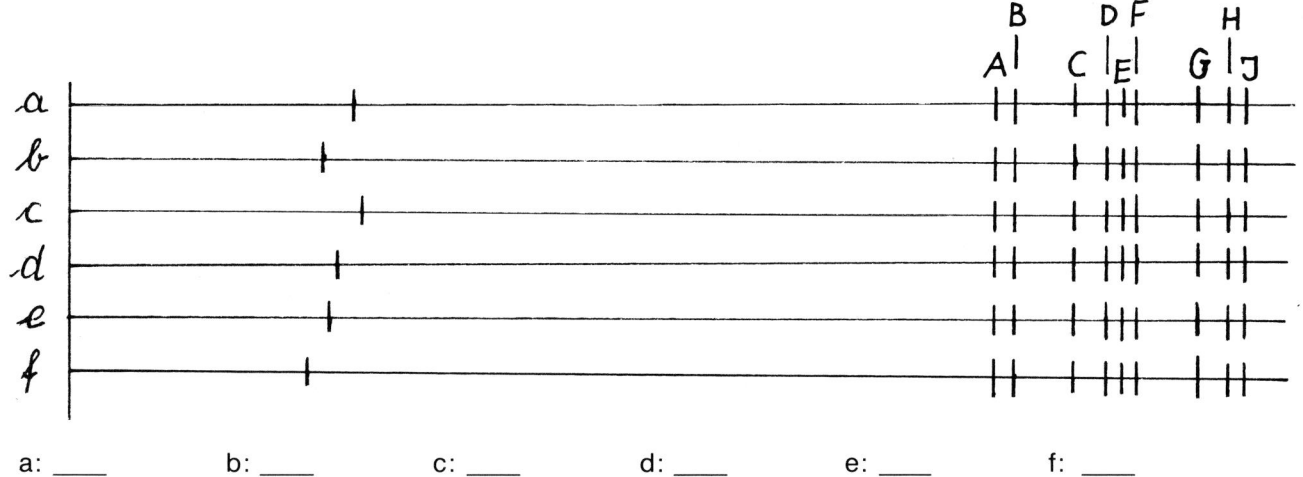

a: ___   b: ___   c: ___   d: ___   e: ___   f: ___

AB 6.6: Hinweise

Nr. 1: Die Buchstaben der einzelnen Flußnamen werden als offener Streckenzug miteinander verbunden.
Es ist zu unterscheiden zwischen der tatsächlichen Flußlänge Main: 521 km; Donau: 2850 km (in Deutschland: 647 km); Rhein: 1320 km (865 km); Elbe: 1144 km (761 km), der Wortlänge (vier bzw. fünf Buchstaben) und der Länge des offenen Streckenzugs des Flußnamens.

Durch die Verbindungslinien von c) entsteht ein geschlossener Streckenzug (Flugzeug).

Nr. 2: Die Schüler zeichnen die einzelnen Teilstrecken ein. Kontrolle durch Rechnung und Messung:
a) 3 cm 6 mm + 3 cm 6 mm + 3 cm 6 mm + 3 cm 6 mm = 14 cm 4 mm ($\triangleright$ G)

Lösung:

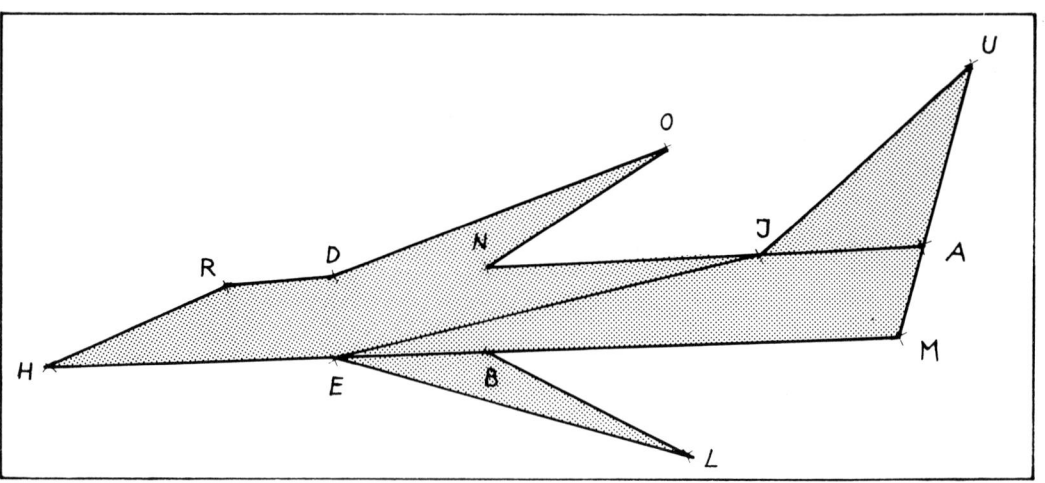

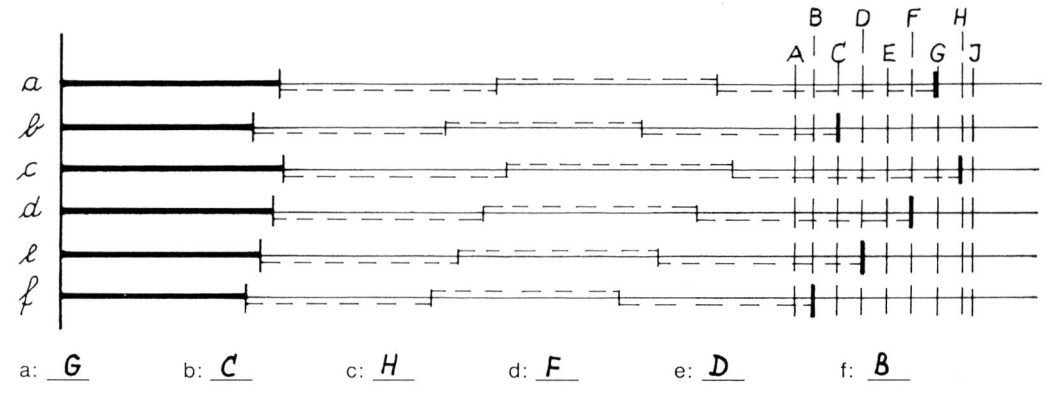

7. Arbeiten im Gitternetz

Das Gitternetz ist im engeren Sinne eine Hilfskonstruktion der Abbildungsgeometrie. Der Rückbesinnung der Lehrplaner auf grundschulgemäße Lehrinhalte fiel deshalb mancherorts auch das Gitternetz zum Opfer, obwohl seine Behandlung durchaus angebracht erscheint.

- Bei etlichen Spielen (Schach, Schiffe versenken usw.) gehen die Schüler wie selbstverständlich mit Koordinaten um.
- Auch eine Matrixdarstellung orientiert sich am Gitternetz.
- Im Heimat- und Sachkundeunterricht sind Ortspläne und Landkarten zu lesen. Ohne Koordinaten ein oft aussichtsloses Unterfangen.
- Das Zeichnen im Gitternetz ist durch die Koordinatenangaben für viele Schüler leichter als das freie Zeichnen.

Die Lehrkraft muß sich jedoch bewußt sein, daß bei Spielen und auch bei Landkarten mit den Koordinaten die Felder bezeichnet werden, während beim Gitternetz im mathematischen Sinne damit die Schnittpunkte der Gitterlinien determiniert werden. Unterrichtlich spielt diese Unterscheidung erst dann eine Rolle, wenn Aufgaben mit Feld- bzw. Punktkoordinaten parallel gestellt werden.

Lernschritte:

● Gitternetz beschreiben

Gitternetz ohne Punktemarkierung auf Folie vorgeben: Schüler beschreiben

● Punkte einzeichnen

Schüler benennen die Lage möglichst genau
▷ *Vereinbarung treffen: Zuerst wird immer der Wert der Rechtsachse, dann der Wert der Hochachse genannt.*

● Punkte benennen

Arbeitsblatt 7.1/Nr. 1

● Punkte im Gitternetz einzeichnen

- Arbeitsblatt 7.1/Nr. 2
- Arbeitsblatt 7.2

Das Verbinden der Punkte zu einem Streckenzug erleichtert die Kontrolle, da Unregelmäßigkeiten bei der Lösungsfigur sofort ins Auge fallen.

● Verschieben im Gitternetz

Das Bewegen von Gitterpunkten ist ein dynamischer Vorgang, bei dem die Schüler oft irritiert werden, da die Verschiebevorschrift ähnlich geschrieben wird wie die Koordinatenangabe eines Gitterpunktes.

Durch zwei getrennte Anweisungen, die anfangs mit einem Pfeil nachvollzogen werden, wird eine Parallele zu dem schon bekannten Vorgang des Übertragens einer Figur (siehe Arbeitsblatt 6.1 Seite 37) hergestellt.

Vor jedem Verschieben sind die in Kurzform gehaltenen Anweisungen ausführlich wiederzugeben (siehe Arbeitsblatt 7.3/Nr. 1).

● Verschiebevorschrift finden

Arbeitsblatt 7.4/Nr. 3

● Figur im Gitternetz vollenden

Diese Aufgabenart stellt hohe Anforderungen und eignet sich deshalb besonders zur Differenzierung.

● Gitternetz erstellen

Wird das Gitternetz selbst gefertigt, so soll der Abstand der Gitterlinien identisch sein mit dem Abstand eventueller Karolinien.

Falls bei manchen Aufgaben der übliche 5-mm-Abstand zu klein ist, kann dem durch die Verwendung von Blättern mit großem Karo (7-mm-Abstand) abgeholfen werden.

Auf der folgenden Seite sind zwei Gitternetze ohne Eintragungen (Karoabstand: 7 mm bzw. 1 cm) für eigene Aufgaben vorgegeben.

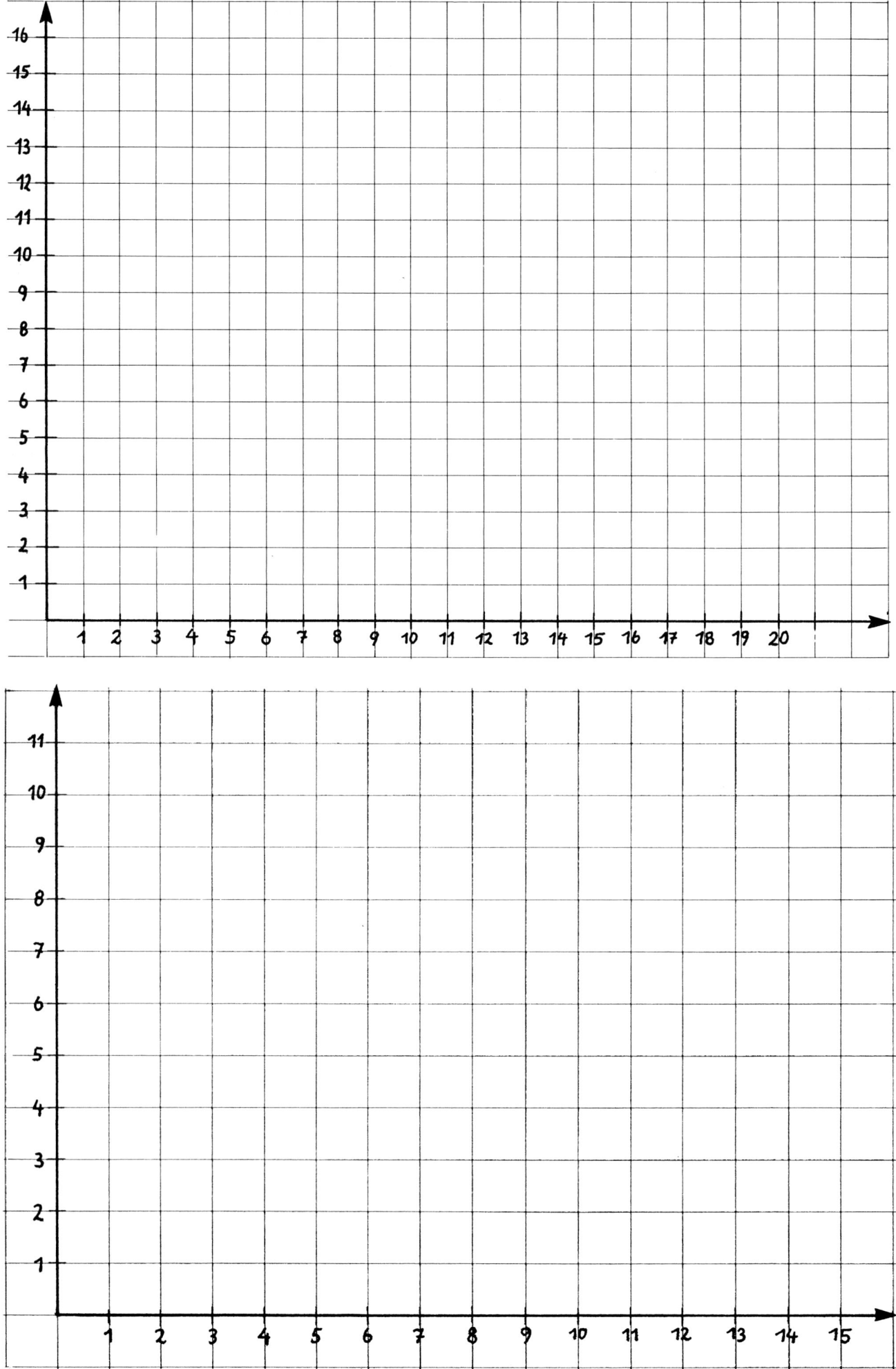

Wir orientieren uns im Gitternetz AB 7.1

1. Benenne die markierten Punkte. Gib zuerst den Wert der Rechtsachse, dann den der Hochachse an.

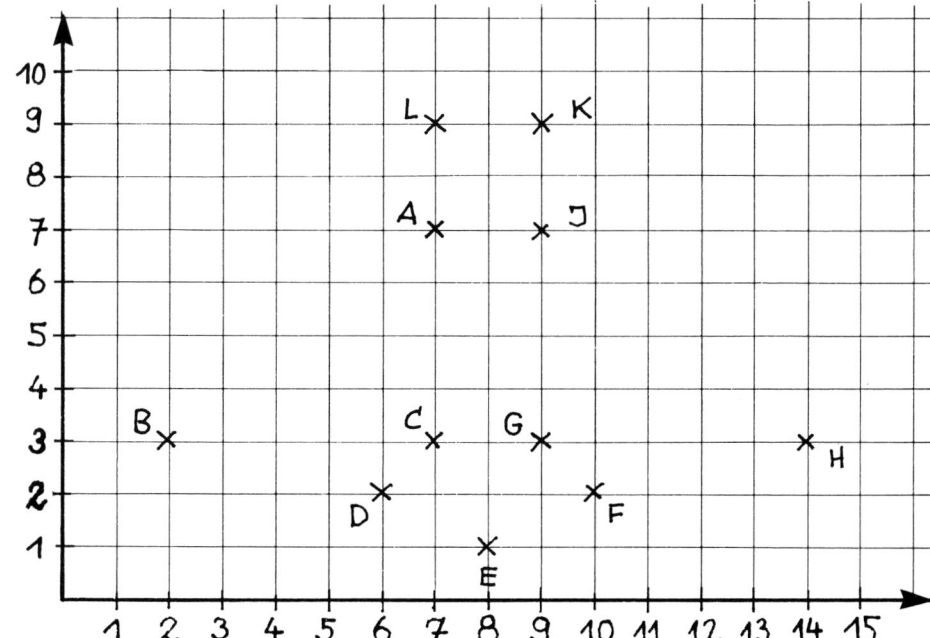

A (7 ; 7)
B (2 ; 3)
C (7 ; ___)
D (___ ; ___)
E (___ ; ___)
F (___ ; ___)
G (___ ; ___)
H (___ ; ___)
I (___ ; ___)
K (___ ; ___)
L (___ ; ___)

Verbinde die Punkte in alphabetischer Reihenfolge zu einem geschlossenen Streckenzug. Welche Figur ist entstanden? Miß die Länge des Streckenzuges.

2. Trage die folgenden Punkte in das Gitternetz ein.

A (2;7)
B (7;4)
C (5;4)
D (2;3)
E (5;2)
F (11;2)
G (14;3)
H (11;4)
I (9;4)
K (14;7)

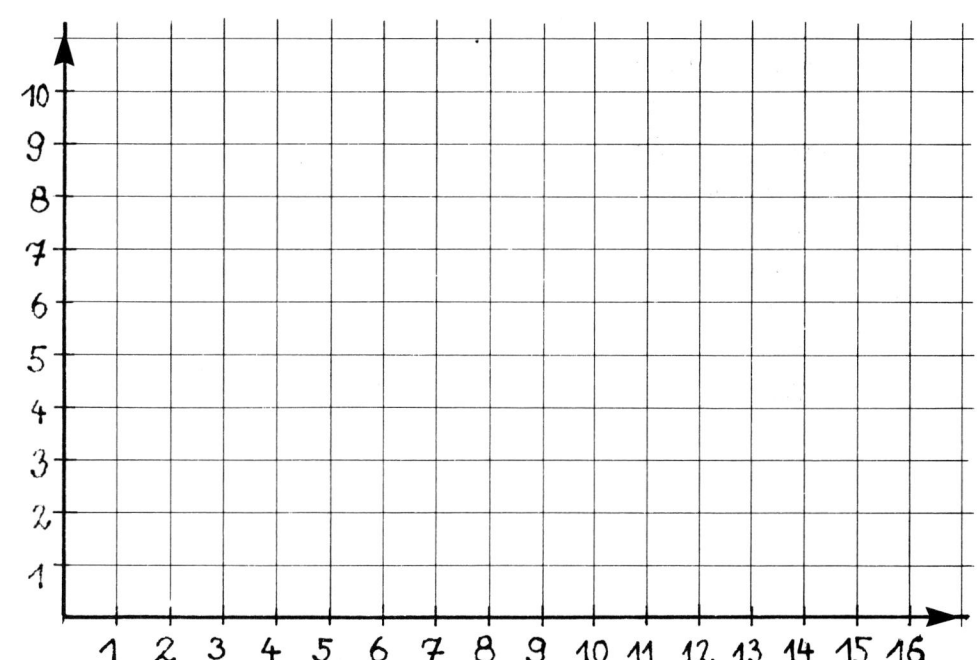

Verbinde die Punkte in alphabetischer Reihenfolge zu einem geschlossenen Streckenzug. Welche Figur ist entstanden? Miß die Länge des Streckenzuges.

51

AB 7.1: Hinweise

Nr. 1: Mündlich werden zunächst für alle Punkte die Werte auf der Rechtsachse erarbeitet, die dann die Schüler selbständig ins Arbeitsblatt eintragen. Die entsprechenden Werte der Hochachse finden die Leistungsstärkeren allein, mit der schwächeren Gruppe werden die Punkte gemeinsam benannt. Ein auf die Karolinie gelegtes Lineal erleichtert die Zuordnung.

Die Interpretation der fertigen Figur eröffnet viele Möglichkeiten des sprachlichen Ausdrucks.
Im Lösungsblatt sind zwischen den Punkten die Einzelabstände zur leichteren Kontrolle angegeben.

Nr. 2: Die Punkte A, B und C werden gemeinsam eingetragen, wobei die Schüler ihr Vorgehen beschreiben.

Lösung:

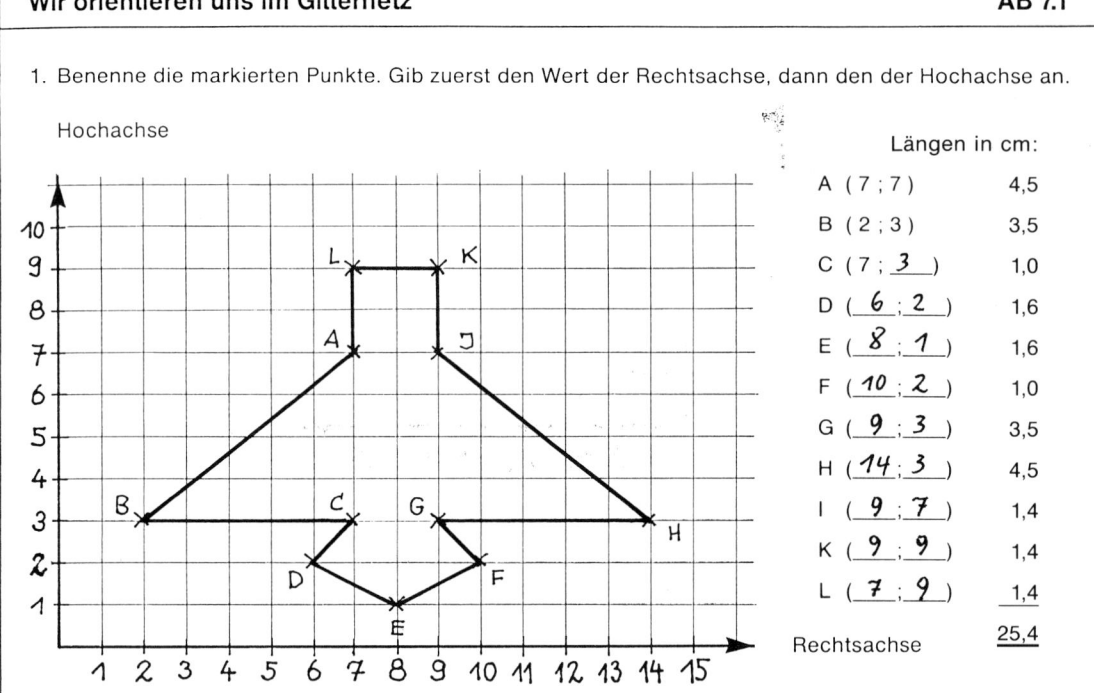

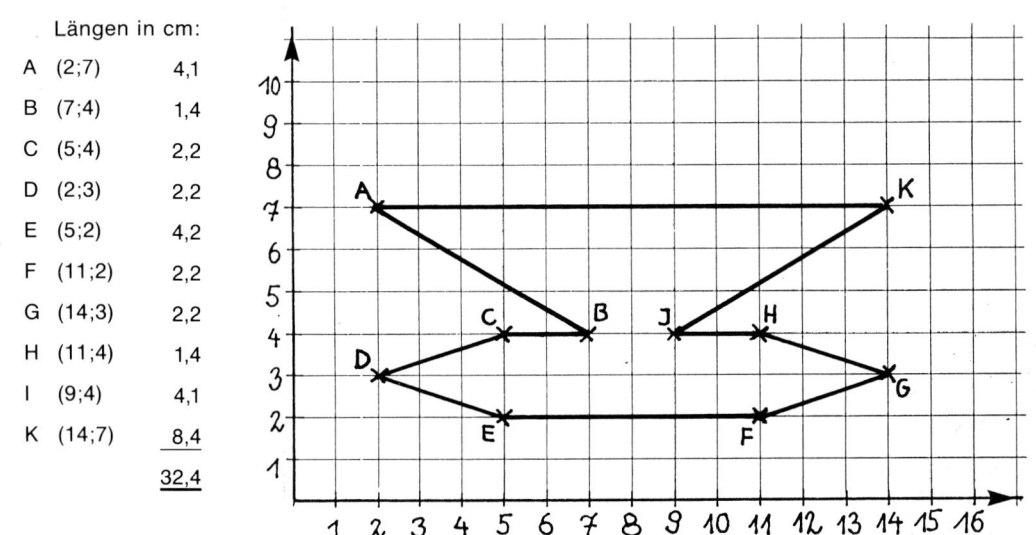

Wir zeichnen im Gitternetz AB 7.2

1. Zeichne im Gitternetz
   a) die Punkte   A (2;10),   B (10;2),   C (2;1),   D (14;7)
   b) jeweils eine Gerade durch die Punkte A und B und durch die Punkte C und D.

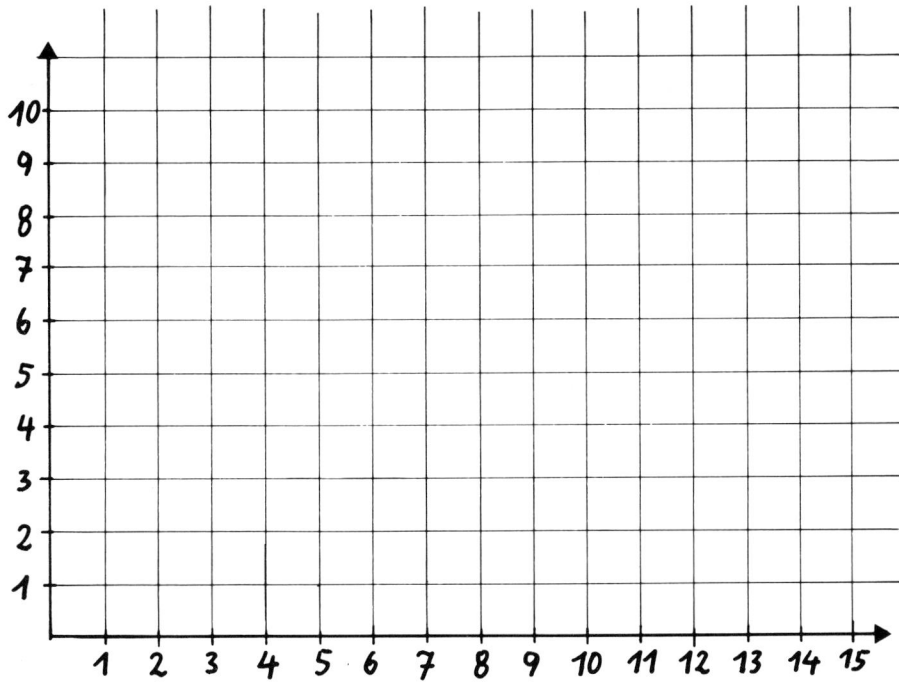

c) Durch welche Gitterpunkte verläuft jede Gerade? Schreibe auf.

   Gerade durch A und B: _____

   Gerade durch C und D: _____

2. Eine Figur hat die Eckpunkte A (4;9),   B (3;4),   C (13;2),   D (14;7)
   Zeichne. Welche Figur ist entstanden?

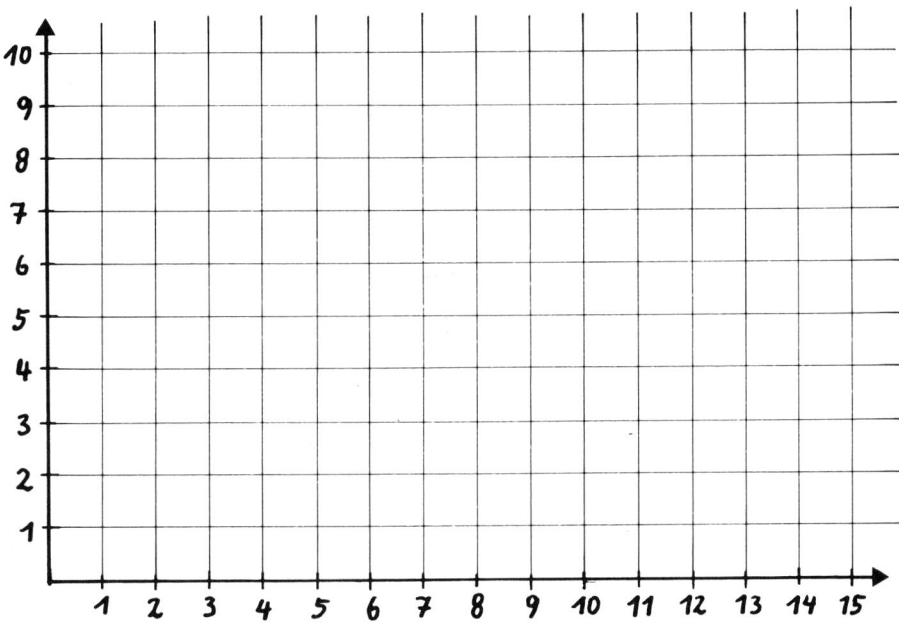

AB 7.2: Hinweise

Nr. 1: Werden zwei Lineale (Stifte) auf die Koordinatenlinie gelegt, so lassen sich die Punkte leicht eintragen.

Nr. 2: Als Lösungsfigur ergibt sich ein Rechteck. Zusatzaufgabe: Durch welche zwei Gitterpunkte verlaufen die Linien des Rechtecks? ▷ Lösung: (8;3) und (9;8)

Lösung:

Wir zeichnen im Gitternetz — AB 7.2

1. Zeichne im Gitternetz
   a) die Punkte   A (2;10),   B (10;2),   C (2;1),   D (14;7)
   b) jeweils eine Gerade durch die Punkte A und B und durch die Punkte C und D.

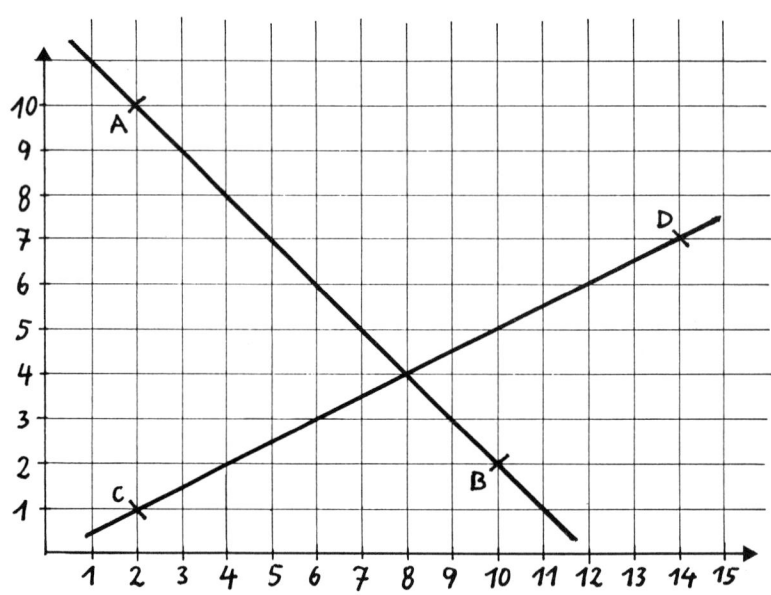

c) Durch welche Gitterpunkte verläuft jede Gerade? Schreibe auf.
   Gerade durch A und B: (1;11)/(3;9)/(4;8)/(5;7)/(6;6)/(7;5)/(8;4)/(9;3)/(11;1)
   Gerade durch C und D: (4;2)/(6;3)/(8;4)/(10;5)/(12;6)

2. Eine Figur hat die Eckpunkte A (4;9),   B (3;4),   C (13;2),   D (14;7)
   Zeichne. Welche Figur ist entstanden?

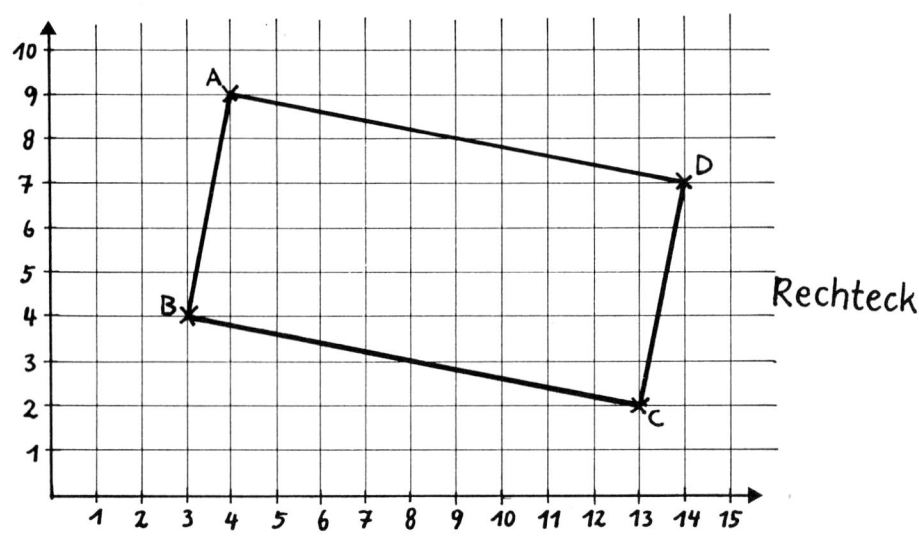

Rechteck

Wir bewegen uns entlang von Gitterlinien AB 7.3

1. Zeichne eine Gerade durch die Punkte A (1;6) und B (6;3). Verschiebe den Punkt A um 10 Gitterpunkte nach rechts und um 3 Gitterpunkte tiefer (10r;3t). Verschiebe den Punkt B um 3 Punkte nach links und um 5 Punkte höher (3l;5h). Verbinde diese Punkte.

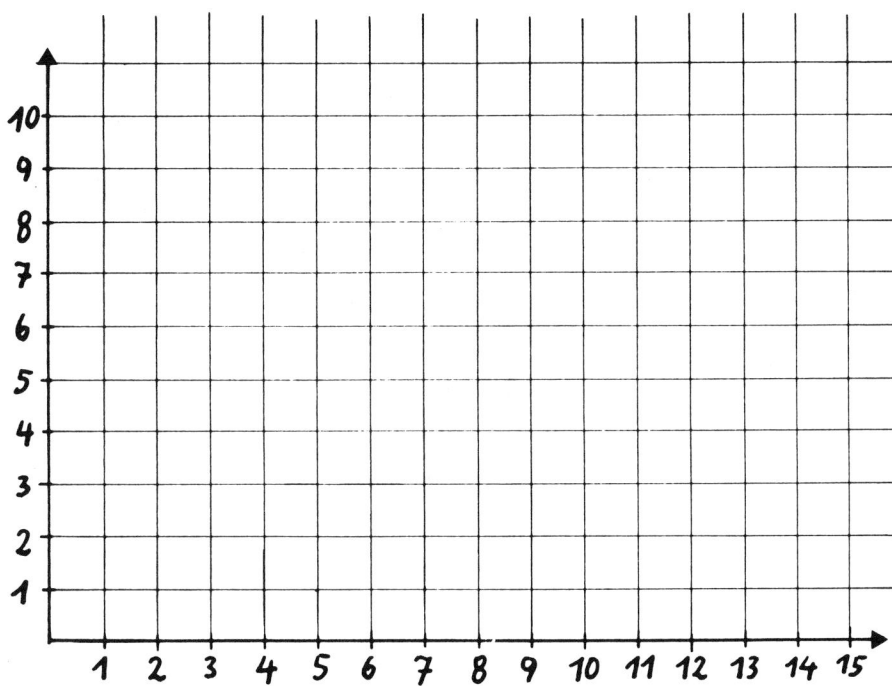

2. Zeichne A (3;2) und B (2;7).
   Verschiebe A um (9r;7h) und B um (11r;3t).
   Verbinde die vier Punkte. Welche Figur ist entstanden?

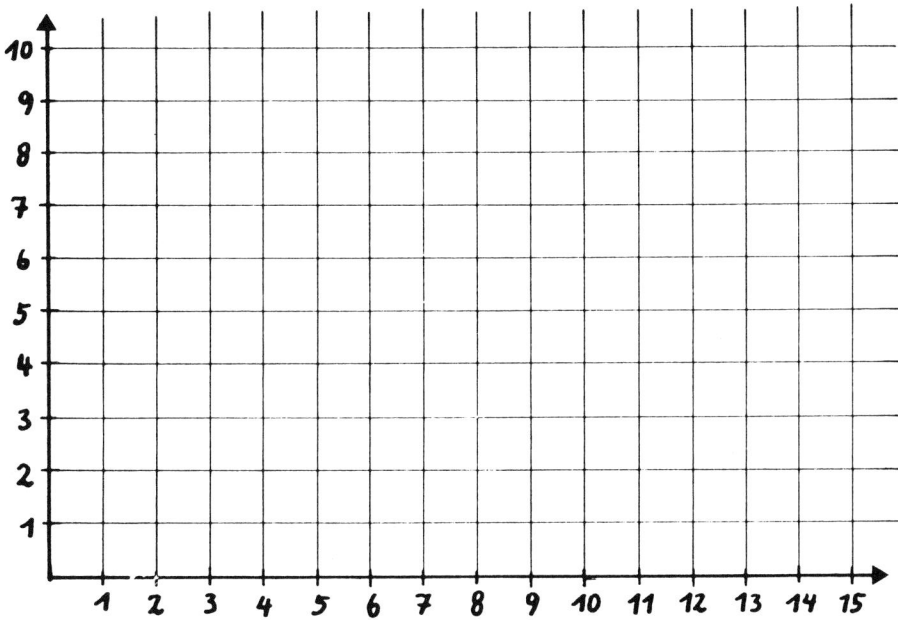

AB 7.3: Hinweise

Die Aufgaben dieses und des folgenden Arbeitsblattes korrelieren eng mit dem Bereich „Verschieben". Je nach der Intention des Stoffverteilungsplanes ist deshalb das Arbeitsblatt 10.1 vorzuziehen, mit dem das Verschieben an sich geübt wird.

Nr. 1: Jede Verschiebevorschrift wird auf dem Arbeitsblatt mit einem entsprechenden Pfeil vollzogen. So erkennen die Schüler, daß die mathematische Schreibweise eigentlich zwei getrennte Anweisungen in Kurzform beinhaltet.
Wird die Verschiebung auf dem Overheadprojektor oder auf einem weiteren Blatt in umgekehrter Reihenfolge (3t; 10r) ausgeführt, so erkennen die Schüler, daß dies zu demselben Ergebnis führt (Operatives Prinzip der Assoziativität).

Nr. 2: Lösung der Aufgabe analog zu Nr. 1.

Lösung:

Wir bewegen uns entlang von Gitterlinien   AB 7.3

1. Zeichne eine Gerade durch die Punkte A (1;6) und B (6;3). Verschiebe den Punkt A um 10 Gitterpunkte nach rechts und um 3 Gitterpunkte tiefer (10r;3t). Verschiebe den Punkt B um 3 Punkte nach links und um 5 Punkte höher (3l;5h). Verbinde diese Punkte.

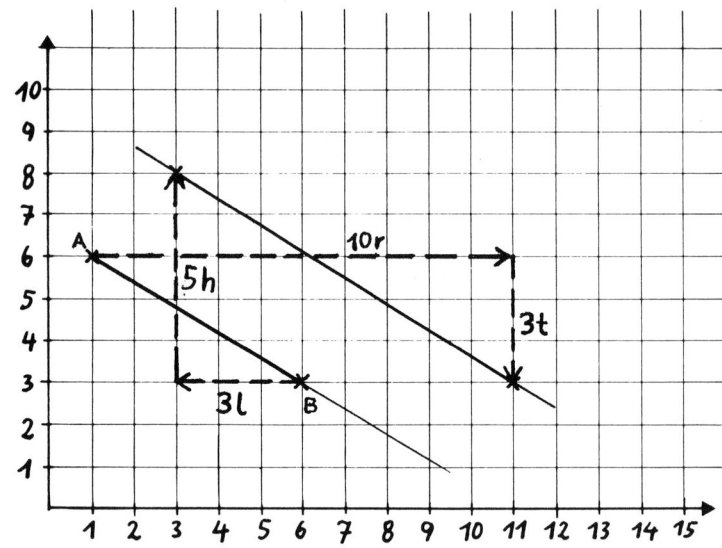

2. Zeichne A (3;2) und B (2;7).
   Verschiebe A um (9r;7h) und B um (11r;3t).
   Verbinde die vier Punkte. Welche Figur ist entstanden?

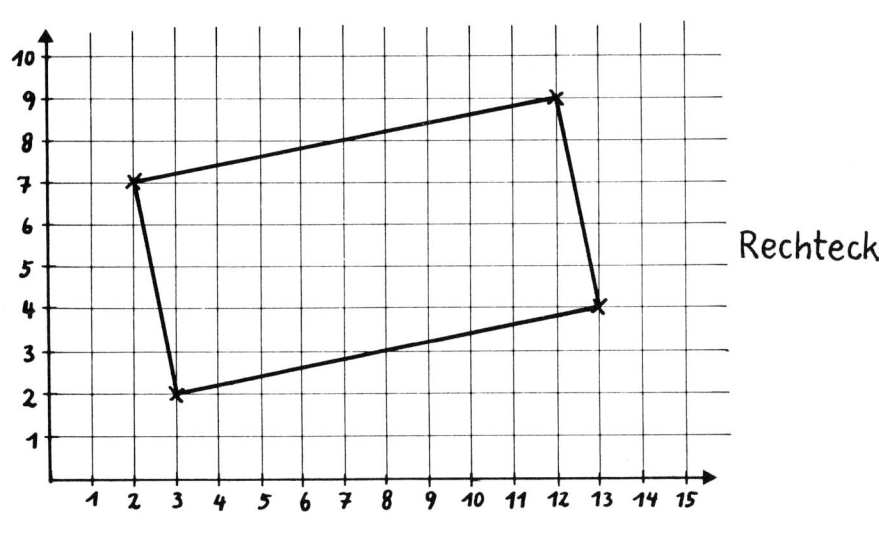

Rechteck

Wir bewegen uns im Gitternetz   AB 7.4

1. Zeichne ein Quadrat mit den Punkten A (1;4), B (5;2), C (7;6) und D (3;8).
   Verschiebe diese Punkte um (7r;3h). Zeichne das neue Quadrat.

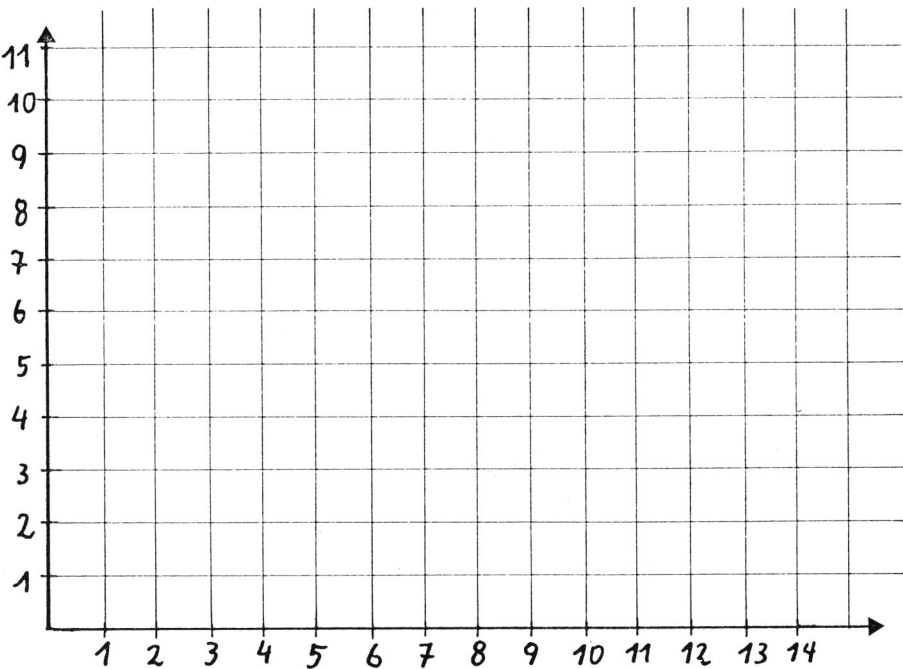

2. Bestimme die vier Punkte des neuen Quadrates.

   A (_____);   B (_____);   C (_____);   D (_____)

3. Die Figur mit den Eckpunkten E, F, G, H entstand durch Verschiebung.
   Schreibe die „Verschiebevorschrift" für jeden Punkt auf.

   A zu E: (_____),   B zu F: (_____),

   C zu G: (_____),   D zu H: (_____).

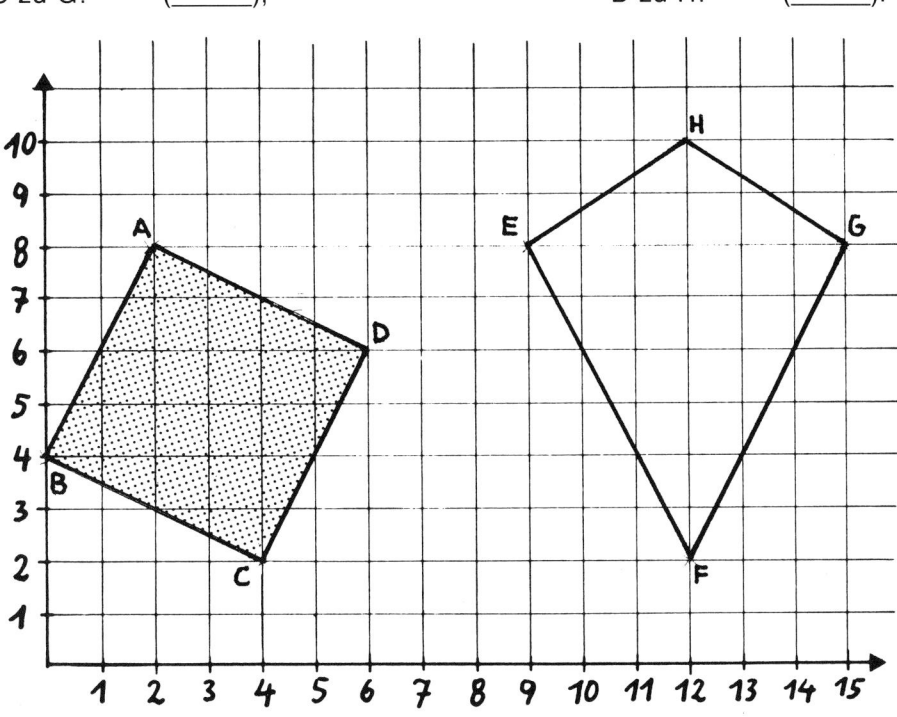

57

AB 7.4: Hinweise

Nr. 1: Anwendungsaufgabe zu Arbeitsblatt 7.3.

Nr. 2: Die Abbildungspunkte wurden bewußt nicht mit A′, B′, C′ und D′ bezeichnet.

Nr. 3: Hier handelt es sich um keine Verschiebung im eigentlichen Sinne, bei der für alle Punkte die Vorschrift identisch sein muß.
Die Aufgabe ist als Umkehrung zur Nr. 1 gedacht. Für jeden Punkt ist eine andere Verschiebevorschrift zu finden.

Lösung:

Wir bewegen uns im Gitternetz   AB 7.4

1. Zeichne ein Quadrat mit den Punkten A (1;4), B (5;2), C (7;6) und D (3;8). Verschiebe diese Punkte um (7r;3h). Zeichne das neue Quadrat.

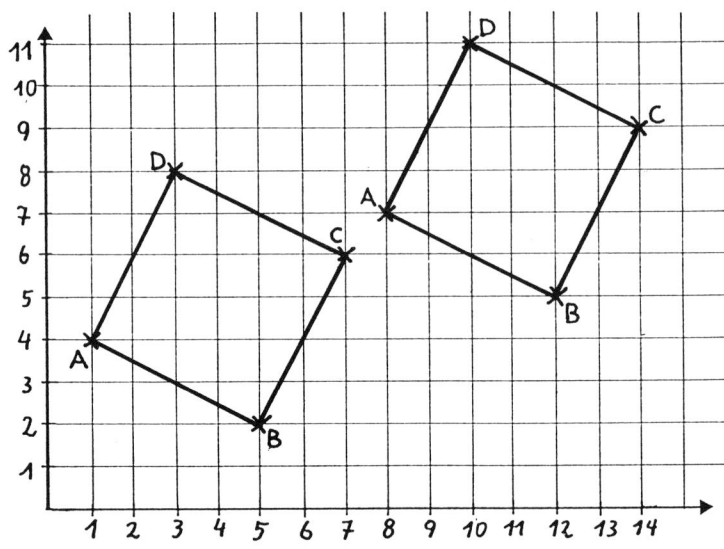

2. Bestimme die vier Punkte des neuen Quadrates.

A (_8;7_); B (_12;5_); C (_14;9_); D (_10;11_)

3. Die Figur mit den Eckpunkten E, F, G, H entstand durch Verschiebung. Schreibe die „Verschiebevorschrift" für jeden Punkt auf.

A zu E: **(7r; 0h)**,   B zu F: **(12r; 2t)**,

C zu G: **(11r; 6h)**,   D zu H: **(6r; 4h)**.

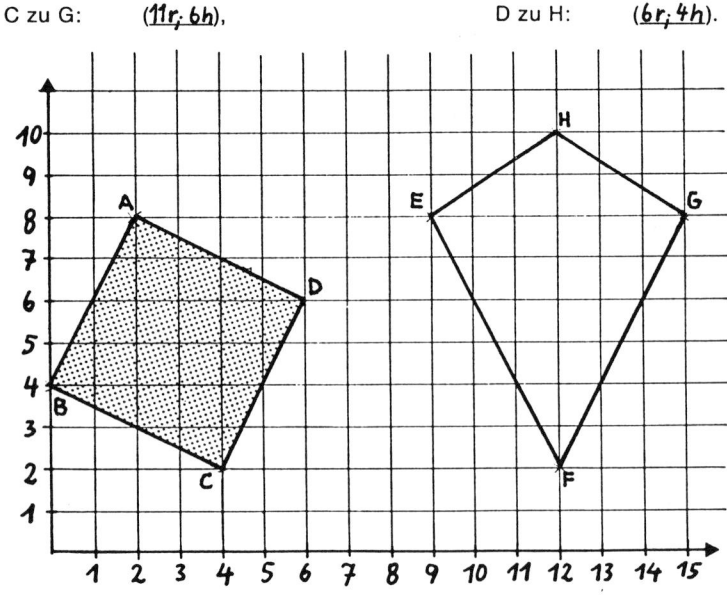

8. Rechnen mit Längenmaßen

Diese Sequenz korreliert eng mit der im Kapitel 6 beschriebenen Einführung des Messens und Zeichnens von Strecken.
Aus Gründen der Vollständigkeit werden hier einzelne Schritte teilweise noch einmal aufgeführt.

Lernschritte:

- **Direkter Längenvergleich**

Beim Vergleich zweier Gegenstände durch Nebeneinanderlegen ergeben sich als Lösung: gleich lang, länger als, kürzer als.

- **Vergleich durch Messen mit beliebigen Meßeinheiten**

Mit Hilfe willkürlich gewählter Meßeinheiten (Buchlänge, Bleistiftlänge, ...) werden längere Gegenstände, (Bank, Schulranzen, Pult, ...) gemessen und miteinander verglichen.

- **Messungen mit Körpermaßen**

Dieser Lernschritt eignet sich besonders zur Gruppenarbeit.
Beispiele:
- Das Federmäppchen ist 15 „Daumenbreiten" lang.
- Die Schultasche ist 8 „Handbreiten" hoch.
- Die Schultasche ist 4 „Handlängen" lang.
- Der Tisch ist 9 „Fingerspannen" (Daumen und kleiner Finger werden möglichst weit auseinandergespreizt) lang.
- Der Tisch ist 4 „Unterarmlängen" lang.
- Das Pult ist 8 „Fußlängen" lang.
- Das Klassenzimmer ist 11 „Schrittlängen" breit.

Die unterschiedlichen Ergebnisse führen zum logischen Schluß, daß eine einheitliche Maßeinheit notwendig ist.

- **Maßeinheit „Zentimeter" (cm)**

Siehe Hinweise im Kapitel 6, Seite 36.

- **Addition/Subtraktion mit Zentimetermaßen**

Alle Maßzahlen sind einheitlich mit der Maßeinheit „Zentimeter" benannt. Der Schwerpunkt der Übung liegt noch im rechnerischen Bereich bzw. auf der Darstellung des Lösungsweges bei Sachaufgaben.

- **Maßeinheit „Millimeter" (mm)**

Siehe Hinweise zu Kapitel 6, Seite 36.

- **Umrechnungen in die kleinere bzw. größere Maßeinheit**

Arbeitsblatt 8.1/Nr. 1, 2

- **Maße mit zweierlei Maßeinheiten**

Arbeitsblatt 8.1/Nr. 3

- **Operative Übungen**

- Ergänzen auf den nächsten ganzen Zentimeter:
  8 cm 3 mm + 7 mm = 9 cm
  oder: 83 mm + 7 mm = 9 cm
- Vergleich von Maßangaben (AB 8.1/Nr. 4)
- Ordnen von Maßangaben (AB 8.1/Nr. 5)
- Addition/Subtraktion von Maßangaben mit verschiedenen Maßeinheiten ohne und mit Übergang:
  7 cm 3 mm + 5 cm 6 mm =
  38 cm 7 mm + 19 cm 8 mm =
  18 cm 4 mm + 43 mm =
  47 cm 9 mm + 395 mm =

Ohne entsprechende Hilfestellung können die meisten Schüler derartige Aufgaben nicht lösen. Deshalb ist ein Lösungsschema in zwei Schritten einzuüben.
1. Schritt: Alle Maßangaben einer Aufgabe werden mit einheitlicher Maßeinheit geschrieben, z. B. nur in Millimeter oder nur in Zentimeter-Millimeter.
2. Schritt: Die vorgeschriebene Operation (Addition, Vergleich, ...) wird ausgeführt.

Beispiel:	352 mm	+	34 cm 8 mm
1. Schritt:	352 mm		348 mm
oder:	35 cm 2 mm		34 cm 8 mm
2. Schritt:	35 cm 2 mm	+	34 cm 8 mm

- **Maßeinheit „Dezimeter" (dm)**

Der Vergleich eines Schülerlineals mit dem 1-m-Tafellineal führt zur nächstgrößeren Maßeinheit.

- **Dezimeter zeichnen**

Ein und zwei Dezimeter lange Strecken werden mit Zentimeterunterteilung gezeichnet.

- **Erarbeiten der Umrechnungszahl 10**

Durch Abzählen und Rechnung werden die Umrechnungszahl 10 bei dm – cm und die Umrechnungszahl 100 (= 10 · 10) bei dm – mm herausgearbeitet.

- **Schreiben mit zweierlei Maßeinheiten**

Arbeitsblatt 8.2/Nr. 3

- **Operative Übungen**

Arbeitsblatt 8.2/Nr. 4, 5
Analoge Aufgaben wie oben beschrieben

- **Maßeinheit „Meter" (m)**

Der Meter als Grundmaß ist allen Schülern geläufig. Seine Einführung kann über den Versuch führen, das Klassenzimmer auszumessen.

- **Entstehungsgeschichte dieser Maßeinheit**

Die Standardisierung des Größenbereiches Längen zu erzählen, eröffnet die Chance, Kinder für die Bedeutung internationaler Absprachen zu sensibilisieren.

- Jedes Land hatte früher seine eigenen Maßeinheiten, die z. T. stark voneinander abwichen, z. B.
  Bayern: 1 Fuß = 0,2918 m
  Preußen: 1 Fuß = 0,314 m
  Sachsen: 1 Fuß = 0,283 m

England: 1 foot = 0,3047 m
- Im zunehmenden internationalen Handel wurden diese unterschiedlichen Längenmaße als störend empfunden (vergleichbar heute: unterschiedliche Währungen).
  1875 Einigung: Der in Frankreich seit 1795 geltende Meter wird in vielen Ländern übernommen. Sein großer Vorteil: er ist dezimal aufgebaut (jeweils 10 kleinere Einheiten ergeben die nächstgrößere Einheit).
- Der sogenannte Urmeter ist ein Stab aus Platin-Iridium und wird in Paris im Bureau International des Poids et Mesures aufbewahrt.
- Nach den damaligen Messungen war 1 m der 40millionste Teil des Erdmeridians. Er wurde 1889 hergestellt.
- Nach neueren Messungen stimmt dies nicht ganz, denn der Erdumfang beträgt am Äquator 40076,592 km (in Nord-Süd-Richtung: 40003,423 km).

● **Meßübungen**

Zahlreiche Meßübungen mit Meterstab, Zollstock oder Maßband vermitteln die so oft fehlende Sicherheit im Umgang mit diesen Gebrauchsgegenständen.

● **„Standardisierung" der Körpermaße**

Durch Vergleich der individuellen Körpermaße (Handbreite, Fingerspanne, Fußlänge, Schrittlänge) mit einem Meter wird ein Weg aufgezeigt, auch ohne normierte Meßgeräte ungefähre Längen zu ermitteln.
Beispiele: 6 Fingerspannen ergeben rund 1 m, 4 Schritte ergeben rund 3 m usw.

● **Umrechnung von der größeren in die kleinere Maßeinheit und umgekehrt**

Arbeitsblatt 8.3/Nr. 1 und 8.4/Nr. 1

● **Maßangaben mit zweierlei Maßeinheiten**

Arbeitsblatt 8.3/Nr. 2, 3 und Arbeitsblatt 8.4/Nr. 2, 3

● **Operative Übungen**

Arbeitsblatt 8.3/Nr. 4 und 8.4/Nr. 4. Analoge Aufgaben wie oben beschrieben.

● **Maßeinheit „Kilometer" (km)**

Vereinfachte Tafelskizze des Schulorts mit den Nachbargemeinden: Schüler tragen die Entfernungen ein.

● **Umrechnungen**

- Die Schüler berechnen die Entfernungen in Meter: Arbeitsblatt 8.5/Nr. 1

● **Maßangaben mit zweierlei Maßeinheiten**

Arbeitsblatt 8.5/Nr. 2

● **Aufbau der Raumvorstellung**

- Schüler schätzen lassen, welche markanten Punkte 1 km von der Schule entfernt liegen (Richtung vorschreiben).
- Unterrichtsgang: Auf unbelebten Straßen werden mit einem Maßband im Abstand von 50 m Markierungen angebracht.
- Jeweils nach 50 m, 100 m, 200 m, ...: Rückschau auf den zurückgelegten Weg und Vergleich mit der vorherigen Schätzung.
- Bei 1000 m: Tatsächliche Entfernung mit den Schätzungen vergleichen. Erfahrungsgemäß schätzen 95% aller Kinder (und der zu Hause befragten Eltern) 1 km zu kurz ein.
- Rückweg zügig zurücklegen. Eine Gruppe zählt die Schritte für 100 m (130–150), eine andere stoppt die benötigte Zeit für 1 km (3. Jahrgangsstufe: 13–15 Minuten).
- Kopfrechenübungen mit den ermittelten Richtwerten.
- Unterschiedliche Gehzeiten und Zahl der Schritte (Schulweg, Weg zum Freund, ...) in Kilometerentfernungen umrechnen. Die Schüler erhalten so eine leicht nachvollziehbare Methode, Entfernungen grob zu ermitteln.
- Alternative zum Maßband bei schwierigen Straßenverhältnissen: Ein Schüler schiebt sein Rad, das mit einem km-Zähler mit 100-m-Angabe ausgestattet ist, mit. Die Markierungen werden dann jeweils nach 100 m vorgenommen.
- Bei Unterrichtsgängen und Wanderungen sollte man markante Punkte (freistehender Baum, Turm, usw.) immer wieder für Schätzungen heranziehen, deren Richtigkeit anschließend mit einem Maßband überprüft wird.

● **Operative Übungen**

Arbeitsblatt 8.5/Nr. 3–5 und 8.6/Nr. 1–4. Analoge Aufgabe wie oben beschrieben.

● **Schulung der Größenvorstellung**

Schulung der Größenvorstellung: Die Größendimension der einzelnen Maßeinheiten ist vielen Kindern nicht bewußt. Nur so lassen sich bei Sachaufgaben die oft völlig unrealistischen Maßangaben erklären.

Hier kann eine im Klassenzimmer aufgehängte (mit Zeichnungen verdeutlichende) Übersicht Abhilfe schaffen.

Maßeinheit	Beispiel
1 mm	Wassertropfen
1 cm	Käfer
1 dm	Spielkarte
1 m	großer Schritt
10 m	Lkw mit Anhänger
100 m	Länge eines Sportplatzes
1000 m (1 km)	Entfernung Schule – ...
10 km	Entfernung Schule – ...
100 km	Entfernung ... – ...
1000 km	Entfernung Kiel – Berchtesgaden

Wir rechnen um: cm – mm AB 8.1

Merke: 1 cm = 10 mm

1. Wandle um.

   8 cm = _____ mm   17 cm = _____ mm   24 cm = _____ mm   67 cm = _____ mm
   3 cm = _____ mm   11 cm = _____ mm   57 cm = _____ mm   96 cm = _____ mm
   9 cm = _____ mm   13 cm = _____ mm   41 cm = _____ mm   39 cm = _____ mm
   7 cm = _____ mm   14 cm = _____ mm   74 cm = _____ mm   55 cm = _____ mm

2. Wandle in die größere Einheit um.

   20 mm = ____ cm   180 mm = ____ cm   360 mm = ____ cm   930 mm = ____ cm
   40 mm = ____ cm   120 mm = ____ cm   490 mm = ____ cm   280 mm = ____ cm
   50 mm = ____ cm   190 mm = ____ cm   710 mm = ____ cm   560 mm = ____ cm
   90 mm = ____ cm   160 mm = ____ cm   850 mm = ____ cm   980 mm = ____ cm

3. Schreibe so: 442 mm = 44 cm 2 mm

   83 mm = ____ cm ____ mm   189 mm = ____ cm ____ mm   257 mm = ____ cm ____ mm
   94 mm = ____ cm ____ mm   357 mm = ____ cm ____ mm   662 mm = ____ cm ____ mm
   57 mm = ____ cm ____ mm   431 mm = ____ cm ____ mm   918 mm = ____ cm ____ mm
   72 mm = ____ cm ____ mm   515 mm = ____ cm ____ mm   309 mm = ____ cm ____ mm

4. Setze das richtige Rechenzeichen ein: = > <

   352 mm ◯ 34 cm 8 mm   467 mm ◯ 46 cm 3 mm   852 mm ◯ 84 cm 14 mm
   503 mm ◯ 50 cm 8 mm   888 mm ◯ 88 cm 3 mm   293 mm ◯ 28 cm 12 mm
   123 mm ◯ 13 cm 2 mm   704 mm ◯ 69 cm 3 mm   378 mm ◯ 35 cm 32 mm
   934 mm ◯ 93 cm 7 mm   263 mm ◯ 62 cm 1 mm   333 mm ◯ 30 cm 33 mm

5. Reihe die Angaben der Größe nach auf. Beginne mit dem kleinsten Wert.

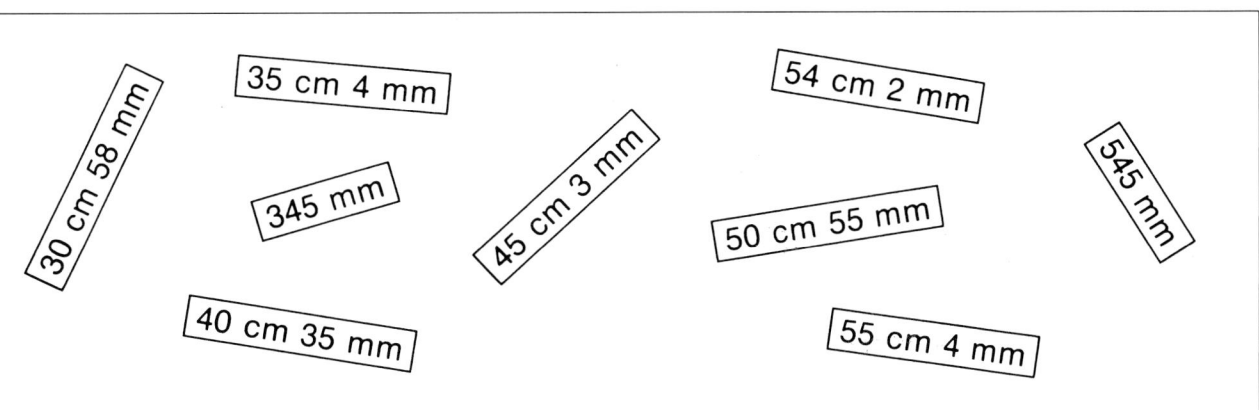

AB 8.1: Hinweise

Nr. 4: Vor dem Einsetzen der Relationszeichen sind alle Maßangaben mit einheitlicher Maßeinheit (cm – mm oder nur mm) zu schreiben. Diese Umrechnungen erfolgen auf einem Extrablatt (Rückseite).

Nr. 5: Vor dem Auffädeln sind analog zu Nr. 4 alle Maßangaben in Millimeter umzurechnen.
Geordnete Lösung:
345 mm < 354 mm < 358 mm < 435 mm < 453 mm < 542 mm < 545 mm < 554 mm < 555 mm

Lösung:

Wir rechnen um: cm – mm   AB 8.1

Merke: 1 cm = 10 mm

1. Wandle um.

8 cm = **80** mm	17 cm = **170** mm	24 cm = **240** mm	67 cm = **670** mm
3 cm = **30** mm	11 cm = **110** mm	57 cm = **570** mm	96 cm = **960** mm
9 cm = **90** mm	13 cm = **130** mm	41 cm = **410** mm	39 cm = **390** mm
7 cm = **70** mm	14 cm = **140** mm	74 cm = **740** mm	55 cm = **550** mm

2. Wandle in die größere Einheit um.

20 mm = **2** cm	180 mm = **18** cm	360 mm = **36** cm	930 mm = **93** cm
40 mm = **4** cm	120 mm = **12** cm	490 mm = **49** cm	280 mm = **28** cm
50 mm = **5** cm	190 mm = **19** cm	710 mm = **71** cm	560 mm = **56** cm
90 mm = **9** cm	160 mm = **16** cm	850 mm = **85** cm	980 mm = **98** cm

3. Schreibe so: 442 mm = 44 cm 2 mm

83 mm = **8** cm **3** mm	189 mm = **18** cm **9** mm	257 mm = **25** cm **7** mm
94 mm = **9** cm **4** mm	357 mm = **35** cm **7** mm	662 mm = **66** cm **2** mm
57 mm = **5** cm **7** mm	431 mm = **43** cm **1** mm	918 mm = **91** cm **8** mm
72 mm = **7** cm **2** mm	515 mm = **51** cm **5** mm	309 mm = **30** cm **9** mm

4. Setze das richtige Rechenzeichen ein: =, >, <

352 mm **>** 34 cm 8 mm	467 mm **>** 46 cm 3 mm	852 mm **<** 84 cm 14 mm
503 mm **<** 50 cm 8 mm	888 mm **>** 88 cm 3 mm	293 mm **>** 28 cm 12 mm
123 mm **<** 13 cm 2 mm	704 mm **>** 69 cm 3 mm	378 mm **<** 35 cm 32 mm
934 mm **<** 93 cm 7 mm	263 mm **<** 62 cm 1 mm	333 mm **=** 30 cm 33 mm

5. Reihe die Angaben der Größe nach auf. Beginne mit dem kleinsten Wert.

30 cm 58 mm — 35 cm 4 mm — 345 mm — 40 cm 35 mm — 45 cm 3 mm — 54 cm 2 mm — 545 mm — 50 cm 55 mm — 55 cm 4 mm

Wir rechnen um: dm – cm – mm AB 8.2

Merke:	1 dm = 10 cm
	1 dm = 100 mm

1.
4 dm = _____ cm   53 dm = _____ cm   5 dm = _____ mm   9 dm = _____ mm
8 dm = _____ cm   86 dm = _____ cm   6 dm = _____ mm   7 dm = _____ mm
3 dm = _____ cm   41 dm = _____ cm   2 dm = _____ mm   3 dm = _____ mm
9 dm = _____ cm   77 dm = _____ cm   8 dm = _____ mm   4 dm = _____ mm

2. Wandle um.
570 cm = ____ dm   840 cm = ____ dm   900 mm = ____ dm   600 mm = ____ dm
920 cm = ____ dm   510 cm = ____ dm   300 mm = ____ dm   100 mm = ____ dm
750 cm = ____ dm   690 cm = ____ dm   500 mm = ____ dm   400 mm = ____ dm
260 cm = ____ dm   140 cm = ____ dm   800 mm = ____ dm   1000 mm = ____ dm

3. Schreibe mit den angegebenen Maßeinheiten.
57 cm = ____ dm ____ cm   375 cm = ____ dm ____ cm   432 mm = ____ dm ____ mm
89 cm = ____ dm ____ cm   741 cm = ____ dm ____ cm   851 mm = ____ dm ____ mm
62 cm = ____ dm ____ cm   903 cm = ____ dm ____ cm   673 mm = ____ dm ____ mm
93 cm = ____ dm ____ cm   217 cm = ____ dm ____ cm   249 mm = ____ dm ____ mm
41 cm = ____ dm ____ cm   893 cm = ____ dm ____ cm   587 mm = ____ dm ____ mm

4. Vollende das Pfeilbild.

„ist größer als" ▶

5 dm	453 mm
47 cm	4 dm 15 mm

„ist kleiner als" ▶

7 dm 188 mm	89 cm
9 dm	905 mm

5. Ordne der Größe nach. Achtung!
a) 4 dm 15 mm ≤ _____
b) 905 mm ≥ _____

AB 8.2: Hinweise

Nr. 2 und 3: Schüler neigen zur mechanischen Ausführung von Aufgaben. Der gezielte Hinweis auf die in den jeweiligen Spalten andere Umrechnung ist erforderlich.

Nr. 4: Vor der Lösung der Aufgabe sind die Maßeinheiten zu vereinheitlichen.
Beim Pfeilbild ist die einzuzeichnende Pfeilrichtung oft unklar. Dem kann abgeholfen werden, wenn vier Schüler sich jeweils ein Schild mit einer Maßangabe umhängen und jedes Kind (entsprechend der Pfeilvorschrift) spricht:
„Ich, die Angabe 5 dm, bin größer (kleiner) als die Angabe..." Der ausgestreckte Arm (im Pfeilbild die Spitze) deutet auf eine kleinere (größere) Maßangabe.

Nr. 5: Hier wurde die Vorschrift im Vergleich zum Pfeilbild umgekehrt.

Lösung:

Wir rechnen um: dm – cm – mm AB 8.2

Merke: 1 dm = 10 cm
        1 dm = 100 mm

1. 4 dm = **40** cm   53 dm = **530** cm   5 dm = **500** mm   9 dm = **900** mm
    8 dm = **80** cm   86 dm = **860** cm   6 dm = **600** mm   7 dm = **700** mm
    3 dm = **30** cm   41 dm = **410** cm   2 dm = **200** mm   3 dm = **300** mm
    9 dm = **90** cm   77 dm = **770** cm   8 dm = **800** mm   4 dm = **400** mm

2. Wandle um.
   570 cm = **57** dm   840 cm = **84** dm   900 mm = **9** dm   600 mm = **6** dm
   920 cm = **92** dm   510 cm = **51** dm   300 mm = **3** dm   100 mm = **1** dm
   750 cm = **75** dm   690 cm = **69** dm   500 mm = **5** dm   400 mm = **4** dm
   260 cm = **26** dm   140 cm = **14** dm   800 mm = **8** dm   1000 mm = **10** dm

3. Schreibe mit den angegebenen Maßeinheiten.
   57 cm = **5** dm **7** cm   375 cm = **37** dm **5** cm   432 mm = **4** dm **32** mm
   89 cm = **8** dm **9** cm   741 cm = **74** dm **1** cm   851 mm = **8** dm **51** mm
   62 cm = **6** dm **2** cm   903 cm = **90** dm **3** cm   673 mm = **6** dm **73** mm
   93 cm = **9** dm **3** cm   217 cm = **21** dm **7** cm   249 mm = **2** dm **49** mm
   41 cm = **4** dm **1** cm   893 cm = **89** dm **3** cm   587 mm = **5** dm **87** mm

4. Vollende das Pfeilbild.

   „ist größer als" →   „ist kleiner als" →

   [5 dm] → [453 mm]   [7 dm 188 mm] → [89 cm]
   [47 cm] → [4 dm 15 mm]   [9 dm] → [905 mm]

5. Ordne der Größe nach. Achtung!
   a) 4 dm 15 mm **<** **453 mm** **<** **47 cm** **<** **5 dm**
   b) 905 mm **>** **9 dm** **>** **89 cm** **>** **7 dm 188 mm**

Wir rechnen um: m – cm AB 8.3

Merke: 1 m = 100 cm

1. Wandle um.

4 m = ____ cm	20 m = ____ cm	800 cm = ____ m	1400 cm = ____ m
7 m = ____ cm	41 m = ____ cm	300 cm = ____ m	7800 cm = ____ m
10 m = ____ cm	35 m = ____ cm	600 cm = ____ m	2900 cm = ____ m
5 m = ____ cm	57 m = ____ cm	900 cm = ____ m	4300 cm = ____ m

2. Verbinde gleiche Maßangaben.

30 m	500 cm
5 m	1935 cm
19 m 35 cm	4 m 18 cm
7 m 3 cm	3000 cm
418 cm	23 m 85 cm
2385 cm	703 cm

4 m 143 cm	5 m 203 cm
7 m 3 cm	8 m 35 cm
9 m 53 cm	543 cm
6 m 235 cm	15 m
5 m 1000 cm	2 m 753 cm
20 m 703 cm	27 m 3 cm

3. Schreibe mit zweierlei Maßeinheiten.

548 cm = ____ m ____ cm	670 cm = ____ m ____ cm	259 cm = ____ m ____ cm
751 cm = ____ m ____ cm	903 cm = ____ m ____ cm	1000 cm = ____ m ____ cm
863 cm = ____ m ____ cm	115 cm = ____ m ____ cm	805 cm = ____ m ____ cm
429 cm = ____ m ____ cm	326 cm = ____ m ____ cm	703 cm = ____ m ____ cm

4. Ergänze auf 1 Meter.

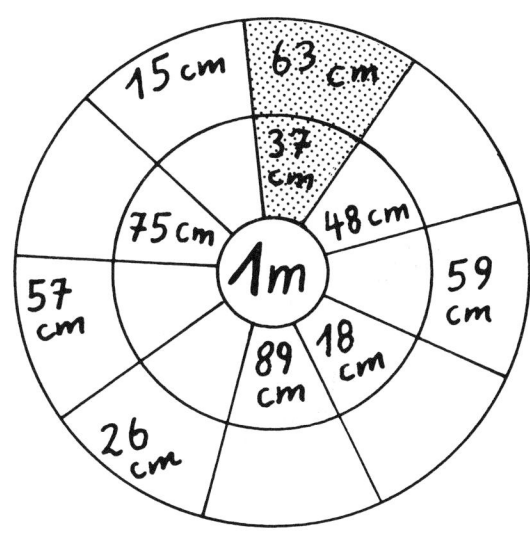
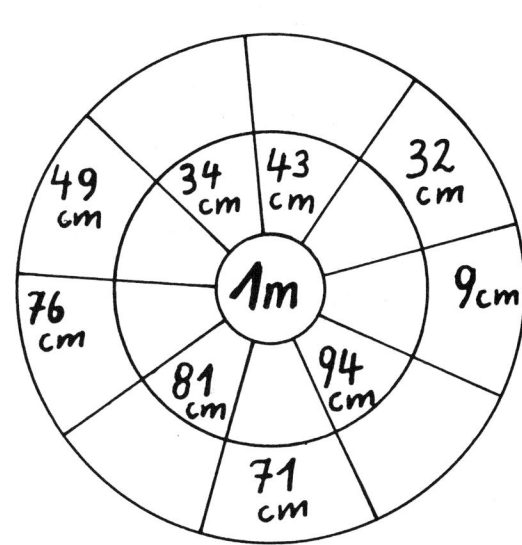

AB 8.3: Hinweise

Nr. 2: Schnellere Schüler können die Maßangaben einer jeden Spalte der Größe nach ordnen.

Nr. 4: Die Summe der Maßangaben in den beiden Sektoren ergibt jeweils 1 m.

Lösung:

Wir rechnen um: m – cm AB 8.3

| Merke: | 1 m = 100 cm |

1. Wandle um.

4 m = **400** cm	20 m = **2000** cm	800 cm = **8** m	1400 cm = **14** m
7 m = **700** cm	41 m = **4100** cm	300 cm = **3** m	7800 cm = **78** m
10 m = **1000** cm	35 m = **3500** cm	600 cm = **6** m	2900 cm = **29** m
5 m = **500** cm	57 m = **5700** cm	900 cm = **9** m	4300 cm = **43** m

2. Verbinde gleiche Maßangaben.

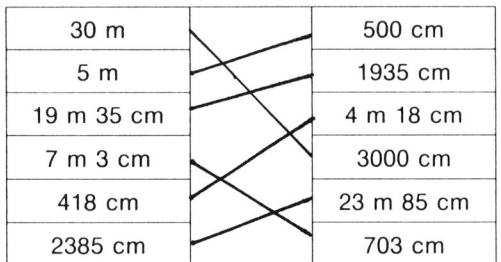
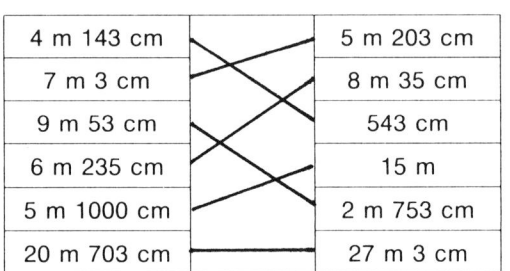

30 m	500 cm
5 m	1935 cm
19 m 35 cm	4 m 18 cm
7 m 3 cm	3000 cm
418 cm	23 m 85 cm
2385 cm	703 cm

4 m 143 cm	5 m 203 cm
7 m 3 cm	8 m 35 cm
9 m 53 cm	543 cm
6 m 235 cm	15 m
5 m 1000 cm	2 m 753 cm
20 m 703 cm	27 m 3 cm

3. Schreibe mit zweierlei Maßeinheiten.

548 cm = **5** m **48** cm	670 cm = **6** m **70** cm	259 cm = **2** m **59** cm
751 cm = **7** m **51** cm	903 cm = **9** m **3** cm	1000 cm = **10** m **00** cm
863 cm = **8** m **63** cm	115 cm = **1** m **15** cm	805 cm = **8** m **5** cm
429 cm = **4** m **29** cm	326 cm = **3** m **26** cm	703 cm = **7** m **3** cm

4. Ergänze auf 1 Meter.

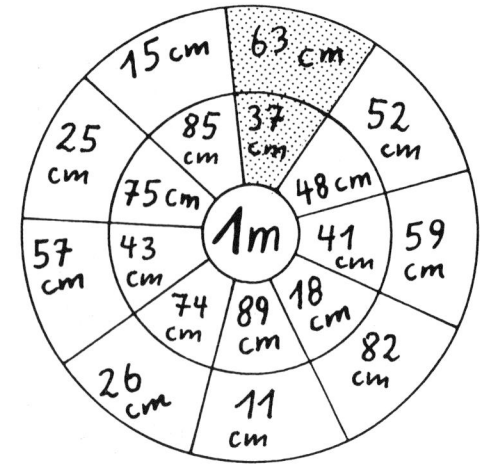
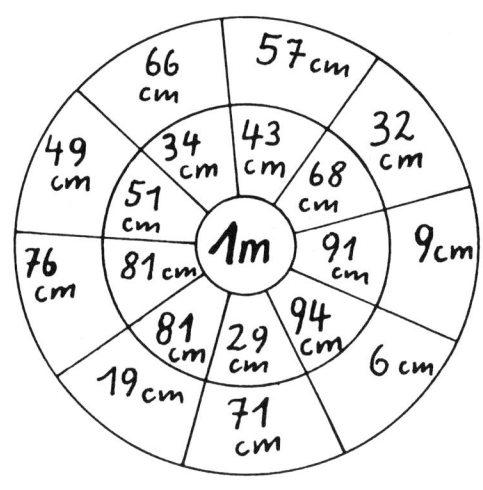

Wir rechnen um: m – dm – cm – mm   AB 8.4

Merke: 1 m = 10 dm = 100 cm = 1000 mm
 1 dm = 10 cm = 100 mm
 1 cm = 10 mm

1. Wandle um.

7 m = _____ dm   9 m = _____ dm   18 m = _____ dm   23 m = _____ dm
7 m = _____ cm   9 m = _____ cm   18 m = _____ cm   23 m = _____ cm
7 m = _____ mm   9 m = _____ mm   18 m = _____ mm   23 m = _____ mm

2. Schreibe mit zweierlei Maßeinheiten.

432 cm = ___ m _____ cm   669 dm = _____ m _____ dm   1521 mm = ___ m _____ mm
857 cm = ___ m _____ cm   218 dm = _____ m _____ dm   2857 mm = ___ m _____ mm
963 cm = ___ m _____ cm   772 dm = _____ m _____ dm   8962 mm = ___ m _____ mm
518 cm = ___ m _____ cm   186 dm = _____ m _____ dm   5048 mm = ___ m _____ mm

3. Wandle um.

64 dm 2 cm = _____ cm = ___ m _____ cm   157 cm 8 mm = _____ mm = ___ m _____ mm
19 dm 7 cm = _____ cm = ___ m _____ cm   309 cm 3 mm = _____ mm = ___ m _____ mm
80 dm 5 cm = _____ cm = ___ m _____ cm   829 cm 2 mm = _____ mm = ___ m _____ mm
73 dm 4 cm = _____ cm = ___ m _____ cm   654 cm 9 mm = _____ mm = ___ m _____ mm

4. Ergänze jeweils die Maßeinheiten m, dm, cm und mm so, daß die Rechenausdrücke stimmen.

Beispiel: 245 mm = 24 _____ 5 _____ ⟶ 245 mm = 24 cm 5 mm

353 mm = 35 _____ 3 _____   279 cm = 2 _____ 79 _____   2719 cm = 27 _____ 19 _____
765 cm = 7 _____ 65 _____   443 cm = 44 _____ 3 _____   3843 dm = 384 _____ 3 _____
814 dm = 81 _____ 4 _____   608 cm = 60 _____ 8 _____   5291 mm = 52 _____ 91 _____
537 mm = 5 _____ 37 _____   3141 mm = 3 _____ 141 _____   8427 mm = 8 _____ 427 _____

5. Setze das richtige Rechenzeichen ein: =, >, <

4 m 57 cm ◯ 46 dm 2 cm   3 m 9 dm 7 cm ◯ 385 cm
319 cm   ◯ 3159 mm   74 m 53 dm   ◯ 70 m 956 cm
28 m 341 mm ◯ 285 dm 7 cm   63 m 921 mm   ◯ 619 dm
47 dm 63 mm ◯ 456 cm   84 m 5 mm   ◯ 8395 mm

AB 8.4: Hinweise

Nr. 1: Der dezimale Zusammenhang zwischen den Maßeinheiten wird noch einmal verdeutlicht.

Nr. 2: Auf die in jeder Spalte anders geforderte Umrechnung ist hinzuweisen.

Nr. 3: Bei der schrittweisen Umrechnung wird zunächst in die kleinere Maßeinheit, dann erst in die geforderten Maßeinheiten umgewandelt.

Nr. 4: Die Lösung der Aufgaben erfordert viel logisches Denkvermögen. Bei der gemeinsamen Erarbeitung der ersten Spalte begründen die Schüler jeweils ihr Vorgehen.
Beispiel:
353 mm ▷ Ziffer 3 auf E-stelle ▷ 35 cm 3 mm
765 cm ▷ Ziffer 7 auf H-stelle ▷ 7 m 65 cm
814 dm ▷ Ziffer 4 auf E-stelle ▷ 81 m 4 dm

Nr. 5: Auf einem Extrablatt (Rückseite) werden alle Maßangaben in die jeweils kleinste Maßeinheit umgerechnet (46 dm 2 cm = 462 cm).

Lösung:

Wir rechnen um: m – dm – cm – mm   AB 8.4

Merke: 1 m = 10 dm = 100 cm = 1000 mm
        1 dm = 10 cm = 100 mm
        1 cm =   10 mm

1. Wandle um.

7 m = __70__ dm   9 m = __90__ dm   18 m = __180__ dm   23 m = __230__ dm
7 m = __700__ cm   9 m = __900__ cm   18 m = __1800__ cm   23 m = __2300__ cm
7 m = __7000__ mm   9 m = __9000__ mm   18 m = __18000__ mm   23 m = __23000__ mm

2. Schreibe mit zweierlei Maßeinheiten.

432 cm = __4__ m __32__ cm   669 dm = __66__ m __9__ dm   1521 mm = __1__ m __521__ mm
857 cm = __8__ m __57__ cm   218 dm = __21__ m __8__ dm   2857 mm = __2__ m __857__ mm
963 cm = __9__ m __63__ cm   772 dm = __77__ m __2__ dm   8962 mm = __8__ m __962__ mm
518 cm = __5__ m __18__ cm   186 dm = __18__ m __6__ dm   5048 mm = __5__ m __48__ mm

3. Wandle um.

64 dm 2 cm = __642__ cm = __6__ m __42__ cm   157 cm 8 mm = __1578__ mm = __1__ m __578__ mm
19 dm 7 cm = __197__ cm = __1__ m __97__ cm   309 cm 3 mm = __3093__ mm = __3__ m __93__ mm
80 dm 5 cm = __805__ cm = __8__ m __5__ cm   829 cm 2 mm = __8292__ mm = __8__ m __292__ mm
73 dm 4 cm = __734__ cm = __7__ m __34__ cm   654 cm 9 mm = __6549__ mm = __6__ m __549__ mm

4. Ergänze jeweils die Maßeinheiten m, dm, cm und mm so, daß die Rechenausdrücke stimmen.

Beispiel: 245 mm = 24 _____ 5 _____ ➔ 245 mm = 24 cm 5 mm

353 mm = 35 __cm__ 3 __mm__   279 cm = 2 __m__ 79 __cm__   2719 cm = 27 __m__ 19 __cm__
765 cm = 7 __m__ 65 __cm__   443 cm = 44 __dm__ 3 __cm__   3843 dm = 384 __m__ 3 __dm__
814 dm = 81 __m__ 4 __dm__   608 cm = 60 __dm__ 8 __cm__   5291 mm = 52 __dm__ 91 __mm__
537 mm = 5 __dm__ 37 __mm__   3141 mm = 3 __m__ 141 __mm__   8427 mm = 8 __m__ 427 __mm__

5. Setze das richtige Rechenzeichen ein: ⊜ ⊝ ⊘

4 m 57 cm   <   46 dm 2 cm   3 m 9 dm 7 cm   >   385 cm
319 cm   >   3159 mm   74 m 53 dm   <   70 m 956 cm
28 m 341 mm <   285 dm 7 cm   63 m 921 mm   >   619 dm
47 dm 63 mm >   456 cm   84 m 5 mm   >   8395 mm

Wir rechnen um: km – m AB 8.5

Merke: 1 km = 1000 m

1. Wandle um.

4 km = _____ m	12 km = _____ m	5000 m = ____ km	19 000 m = ____ km
7 km = _____ m	23 km = _____ m	3000 m = ____ km	16 000 m = ____ km
8 km = _____ m	74 km = _____ m	6000 m = ____ km	27 000 m = ____ km
9 km = _____ m	63 km = _____ m	2000 m = ____ km	43 000 m = ____ km

2. Schreibe mit zweierlei Maßeinheiten.

4528 m = ___ km ___ m	2076 m = ___ km ___ m	15 322 m = ___ km ___ m
3916 m = ___ km ___ m	5403 m = ___ km ___ m	23 719 m = ___ km ___ m
8539 m = ___ km ___ m	7002 m = ___ km ___ m	49 027 m = ___ km ___ m
9432 m = ___ km ___ m	9007 m = ___ km ___ m	58 003 m = ___ km ___ m

3. Ergänze auf 1 km.

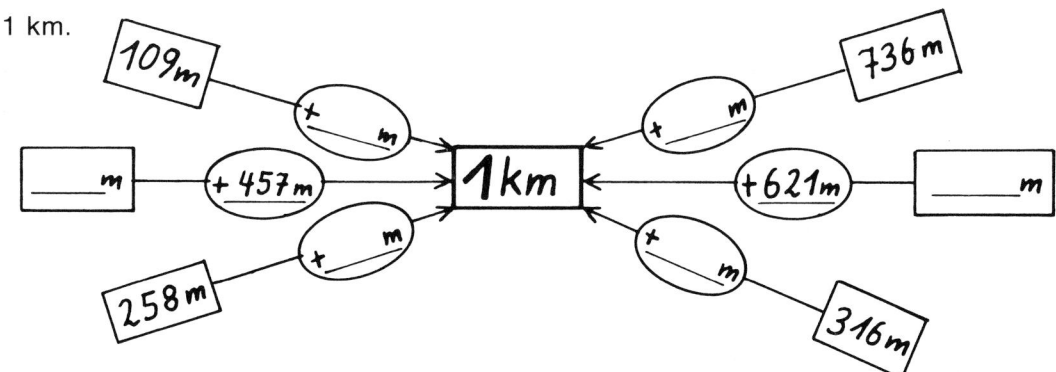

4. Rechne.

3 km – 253 m = ___ km ___ m	37 km – 18 km 487 m = ___ km ___ m
8 km – 369 m = ___ km ___ m	43 km – 26 km 35 m = ___ km ___ m
7 km – 147 m = ___ km ___ m	92 km – 48 km 9 m = ___ km ___ m
6 km – 27 m = ___ km ___ m	64 km – 62 km 85 m = ___ km ___ m

5. Setze das richtige Rechenzeichen ein: = > <

8 km – 5352 m = _____ m	○	2 km 305 m + 457 m = _____ m	5 km 398 m – 167 m = _____ m	○	4 km + 1324 m = _____ m
12 km – 2345 m = _____ m	○	9876 m + 567 m = _____ m	4 km – 3124 m = _____ m	○	6 km – 5234 m = _____ m
3489 m + 7 km = _____ m	○	14 km – 3652 m = _____ m	1 km + 6 km 405 m = _____ m	○	24 km – 17 009 m = _____ m

AB 8.5: Hinweise

Nr. 3: Neben dem Ergänzen sollte als alternative Lösung auch das Subtrahieren angesprochen werden.

Nr. 4: Anknüpfend an Nr. 3 kann auch ergänzt werden, zunächst zum nächsten ganzen Kilometer, dann zur Zielzahl.

Nr. 5: Vor dem Vergleichen ist jeder Term zu lösen. Um die bessere Vergleichbarkeit sicherzustellen, sind alle Termwerte in Meter zu berechnen.

Lösung:

Wir rechnen um: km – m — AB 8.5

Merke: 1 km = 1000 m

1. Wandle um.

4 km = __4000__ m   12 km = __12 000__ m   5000 m = __5__ km   19 000 m = __19__ km
7 km = __7000__ m   23 km = __23 000__ m   3000 m = __3__ km   16 000 m = __16__ km
8 km = __8000__ m   74 km = __74 000__ m   6000 m = __6__ km   27 000 m = __27__ km
9 km = __9000__ m   63 km = __63 000__ m   2000 m = __2__ km   43 000 m = __43__ km

2. Schreibe mit zweierlei Maßeinheiten.

4528 m = __4__ km __528__ m   2076 m = __2__ km __76__ m   15 322 m = __15__ km __322__ m
3916 m = __3__ km __916__ m   5403 m = __5__ km __403__ m   23 719 m = __23__ km __719__ m
8539 m = __8__ km __539__ m   7002 m = __7__ km __2__ m   49 027 m = __49__ km __27__ m
9432 m = __9__ km __432__ m   9007 m = __9__ km __7__ m   58 003 m = __58__ km __3__ m

3. Ergänze auf 1 km.

109 m +891 m → 1 km
543 m +457 m → 1 km
258 m +742 m → 1 km
736 m +264 m → 1 km
379 m +621 m → 1 km
316 m +684 m → 1 km

4. Rechne.

3 km − 253 m = __2__ km __747__ m   37 km − 18 km 487 m = __18__ km __513__ m
8 km − 369 m = __7__ km __631__ m   43 km − 26 km 35 m = __16__ km __965__ m
7 km − 147 m = __6__ km __853__ m   92 km − 48 km 9 m = __43__ km __991__ m
6 km − 27 m = __5__ km __973__ m   64 km − 62 km 85 m = __1__ km __915__ m

5. Setze das richtige Rechenzeichen ein: =, >, <

8 km − 5352 m = __2648__ m < 2 km 305 m + 457 m = __2762__ m
5 km 398 m − 167 m = __5231__ m < 4 km + 1324 m = __5324__ m
12 km − 2345 m = __9655__ m < 9876 m + 567 m = __10 443__ m
4 km − 3124 m = __876__ m > 6 km − 5234 m = __766__ m
3489 m + 7 km = __10 489__ m > 14 km − 3652 m = __10 348__ m
1 km + 6 km 405 m = __7405__ m > 24 km − 17 009 m = __6991__ m

Wir rechnen mit Längenmaßen   AB 8.6

1. Ergänze auf den nächsten ganzen Zentimeter.

   3 cm 8 mm + _____ mm = __4__ cm   43 mm + _____ mm = __5__ cm
   7 cm 1 mm + _____ mm = _____ cm   87 mm + _____ mm = _____ cm
   28 cm 3 mm + _____ mm = _____ cm   62 mm + _____ mm = _____ cm
   34 cm 7 mm + _____ mm = _____ cm   191 mm + _____ mm = _____ cm
   6 cm 2 mm + _____ mm = _____ cm   345 mm + _____ mm = _____ cm

2. Rechne. Ergänze schrittweise.

   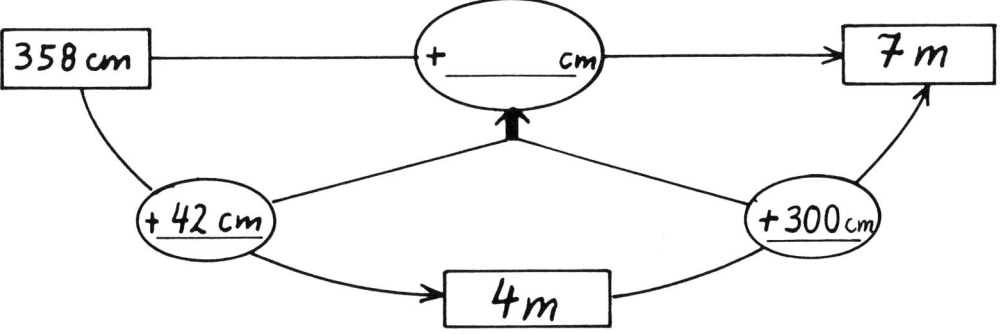

   548 cm + _____ cm = 7 m   38 dm + _____ dm = 8 m   4317 mm + _____ mm = 5 m
   209 cm + _____ cm = 9 m   93 dm + _____ dm = 12 m   2827 mm + _____ mm = 3 m
   453 cm + _____ cm = 8 m   49 dm + _____ dm = 9 m   7923 mm + _____ mm = 9 m
   637 cm + _____ cm = 10 m   73 dm + _____ dm = 14 m   5215 mm + _____ mm = 14 m

3. Berechne die Rechenausdrücke. Verbinde gleichwertige Ausdrücke.

   | 9 m − 152 cm   = ___ m _____ cm |
   | 84 dm + 43 dm   = _____ dm |
   | 421 cm + 853 mm = _____ mm |
   | 74 m − 8750 mm   = _____ mm |
   | 93 m − 57 m 8 mm = ___ m _____ mm |

   | 29 m 43 cm − 1673 cm   = _____ cm |
   | 48 m 3 cm − 12 038 mm = _____ mm |
   | 3 m 19 cm + 4 m 29 cm = _____ cm |
   | 473 cm + 333 mm   = _____ mm |
   | 37 m 8 dm + 27 m 45 cm = ___ m _____ cm |

4. Vollende die Tabelle.

km-Stand bei Abfahrt	857	487			914	857
km-Stand bei Ankunft	963	853	962	765		
gefahrene km			413	386	372	468

AB 4.6: Hinweise

Nr. 2: Der zweiteilige Operator soll den Schülern ein mögliches Vorgehen (wieder) bewußt machen.

Nr. 3: Erst alle Terme berechnen, dann gleichwertige verbinden.

Lösung:

Wir rechnen mit Längenmaßen — AB 8.6

1. Ergänze auf den nächsten ganzen Zentimeter.

   3 cm 8 mm + __2__ mm = __4__ cm   43 mm + __7__ mm = __5__ cm
   7 cm 1 mm + __9__ mm = __8__ cm   87 mm + __3__ mm = __9__ cm
   28 cm 3 mm + __7__ mm = __29__ cm   62 mm + __8__ mm = __7__ cm
   34 cm 7 mm + __3__ mm = __35__ cm   191 mm + __9__ mm = __20__ cm
   6 cm 2 mm + __8__ mm = __7__ cm   345 mm + __5__ mm = __35__ cm

2. Rechne. Ergänze schrittweise.

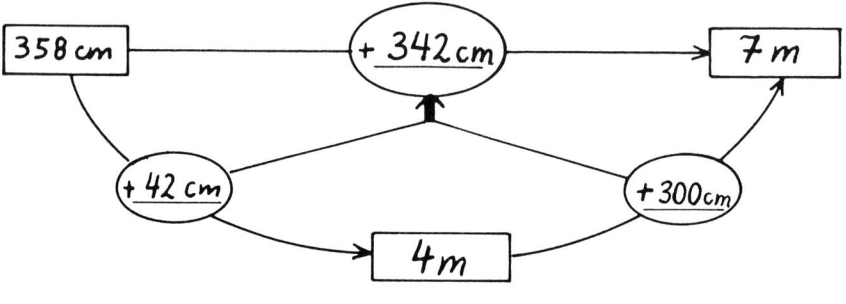

   548 cm + __152__ cm = 7 m   38 dm + __42__ dm = 8 m   4317 mm + __683__ mm = 5 m
   209 cm + __691__ cm = 9 m   93 dm + __27__ dm = 12 m   2827 mm + __173__ mm = 3 m
   453 cm + __347__ cm = 8 m   49 dm + __41__ dm = 9 m   7923 mm + __1077__ mm = 9 m
   637 cm + __363__ cm = 10 m   73 dm + __67__ dm = 14 m   5215 mm + __8785__ mm = 14 m

3. Berechne die Rechenausdrücke. Verbinde gleichwertige Ausdrücke.

9 m − 152 cm =	__7__ m __48__ cm		29 m 43 cm − 1673 cm =	__1270__ cm
84 dm + 43 dm =	__127__ dm		48 m 3 cm − 12 038 mm =	__35 992__ mm
421 cm + 853 mm =	__5063__ mm		3 m 19 cm + 4 m 29 cm =	__748__ cm
74 m − 8750 mm =	__65 250__ mm		473 cm + 333 mm =	__5063__ mm
93 m − 57 m 8 mm =	__35__ m __992__ mm		37 m 8 dm + 27 m 45 cm	__65__ m __25__ cm

4. Vollende die Tabelle.

km-Stand bei Abfahrt	857	487	__549__	__379__	914	857
km-Stand bei Ankunft	963	853	962	765	__1286__	__1325__
gefahrene km	__106__	__366__	413	386	372	468

9. Symmetrische Figuren

Symmetrische Figuren sind den Schülerinnen und Schülern vom Erscheinungsbild her geläufig, wenn auch das (mathematische) Phänomen, das diesen „gleichmäßigen" Bildern zugrundeliegt, in der Regel noch unbekannt ist. Arbeitsformen wie Faltschnitte und Klecksbilder, die zu symmetrischen Figuren führen, sind vielen Kindern geläufig. Trotzdem sollte auf diese Lernschritte nicht verzichtet werden, da sie sich hervorragend als motivierende Elemente für die Einstiegsphase eignen.

Lernschritte:

- **Erstellen symmetrischer Figuren**
  - Ausschneiden (Arbeitsblatt 9.1)
  - Klecksbilder: Eine farbige Flüssigkeit (z. B. Tinte) auf das Papier geben; Papier falten; Flüssigkeit gleichmäßig durch Pressen und Drücken verteilen
  - Durchstechen: Papier falten; Eckpunkte einer Figur mit Nadel (Zirkelspitze, ...) durchstechen; aufklappen; Punkte verbinden
  - Durchpausen: Papier falten; Kohlepapier mit der Kohleseite nach oben unter (nicht zwischen) das gefaltete Papier legen; Figur zeichnen; aufklappen
  - Ausstellen besonders gelungener Arbeiten.

- **Kennzeichen der Symmetrie**

  An den selbsterstellten Figuren ist zu erarbeiten:
  - Begriffe:
    deckungsgleich (synonyme Begriffe: symmetrisch, spiegelbildlich, faltgleich)
    Symmetrieachse (Synonym: Spiegelachse, Faltachse)
    Urbild, Spiegelbild, Urfigur, Bildfigur
  - Abgrenzen des Begriffes „deckungsgleich" zum Begriff „gleiche Figur": „Gleiche" Figuren sind durch eine Verschiebung auseinander hervorgegangen, sie stimmen in allen Einzelheiten überein, wenn sie nebeneinander liegen. Deckungsgleiche Figuren stimmen in allen Einzelheiten überein, wenn sie kantengleich zusammengeklappt werden.

Beispiele: siehe nächste Seite.

- **Überprüfen der Symmetrie**

  Ausschneiden von Figuren (Arbeitsblatt 9.2)
  Lassen sich die Figuren deckungsgleich, also Rand auf Rand falten, so sind sie symmetrisch.

- **Figuren farbsymmetrisch ausmalen**

  Arbeitsblatt 9.3: Bei derartigen zeichnerischen Übungen zeigen sich die Kinder stark motiviert und erfahren beinahe spielerisch die Besonderheit der Symmetrie.

- **Symmetrische Figuren legen**

  Arbeitsblatt 9.4: Beim Nachlegen und symmetrischen Weiterführen von Ketten (mit den Plättchen des Arbeitsblattes 5.1) kommt das Prinzip des handlungsorientierten Lernens zum Tragen. Fehler lassen sich so leicht korrigieren, bevor das Kind die Kette fertig zeichnet.

- **Faltachsen suchen**

  Arbeitsblatt 9.5

- **Symmetrische Figuren vollenden**

  Arbeitsblatt 9.6: Das Zeichnen von symmetrischen Figuren stellt erhöhte Anforderungen an das instrumentale Können der Kinder.
  In einem ersten Schritt sind deshalb Figurenhälften zu vervollständigen. Die unterschiedliche Lage der Faltachse beinhaltet eine Steigerung im Schwierigkeitsgrad.

- **Symmetrische Figuren ergänzen**

  Arbeitsblatt 9.7: Im Gegensatz zum vorhergehenden Lernschritt sind hier sowohl Teile der Urfigur als auch der Bildfigur vorgegeben.
  Beim Ergänzen ist zusätzlich die unterschiedliche Lage der Symmetrieachse zu beachten.

- **Spielerische Abschlußphase**

  Arbeitsblatt 9.8: Bei diesem Symmetriespiel können die Kinder ihre neuerworbenen Erfahrungen im Spiel einbringen.

"gleiche" Figuren

deckungsgleiche (achsensymmetrische) Figuren

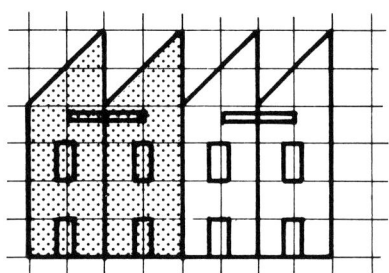
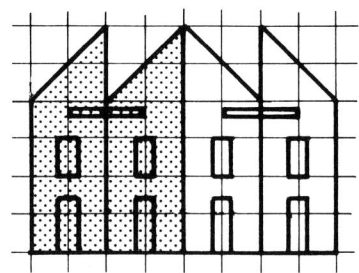

Urfigur → Bildfigur

Urfigur → Bildfigur

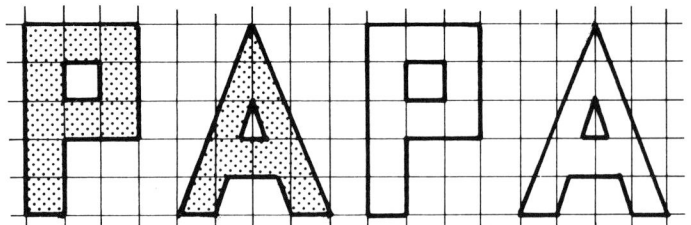
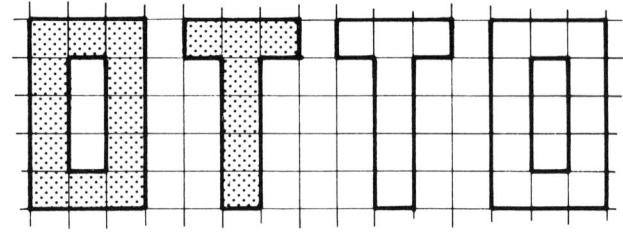

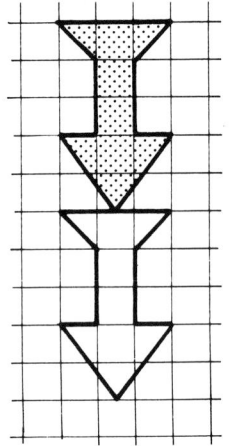
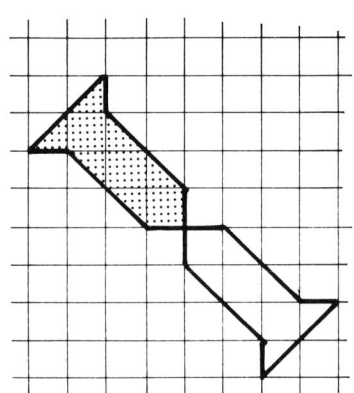

Zum Ausschneiden: Symmetrische Figuren AB 9.1

Falte das Blatt entlang der gestrichelten Linien in der Reihenfolge A, B, C so, daß die Figurenteile zu sehen sind.
Schneide diese Figuren entlang der Linien aus.
Falte auf. Welche Figuren sind entstanden?

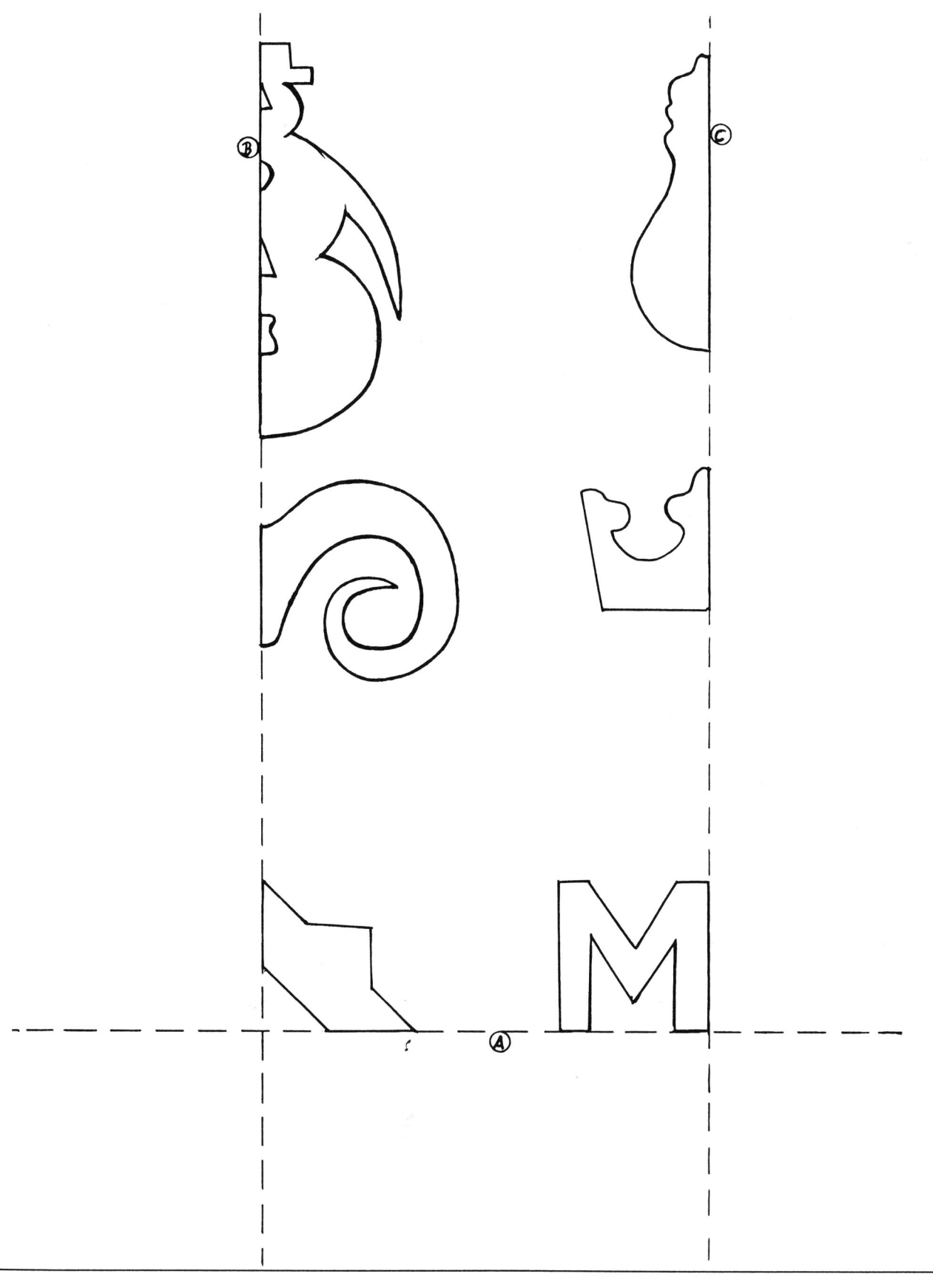

75

AB 9.1 Hinweise

Das Thema Symmetrie steht von der 3. bis zur 6. Jahrgangsstufe im Lehrplan. Der jeweilige Einstieg soll unterschiedlich erfolgen (siehe Lernschritt 1).

Vorschlag:
3. Jahrgangsstufe: Klecksbilder
4. Jahrgangsstufe: Ausschneidebogen
(5. Jahrgangsstufe: Durchstechen oder Durchpausen)

Vorgehen:
1. Die vorgegebenen Figurenteile werden ausgemalt.
2. Die Faltung erfolgt gemeinsam in der angegebenen Reihenfolge.
3. Auf das genaue Falten entlang der Faltkante ist zu achten.
4. Die ausgemalten Teile werden in gefaltetem Zustand ausgeschnitten. Entlang der Faltkante selbst wird nicht geschnitten.
5. Die aufgefalteten Figuren werden fertig angemalt.
6. Bei den beiden unteren Figuren liegt jeweils eine doppelte Symmetrie vor.

Lösung:

76

Zum Ausschneiden: Überprüfen der Symmetrie   AB 9.2

1. Schneide die Figuren aus. Überprüfe durch Falten, ob sie deckungsgleich sind. Zeichne die Faltachse ein. Male die Figuren symmetrisch aus.

2. Sind diese Figuren richtig halbiert?
   Schneide sie aus. Falte sie entlang der gestrichelten Linie und überprüfe.

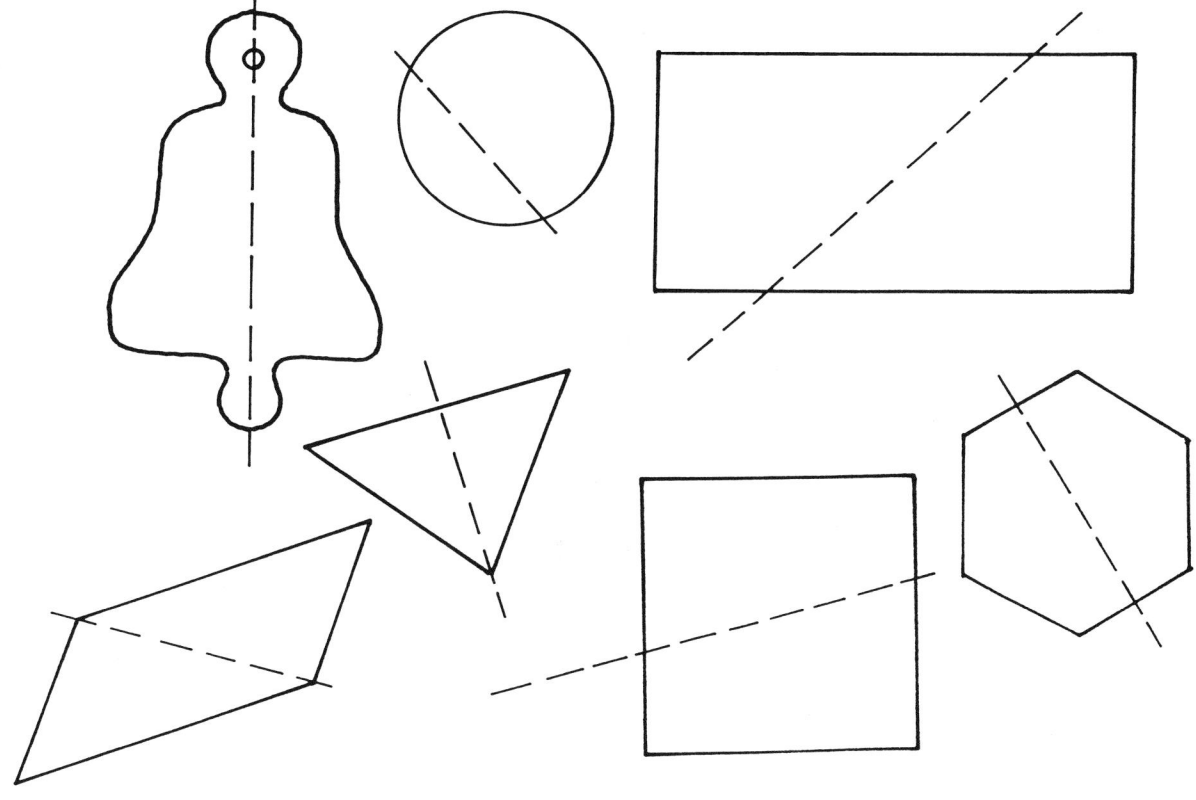

77

AB 9.2: Hinweise

Die symmetrischen Figuren sind eingekreist.
1. Die Schüler beschreiben die Figuren.
2. Vor dem Ausschneiden äußern und begründen sie ihre Vermutung, ob eine Figur symmetrisch ist oder nicht.
3. Bei Rechteck, Parallelogramm und Quadrat sind die beiden Teile zwar gleich, aber nicht deckungsgleich.

Lösung:

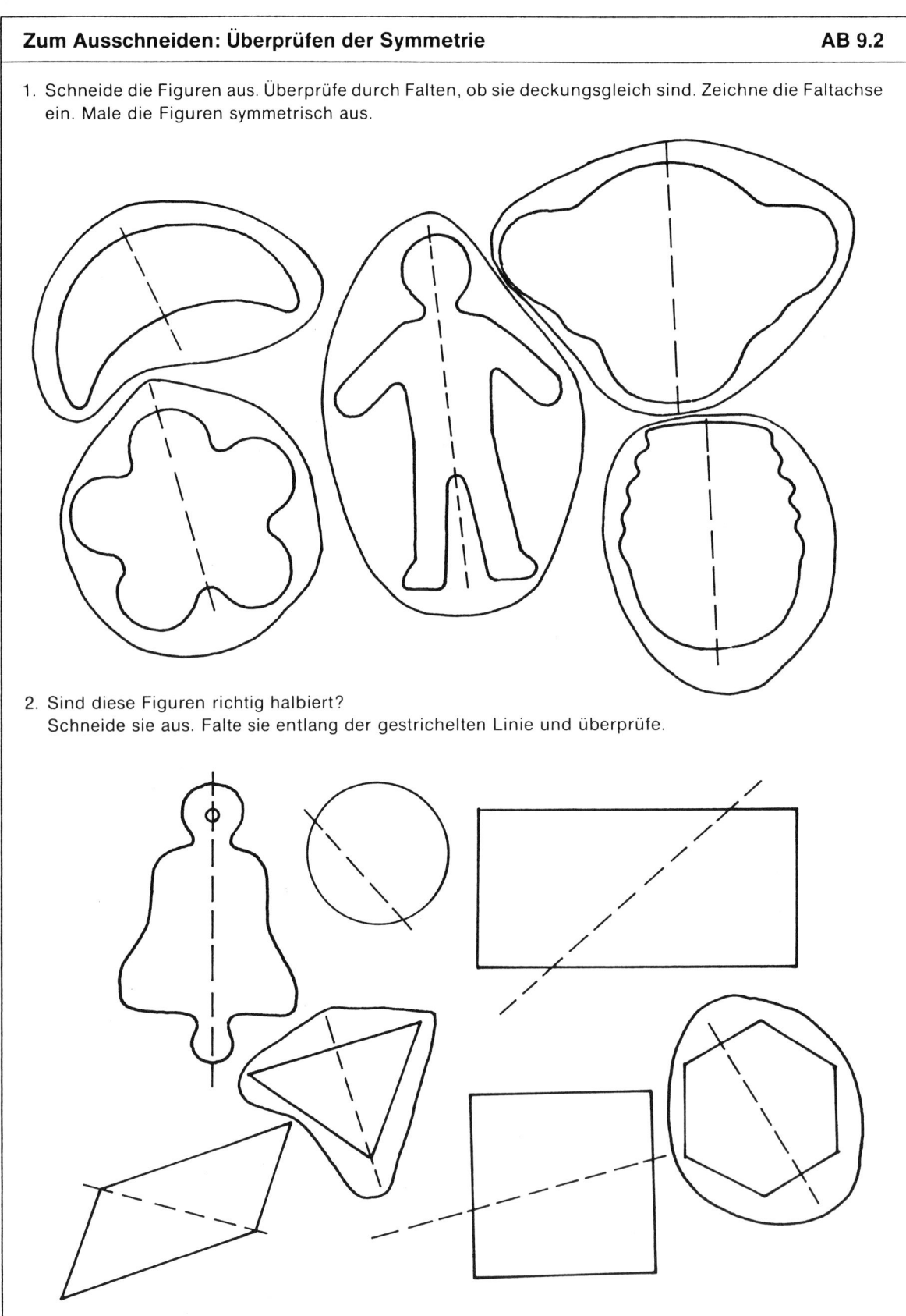

Wir malen symmetrische Figuren aus

AB 9.3

Male die beiden Figuren symmetrisch aus. Beginne bei den Feldern nahe der Faltachse (gestrichelte Linie). Hebe diese besonders hervor.

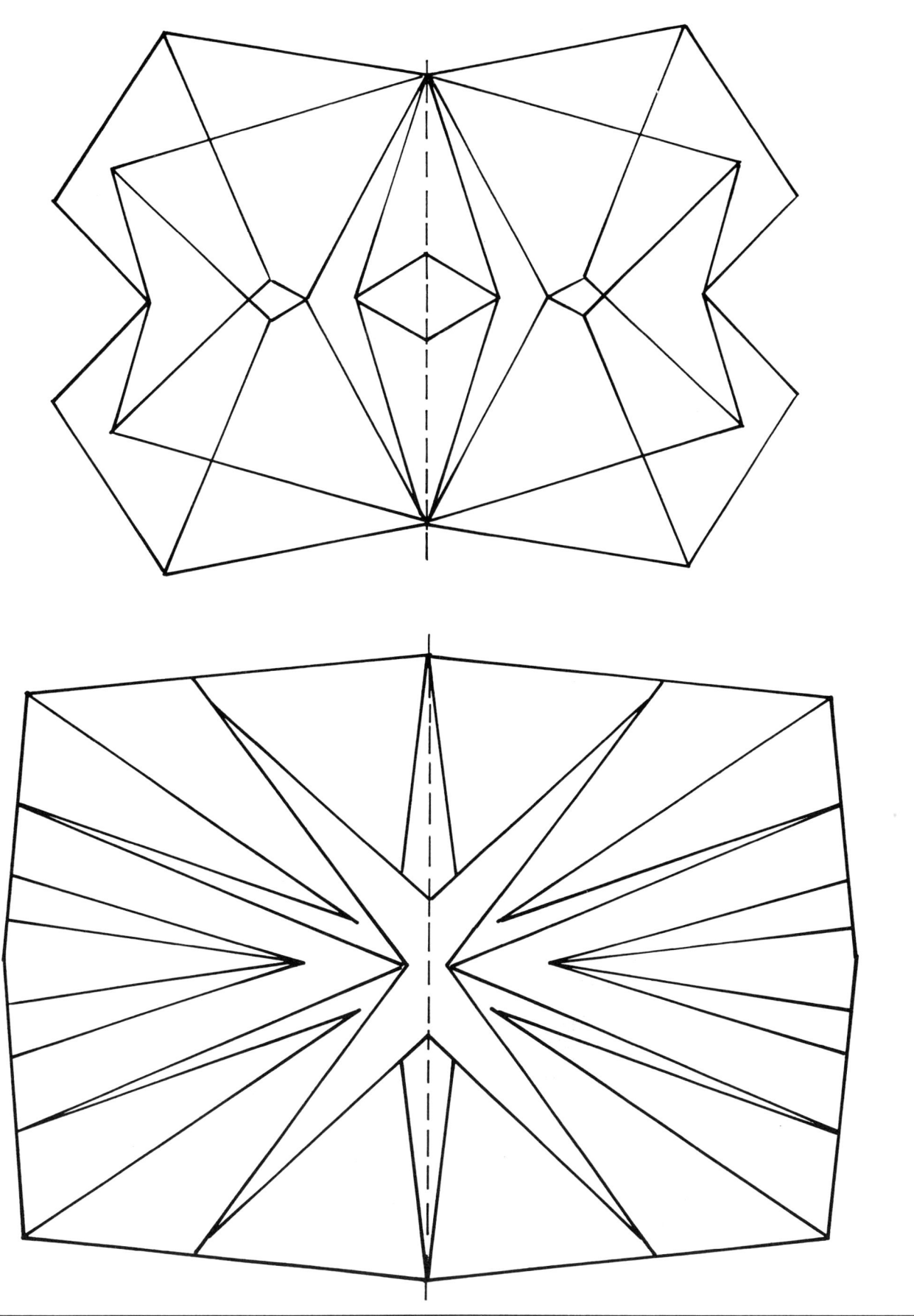

AB 9.3: Hinweise

1. Die auf den ersten Blick unübersichtlichen Figuren lassen sich leicht ausmalen, wenn man bei der Symmetrieachse beginnt und die jeweils symmetrischen Felder sofort mit der gleichen Farbe belegt.

2. Selbstverständlich können die Schüler noch weitere Unterteilungen einzeichnen.

Lösung:
(mit weiteren Unterteilungen und zweifacher Symmetrie)

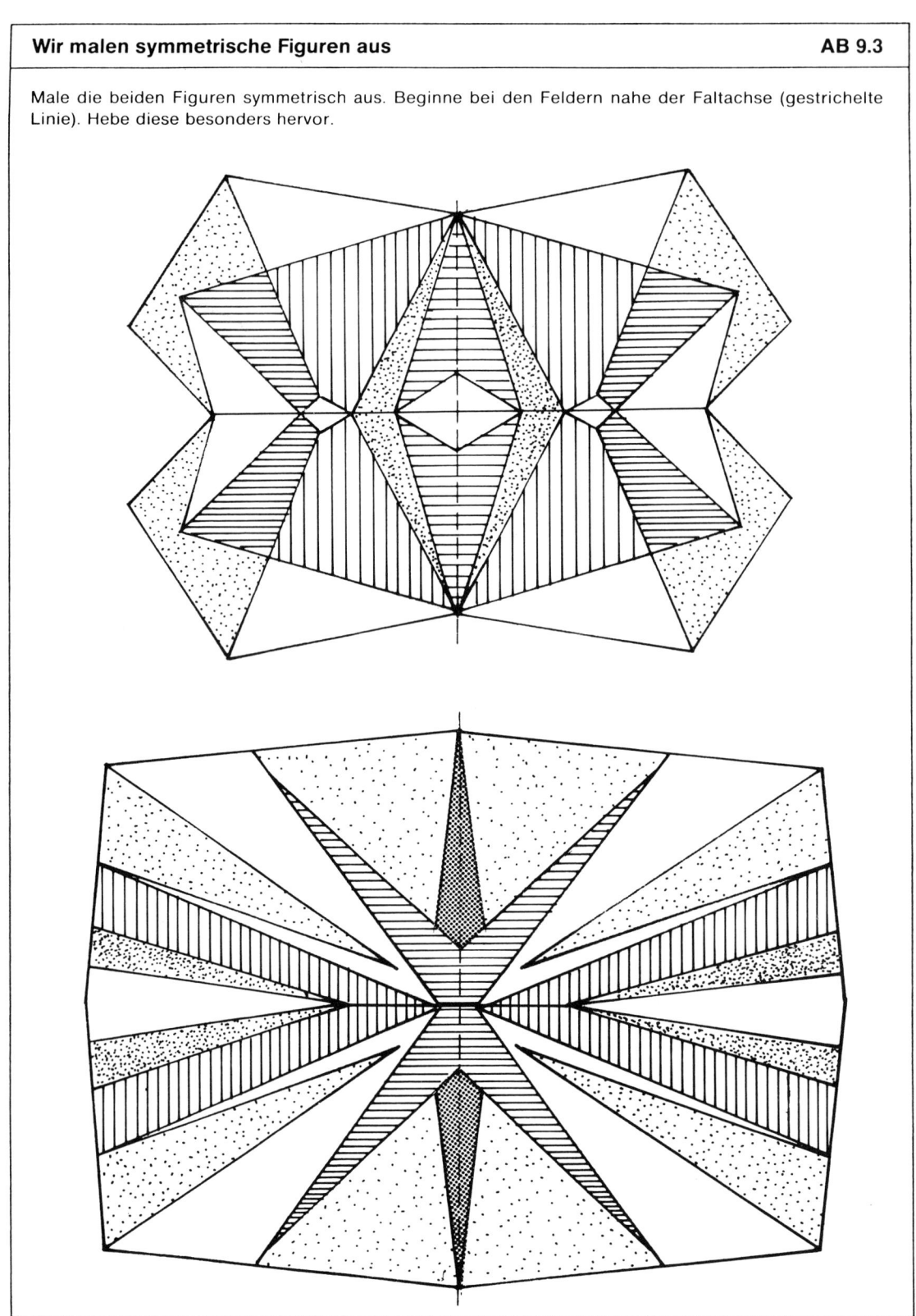

Wir legen symmetrische Figuren AB 9.4

1. a) Lege mit deinen Plättchen jede Kette nach.
   b) Setze jeweils die darunter angefangene Kette spiegelbildlich fort.
   c) Zeichne die spiegelbildliche Kette. Male farbsymmetrisch aus.

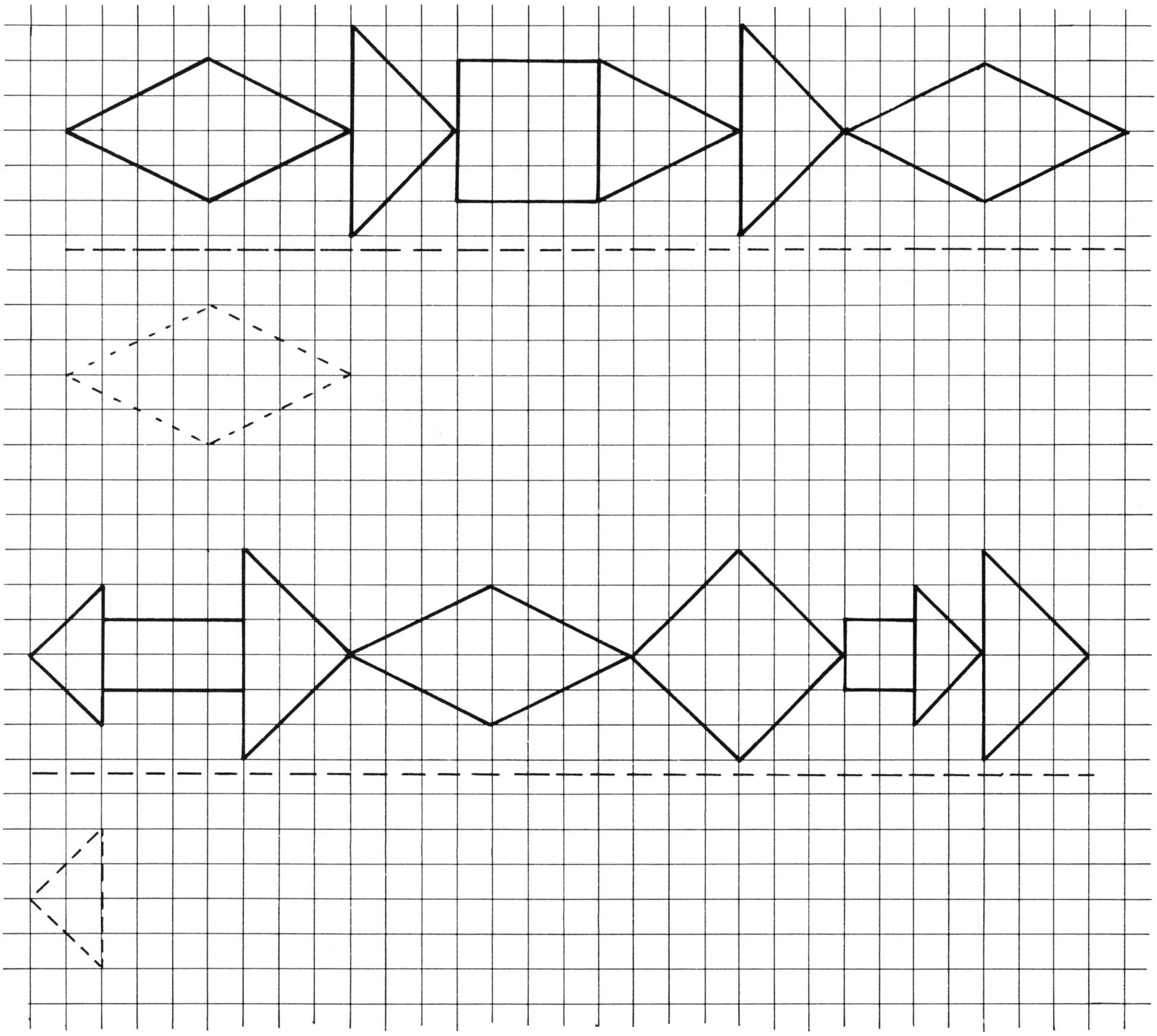

2. a) Lege die folgenden Ketten.
   b) Setze auf der jeweils anderen Seite der gestrichelten Linie die Kette spiegelbildlich fort. Zeichne die Kette fertig. Male aus.

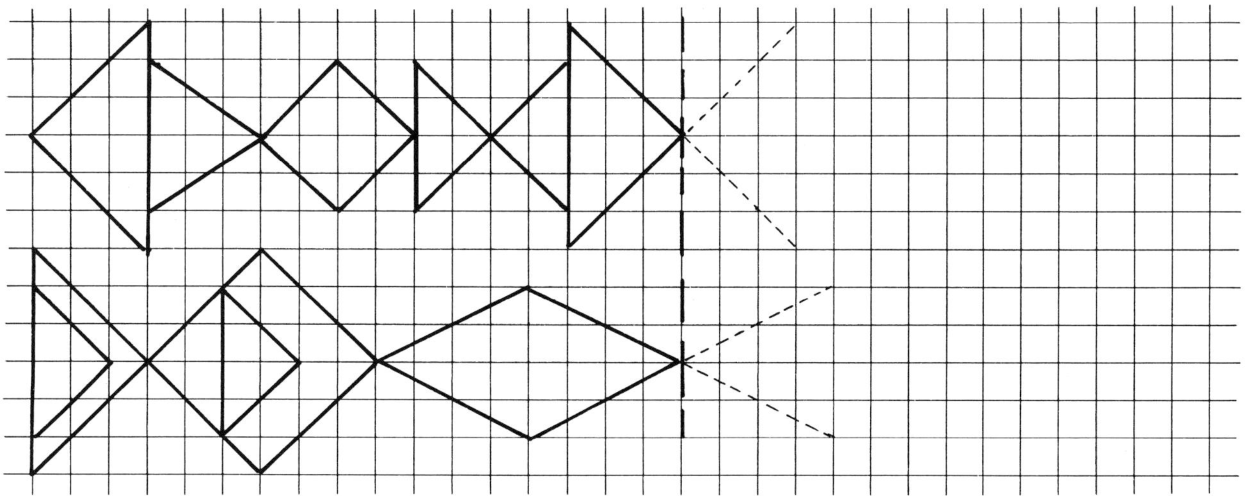

AB 9.4: Hinweise

1. Die Kette wird zunächst mit den Plättchen von AB 3.1 nachgelegt. Im Lösungsblatt sind die Kennbuchstaben der einzelnen Plättchen angegeben.
2. Vor dem Zeichnen ist die Richtigkeit der Lösung zu überprüfen.

▷ *Zwei Folien anfertigen, die Kette der jeweiligen Aufgabe bei einer Folie ausschneiden und (seitenverkehrt) auflegen.*

3. Das Zeichnen der Kette setzt entsprechende instrumentale Fertigkeiten voraus, die aber mit dem AB 4.2 vorab geübt werden können.

Lösung:

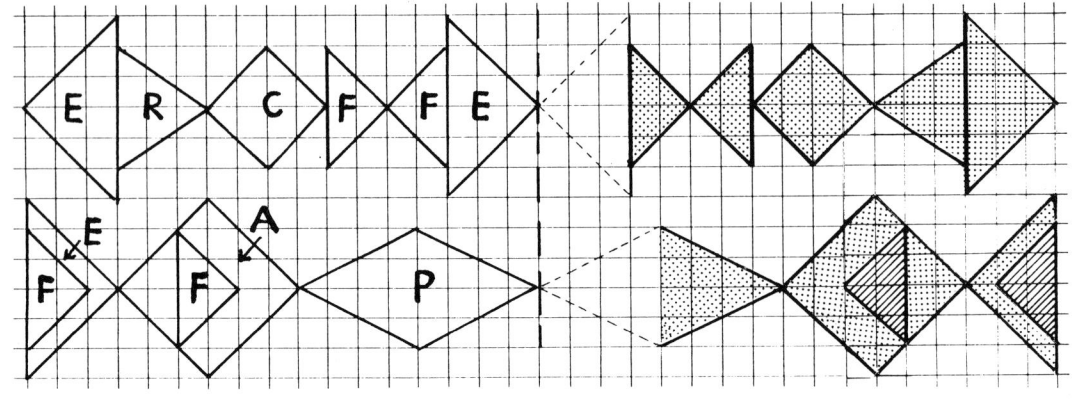

Wir zeichnen Faltachsen ein

AB 9.5

1. Sind diese Figuren deckungsgleich? Zeichne jeweils die Faltachse ein.

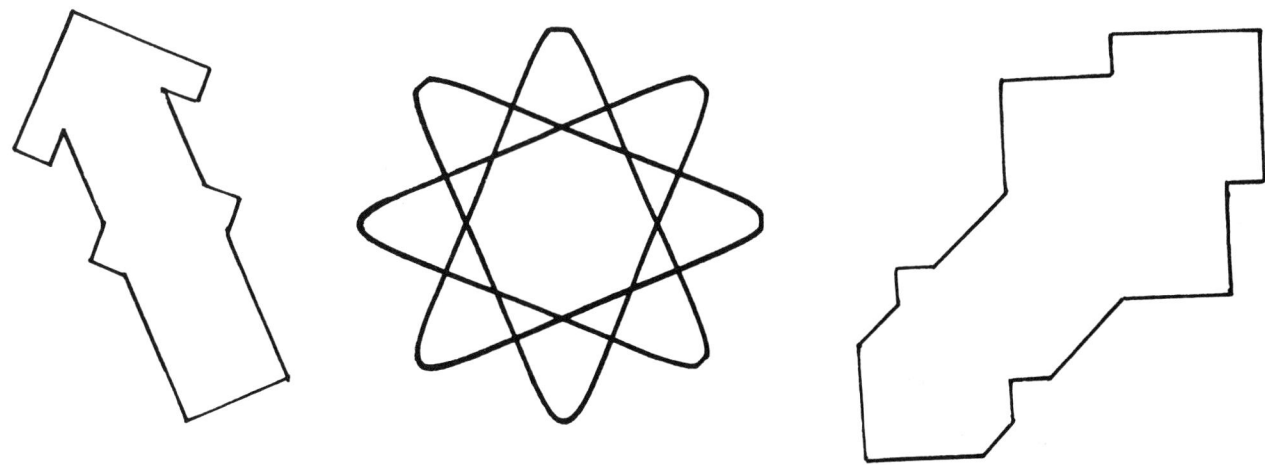

2. Welche Verkehrszeichen sind symmetrisch? Kreise ein.

3. Welche dieser Wörter sind symmetrisch? Kreise sie ein und lege die Faltachse fest.

EHE   ATA   OTTO   OMA   AHA

PAPA   UHU   OMO   TOT   EBBE

4. Diese Figuren besitzen mindestens zwei Faltachsen. Zeichne sie ein.

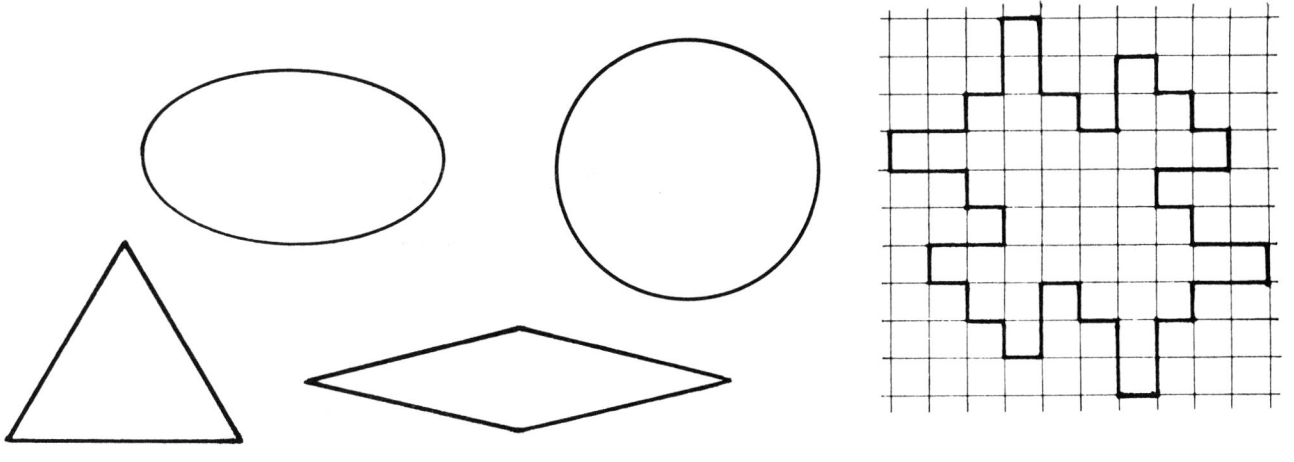

AB 9.5: Hinweise

1. Das Arbeitsblatt ist so konzipiert, daß neben einfachen, sofort ins Auge fallenden Lösungen auch schwierige Figuren vorgegeben sind.
2. Bei Aufgabe 1 weist die mittlere Figur mehrere Faltachsen auf, die letzte Figur ist nicht symmetrisch (untere Ausbuchtung!!).
3. Bei den Verkehrszeichen ist auf die eindeutige Begründung für den Verlauf der Spiegelachse zu dringen.
4. Aufgabe 3 zielt wieder auf die Unterscheidung gleich – deckungsgleich hin. Begründungen verlangen!
5. Bei Aufgabe 4 ist bei der auf Karopapier gezeichneten Figur die Faltachse nur schwer zu erkennen.
    ▷ *Die Schüler legen einen Faden (Linealkante, Papierstreifen) von einzelnen Ecken zur vermuteten gegenüberliegenden Ecke. Die Symmetrie wird so schnell erkannt.*

Lösung:

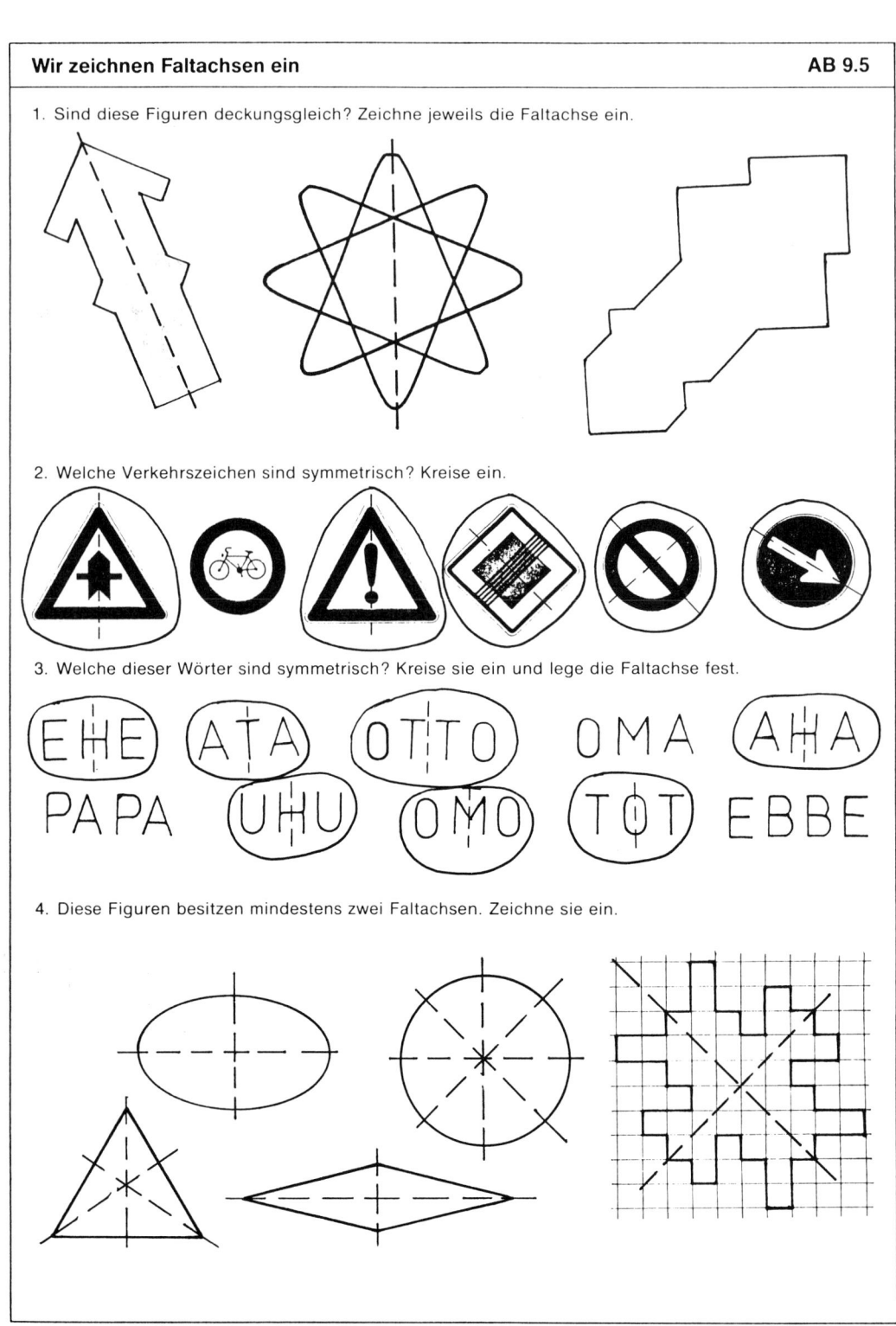

Wir vollenden symmetrische Figuren   AB 9.6

1. Zeichne die begonnenen Figuren symmetrisch fertig. Beachte die unterschiedliche Lage der Faltachse.

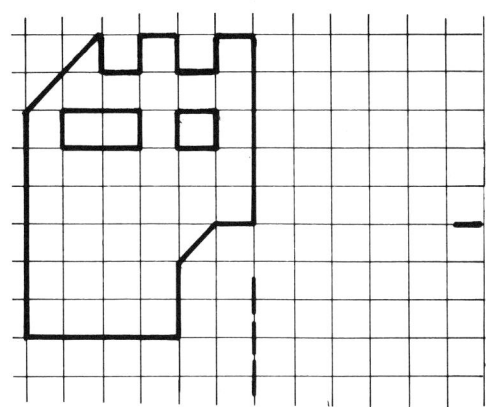 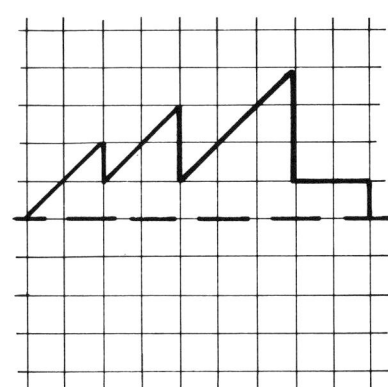 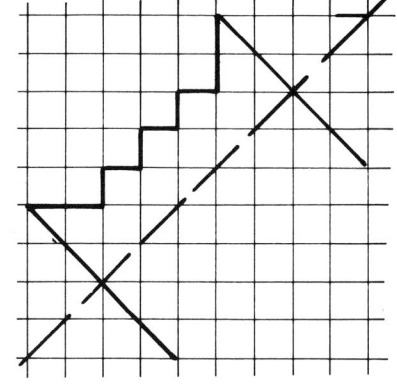

2. Ergänze die Muster so, daß sie symmetrisch sind.

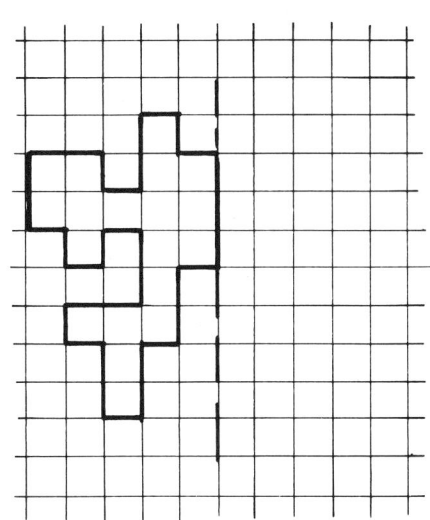 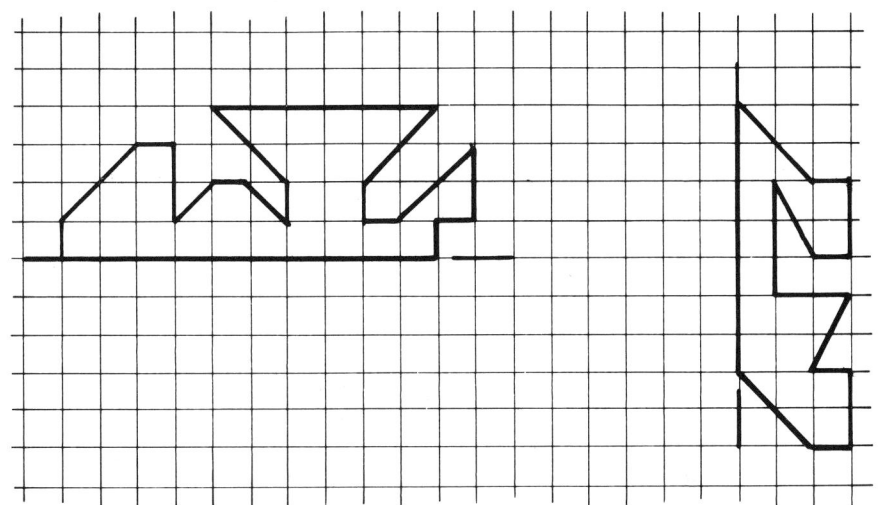

3. Vollende die folgenden symmetrischen Figuren. Beachte, daß in beiden Figurenteilen ergänzt werden muß.

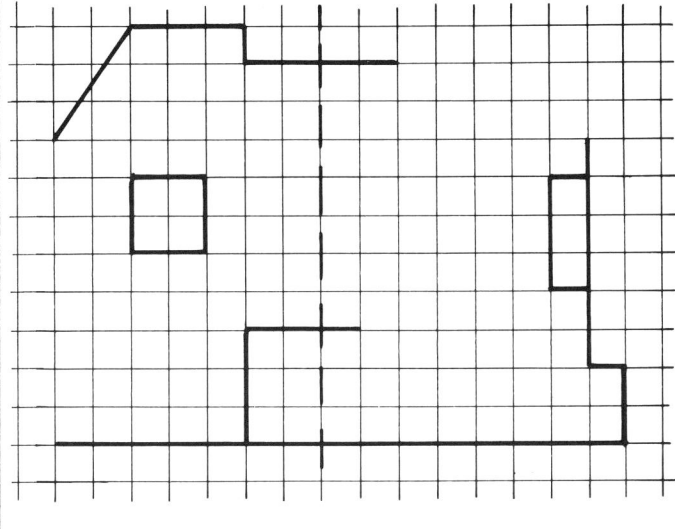 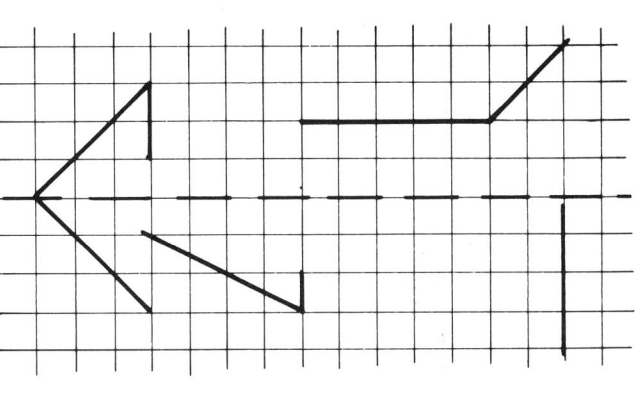

AB 9.6: Hinweise

1. Die gegebenen Figurenhälften können anhand der Karos leicht vollendet werden. Eventuell ist das Arbeitsblatt 7.1 (Übertragen von Figuren) vorzuschalten.
   Vor dem Zeichnen sollten die Schüler vermuten, welche Figuren entstehen.
2. Bei Aufgabe 1 verläuft die Faltachse bei der mittleren Figur waagrecht und bei der rechten Figur schräg.

▷ Beim Zeichnen dient zur Orientierung: Der nächste Strich verläuft auf die Faltachse zu bzw. von ihr weg. Alle Linien decken sich mit Karolinien.

3. Bei Aufgabe 3 sind die Abstände der Eckpunkte von der Symmetrieachse zu bestimmen (Anzahl der Karos).
   ▷ Zunächst werden alle links (oben) vorgegebenen Figurenteile ergänzt, anschließend die rechten (unteren) Teile.

Lösung:

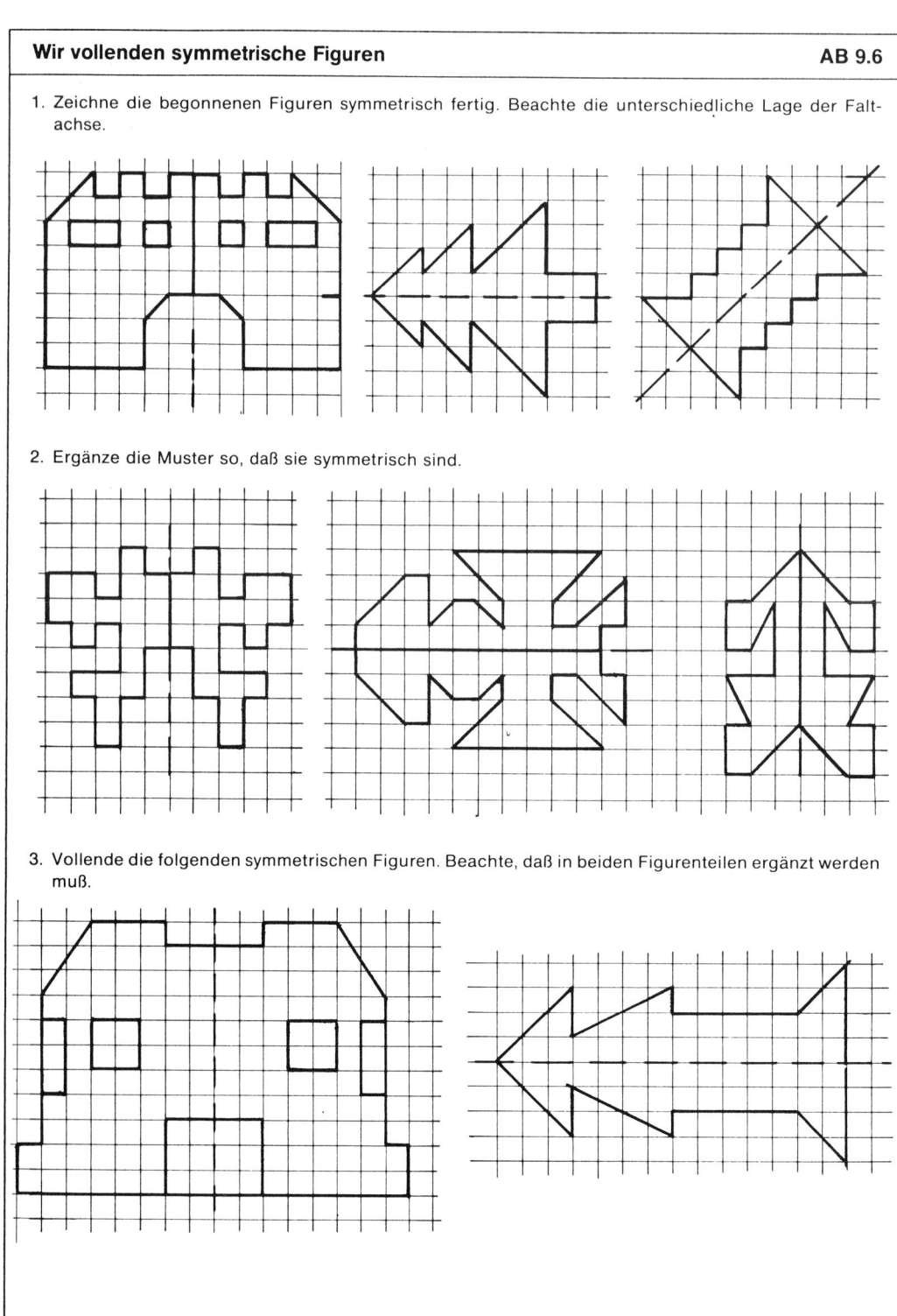

Wir ergänzen zu symmetrischen Figuren   AB 9.7

1. Ergänze die Figurenteile zu symmetrischen Figuren.

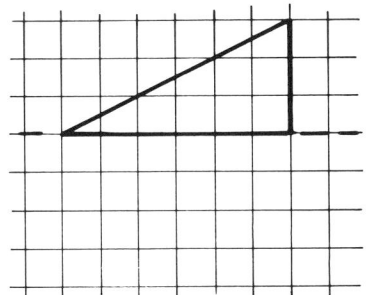 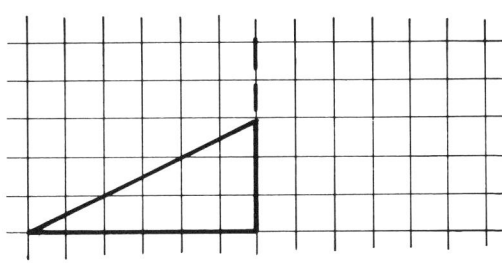 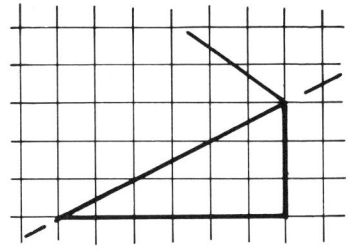

2. Die folgenden Figuren sind symmetrisch. Male die markierten Felder wie angegeben aus (r = rot; b = blau; g = gelb; gr = grün). Lege die Faltachse fest und vollende.

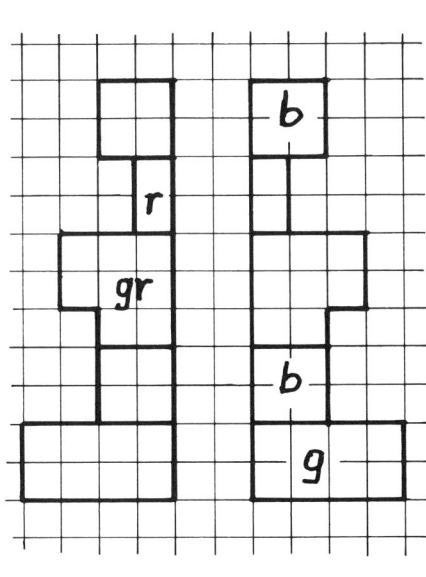 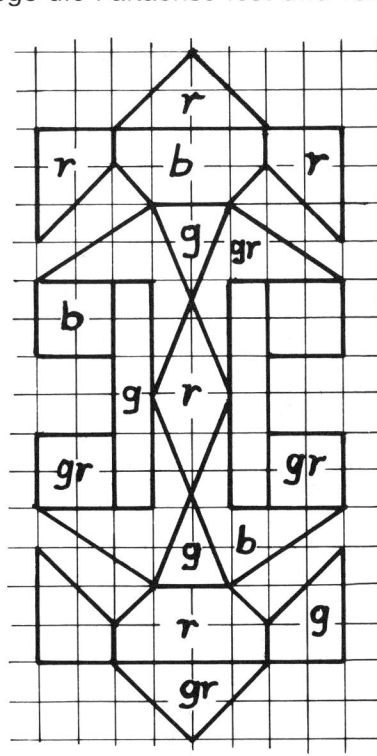 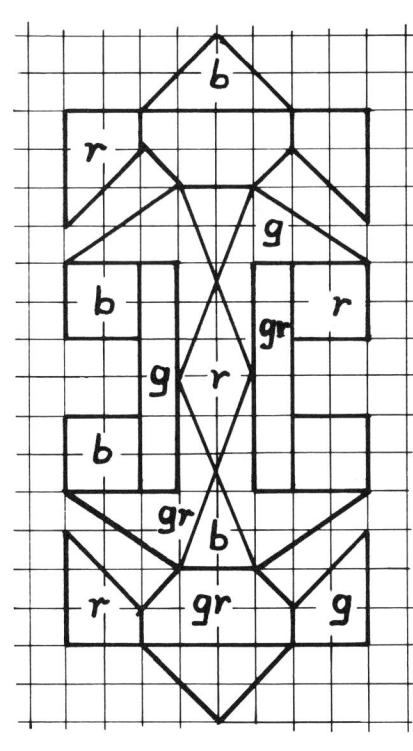

3. Vollende diese symmetrischen Druckbuchstaben.

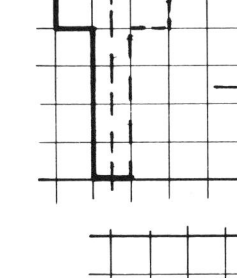 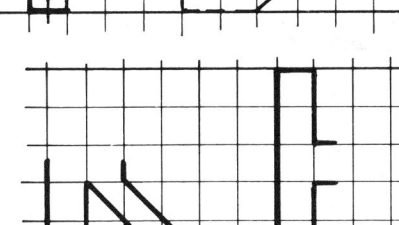 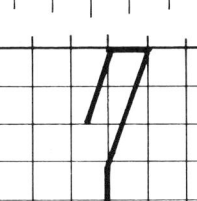  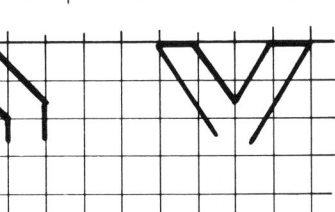

AB 9.7: Hinweise

Die Schwierigkeiten bei Aufgabe 2 liegen bei der mittleren und der rechten Figur, die von der Felderanordnung identisch sind. Die Symmetrieachse verläuft jedoch bei der mittleren Figur senkrecht und bei der rechten Figur waagrecht.

▷ Die Schüler suchen zwei sich farblich entsprechende Felder (im Lösungsblatt mit Pfeilen markiert). Dann wird der Verlauf der Faltachse festgelegt und die Figur ergänzt.

Lösung:

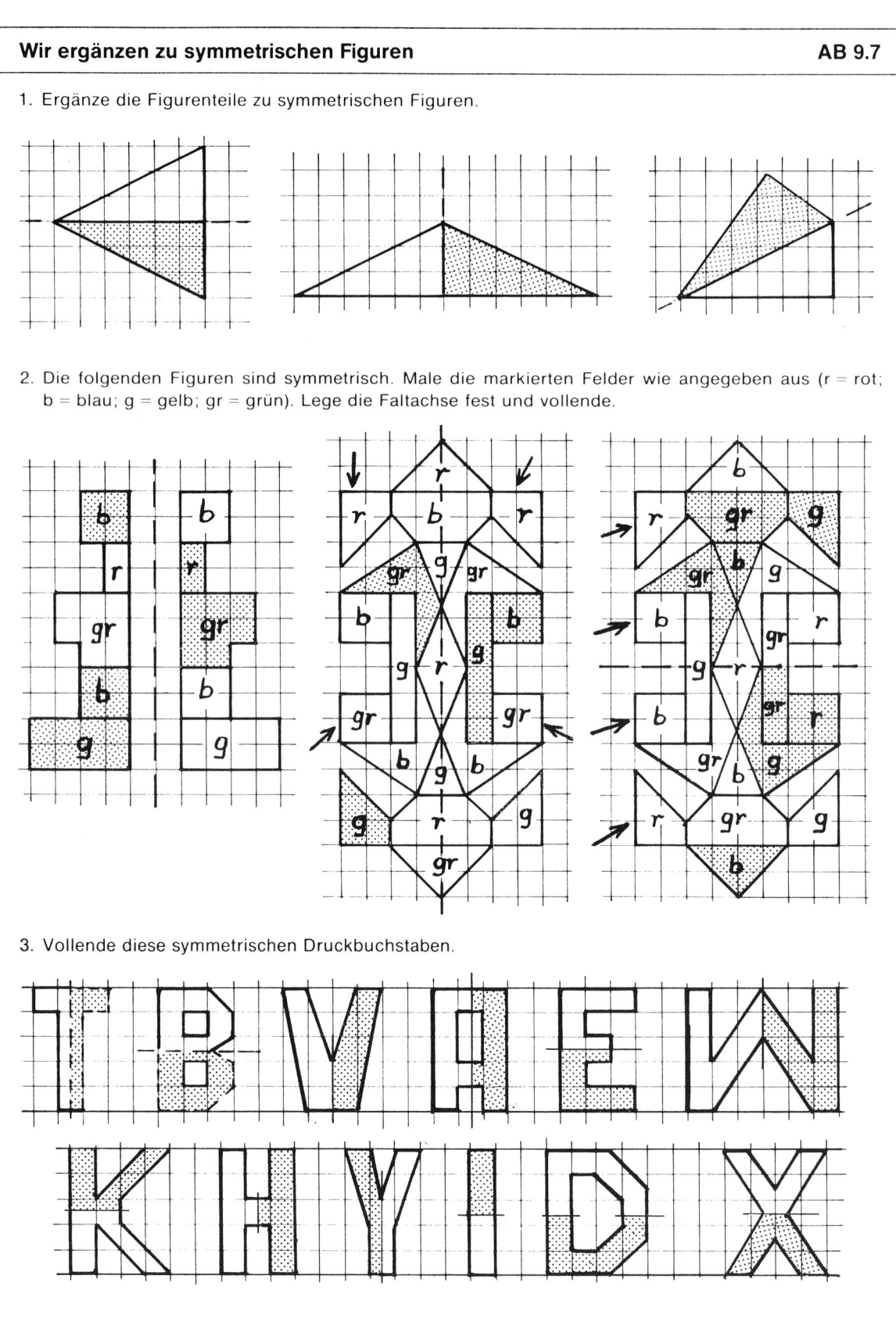

Symmetriespiel

AB 9.8

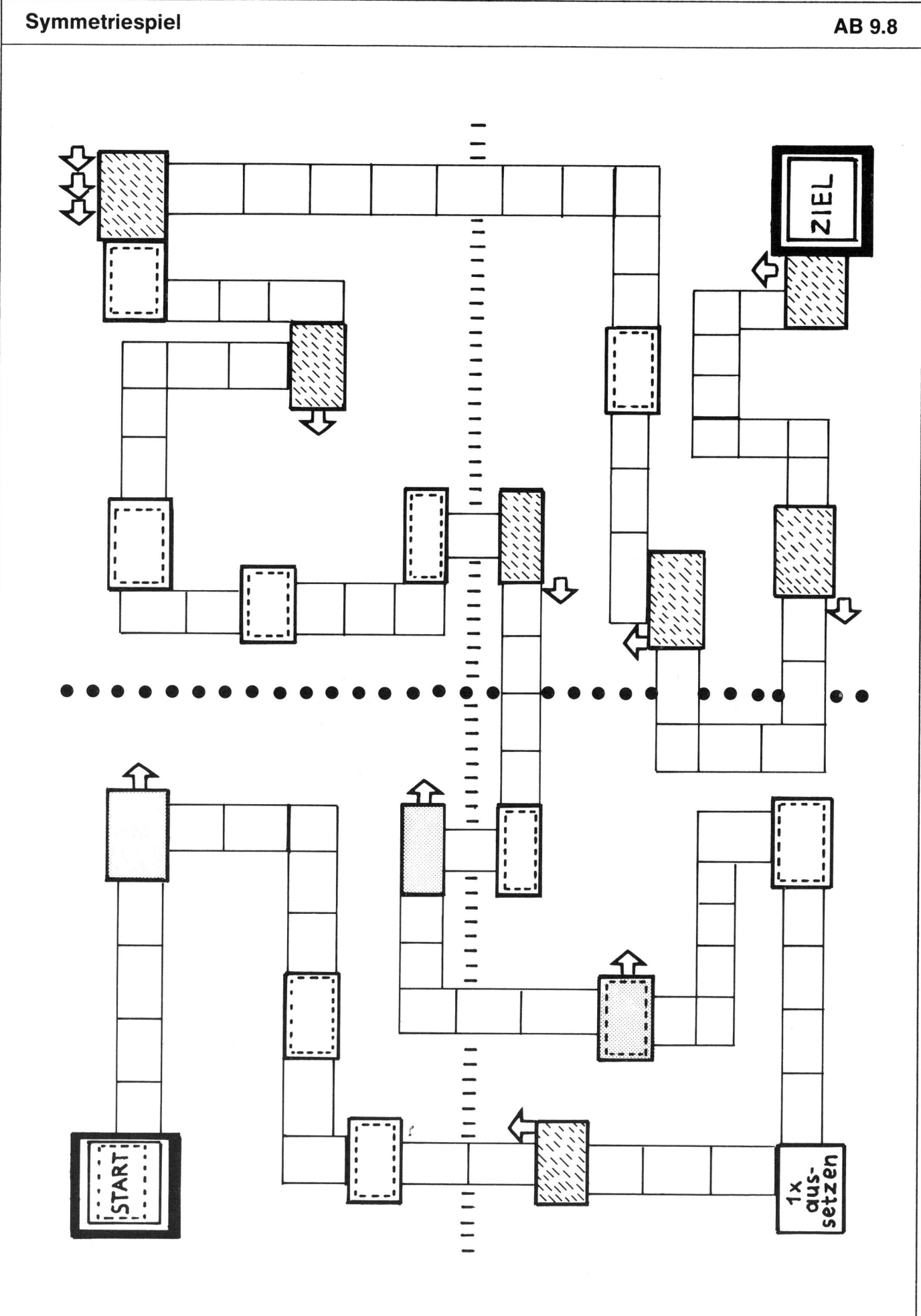

Symmetriespiel

Das Symmetriespiel

Hinweis: Die Kopiervorlage ist auf DIN-A3-Format zu vergrößern.

Mitspieler: 2–4

Spielmaterial: 1 Würfel
　　　　　　　 pro Spieler 1 Figur

Bedeutung der Felder:

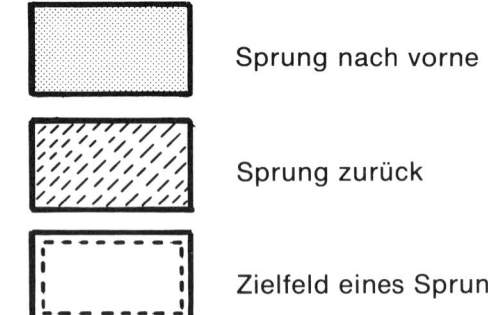

Sprung nach vorne

Sprung zurück

Zielfeld eines Sprunges

● ● ● ● ● ● ●　senkrechte Symmetrieachse

I I I I I I I I I I I I　waagrechte Symmetrieachse

Regeln:
1. Reihum wird jeweils einmal gewürfelt und die Figur entsprechend der Augenzahl gezogen.
2. Kommt ein Spieler auf ein Sprungfeld, so darf (muß) er in der angegebenen Richtung auf das spiegelbildlich entsprechende Feld hüpfen.
3. Kommt ein Spieler auf ein bereits besetztes Feld, so wird die dort stehende Figur geworfen und auf das Startfeld zurückversetzt.
4. Sieger ist, wer das Zielfeld als erster mit der gewürfelten Augenzahl genau erreicht.

10. Verschieben und Drehen

Viele Muster entstehen – mathematisch gesehen – durch das Verschieben bzw. Drehen einer Grundfigur. Die propädeutische Geometrie beschränkt sich nur auf Aufgaben, bei deren Lösung sich Muster ohne Überschneidungen ergeben.

Lernschritte:
Bereich „Verschieben"

- **Grundfigur erkennen**

Muster werden betrachtet und deren Entstehung beschrieben (Beispiele: nächste Seite).
Die Grundfigur benennen (Dreieck, Halbkreis, ...)

- **Figur nachlegen**

Die Grundfigur wird mehrmals ausgeschnitten. Auf dem OHP wird das Muster Schritt für Schritt nachgelegt. Um die Umrisse zu erkennen, bleiben zwischen den einzelnen Teilen Zwischenräume frei.

- **Erarbeitung des Begriffs „Verschieben"**

Der Begriff „Verschieben" wird anhand des Musters erarbeitet.

- **Muster zeichnen:**

Arbeitsblatt 10.1/Nr. 1

- **Begriff „Verschiebevorschrift"**

Auf eine karierte Folie wird eine (karotreue) Figur gelegt und eine identische Figur mehrere Karos rechts daneben. Die Schüler werden aufgefordert zu beschreiben – nicht vorzuführen –, wie die eine Figur in die andere deckungsgleich übergeführt werden kann.
Ebenso wird mit den anderen Richtungen verfahren.
Richtungsbezeichnungen:
nach rechts: Kurzangabe „rechts" (Abkürzung: r)
nach links: Kurzangabe „links" (Abkürzung: l)
nach oben: Kurzangabe „hoch" (Abkürzung: h)
nach unten: Kurzangabe „tief" (Abkürzung: t)

- **Muster frei zeichnen**

- **Schräges Verschieben**

Auch hier leistet der OHP große Dienste. Auf eine karierte Grundfolie wird die (karotreue) Urfigur gelegt, um nach der Rechts-/Linksverschiebung die „Zwischen"-Figur und dann nach der Hoch-/Tiefverschiebung die endgültige Bildfigur zu erhalten.

Bereich „Drehen":

- **Gegenüberstellung Spiegeln – Verschieben – Drehen**

Eine vieleckige Figur (z. B. Arbeitsblatt 10.2/Nr. 1, 1. Figur) wird mehrmals ausgeschnitten. Eine dieser Figuren wird als Grundfigur auf dem OHP vorgegeben, die anderen werden bereitgelegt. Die Schüler sollen mit diesen mehrgliedrige Figuren legen. Die entstandenen Muster werden entsprechend dem (mathematischen) Vorgehen beschrieben.

- **Erarbeitung des Begriffs „Drehung"**

Die Schüler stellen sich mit ausgestrecktem Arm auf und führen Drehungen nach Vorschrift aus:
„Drehe dich einmal um dich selbst!" (Volldrehung)
„Drehe dich nach rechts um!" (Halbdrehung nach rechts)
„Drehe dich nach links zur Seite!" (Vierteldrehung nach links) usw.
Als weiterer Grundbegriff ist zu erarbeiten: Drehpunkt

- **Grundfigur und Drehpunkt bestimmen**

Arbeitsblatt 10.2/Nr. 1
In jedem Drehmuster sind die Grundfigur und der Drehpunkt zu erkennen.

- **Drehungen vollziehen**

Arbeitsblatt 10.2/Nr. 2
Selbst zu vollziehende Drehungen mit außerhalb bzw. innerhalb der Grundfigur liegendem Drehpunkt werden nicht gezeichnet.
Können Kinder noch nicht so abstrakt denken, sollen sie sich eine einfache Schablone (z. B. → mit Spitze) zeichnen und die Drehungen vorher konkret ausführen.

- **Bestimmen der Drehrichtung**

Arbeitsblatt 10.3/Nr. 1
Begriffe: Volldrehung
Halbdrehung
Vierteldrehung nach rechts
Vierteldrehung nach links
Spielerische Einübung: siehe Lernschritt „Gegenüberstellung Spiegeln – Verschieben – Drehen".

- **Bestimmen der Drehvorschrift**

Arbeitsblatt 10.3/Nr. 2
Vorübung: Schüler führen selbst Drehungen aus, Mitschüler müssen die „Drehvorschrift" erkennen.
– Bei beliebigen Drehmustern werden Drehpunkt und Drehvorschrift bestimmt.

- **Drehungen nach Vorschrift**

Arbeitsblatt 10.3/Nr. 3

- **Erkennen der Abbildungsart**

Arbeitsblatt 10.4/Nr. 1
Muster, die durch Spiegeln, Verschieben und Drehen entstanden sind, werden beschrieben.

- **Vergleichende Zusammenfassung**

Arbeitsblatt 10.4/Nr. 2
Jeweils die gleiche Grundfigur wird gespiegelt, verschoben und gedreht. Die unterschiedlichen Gesamtfiguren werden verglichen.

Wir verschieben Figuren   AB 10.1

1. Wie sind die folgenden Muster entstanden? Erkläre.
   Führe jedes Muster bis zum Zeilenende fort.

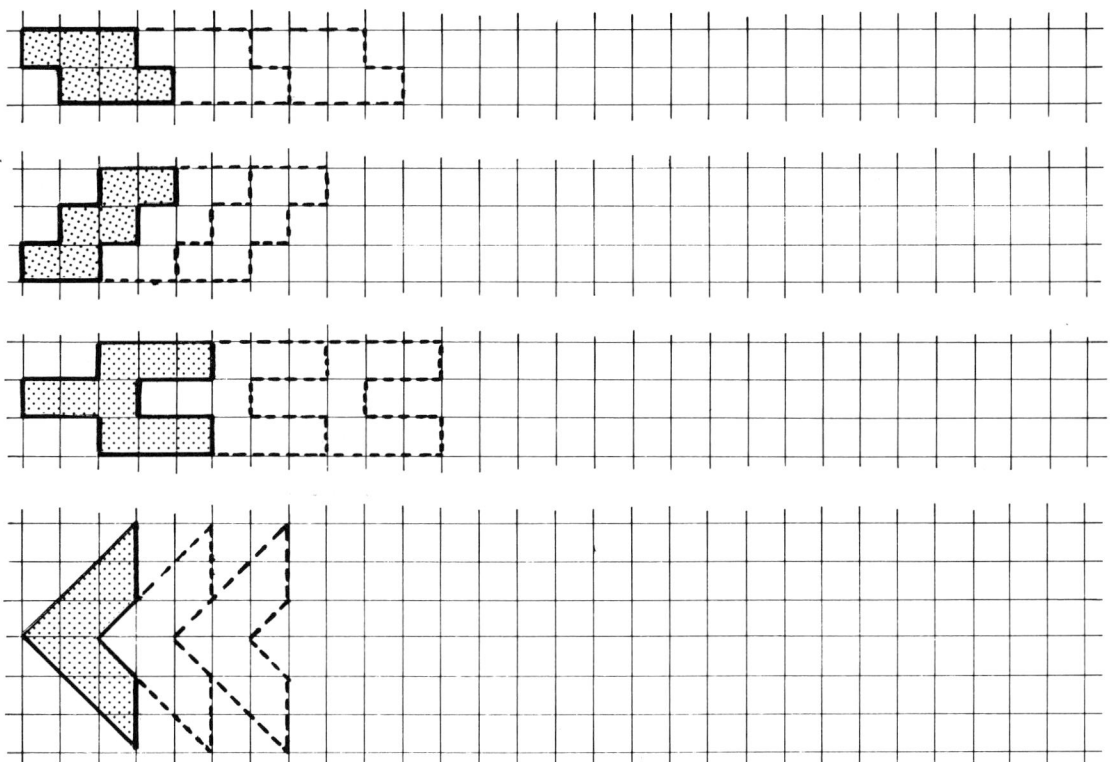

2. Verschiebe die Figur nach Vorschrift

4 Karos nach rechts (4 r)

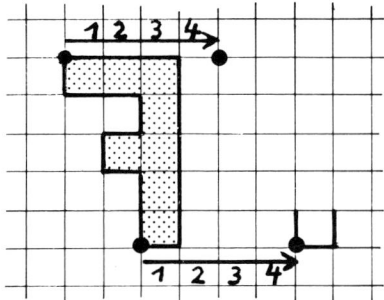

7 Karos nach links (7 l)

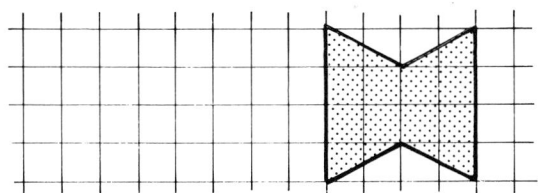

3 Karos nach unten (3 t)

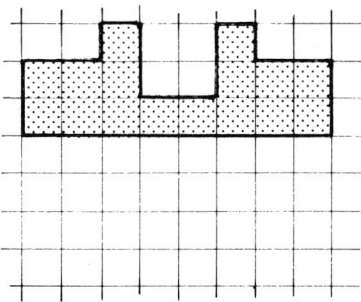

6 Karos nach oben (6 h)

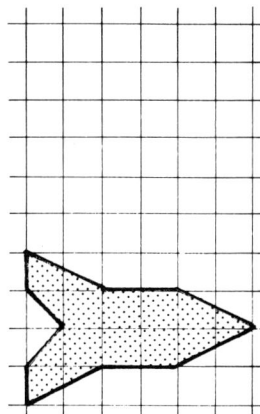

AB 10.1: Hinweise

Nr. 1: Übertragen die Schüler die Figuren auf kariertes Papier und schneiden sie diese aus, so können mit dieser Schablone die Verschiebungen konkret vollzogen werden.

Nr. 2: Das Verschieben nach Vorschrift erfolgt stets nur in einer Richtung. Wurde vorher schon das AB 7.2 bearbeitet, so dürfte es bei der Lösung keine Schwierigkeiten geben.

Als Grundfigur wurde bewußt das spiegelbildliche „F" gewählt, um den Unterschied zur Symmetrie zu verdeutlichen, denn auch die Bildfigur ist ein spiegelbildliches „F".

Weiterführung: Schüler zeichnen freie „Verschiebe-Muster".

Lösung:

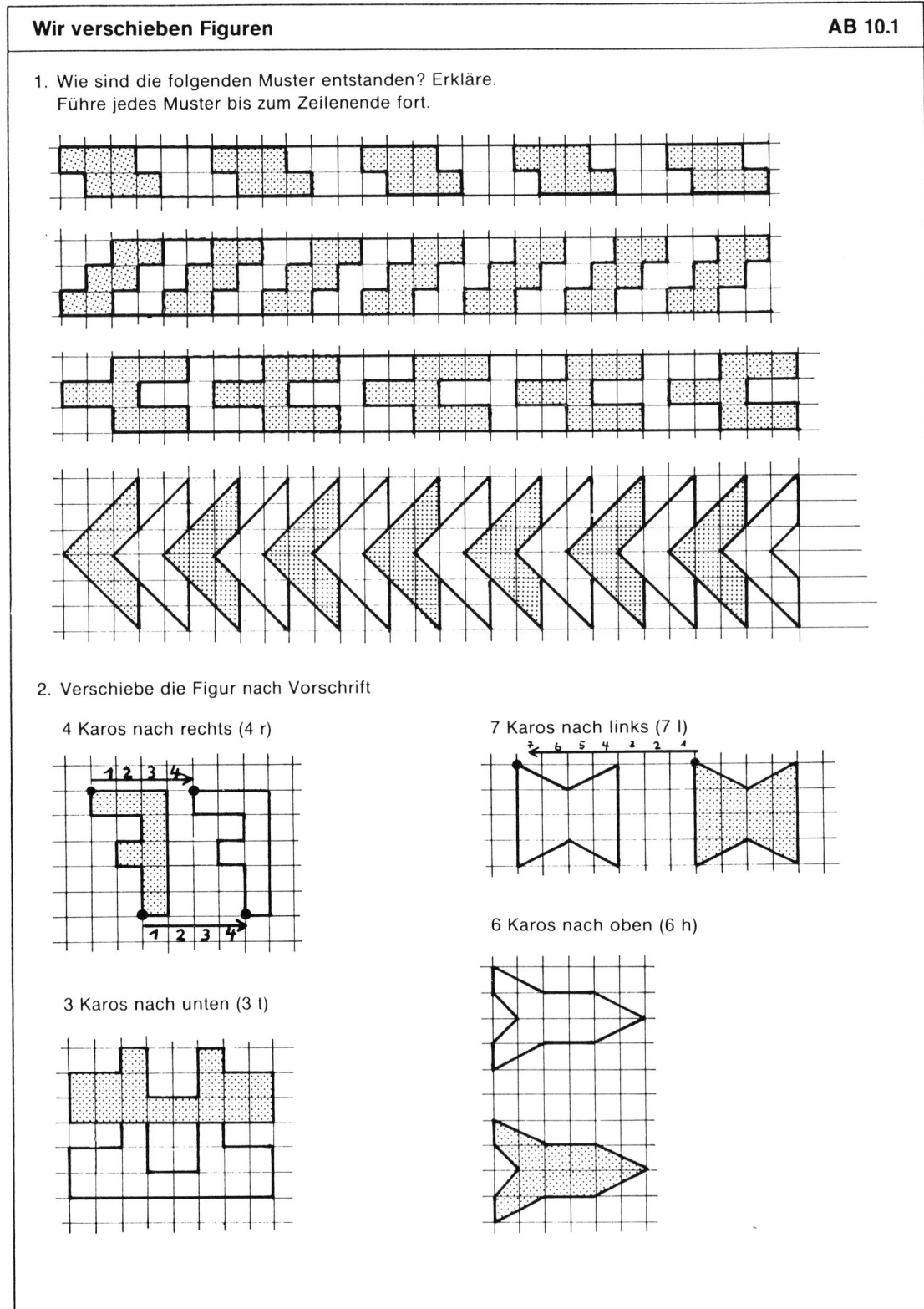

Wir drehen Figuren I

AB 10.2

1. Die folgenden Figuren sind durch mehrmalige Drehung einer Grundfigur um einen Drehpunkt entstanden. Markiere jeweils den Drehpunkt rot und die Grundfigur blau.

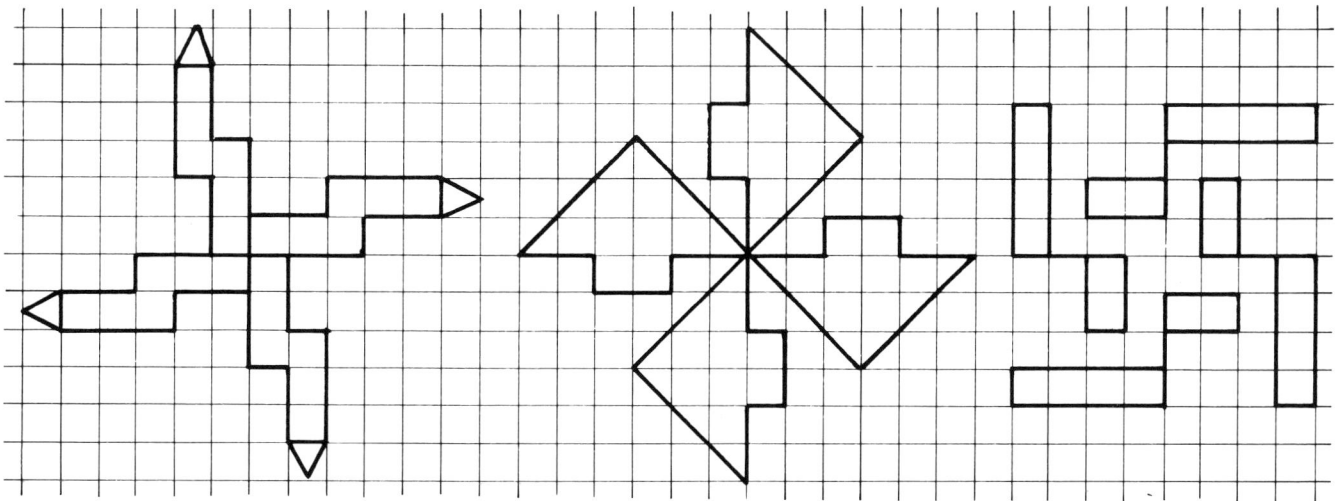

2. Übertrage diese Figuren auf kariertes Papier.

3. Vollende das Muster durch Drehung der Grundfigur.

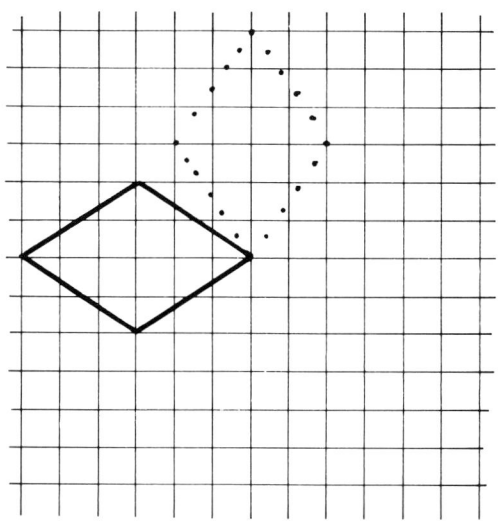
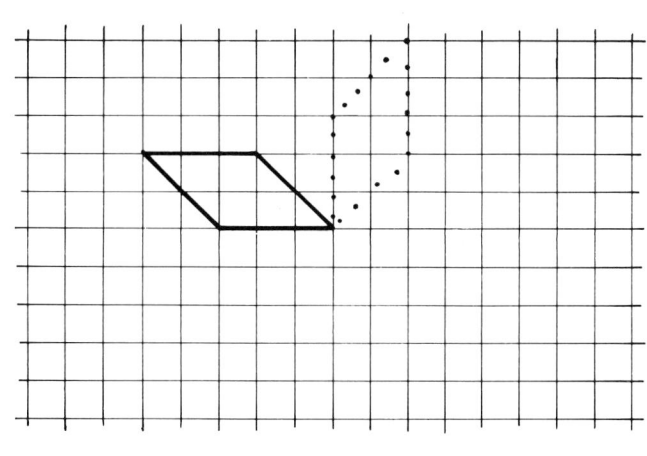
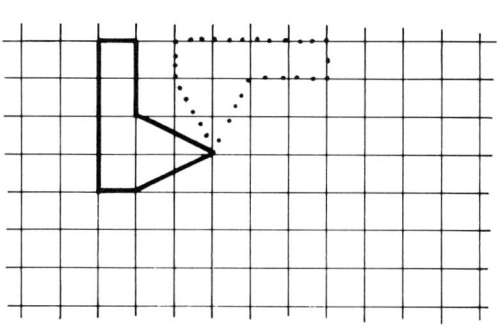
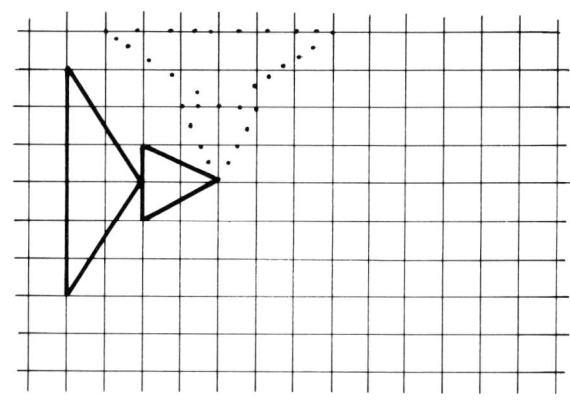

AB 10.2: Hinweise

Nr. 1: Zunächst wird jeweils der Drehpunkt festgelegt. Bei der 3. Aufgabe läßt man die zur Mitte zeigenden Linien verlängern.

Nr. 2: Diese Aufgabe dient der instrumentalen Fertigkeitsschulung und hat deshalb mit der Drehung an sich nichts zu tun (z. B. als Hausaufgabe geeignet).

Nr. 3: Drehpunkte hervorheben. Eventuell Schablone anfertigen und Drehung ausführen lassen. Die nur zeichnerische Lösung setzt bereits abstraktes Denken voraus.

Lösung:

Wir drehen Figuren I   AB 10.2

1. Die folgenden Figuren sind durch mehrmalige Drehung einer Grundfigur um einen Drehpunkt entstanden. Markiere jeweils den Drehpunkt rot und die Grundfigur blau.

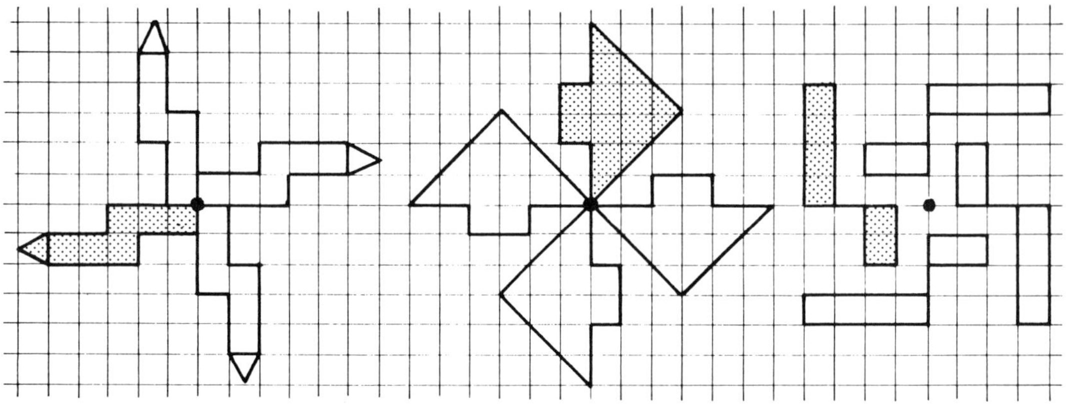

2. Übertrage diese Figuren auf kariertes Papier.

3. Vollende das Muster durch Drehung der Grundfigur.

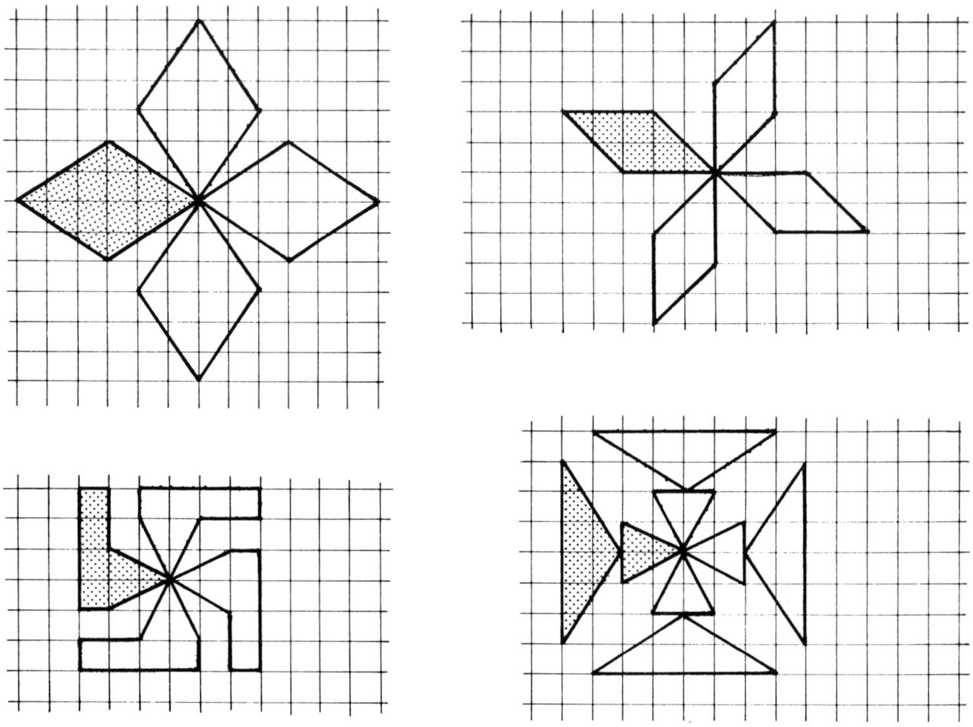

Wir drehen Figuren II   **Ab 10.3**

1. Wir unterscheiden:

   Volldrehung   Halbdrehung   Vierteldrehung nach rechts   Vierteldrehung nach links

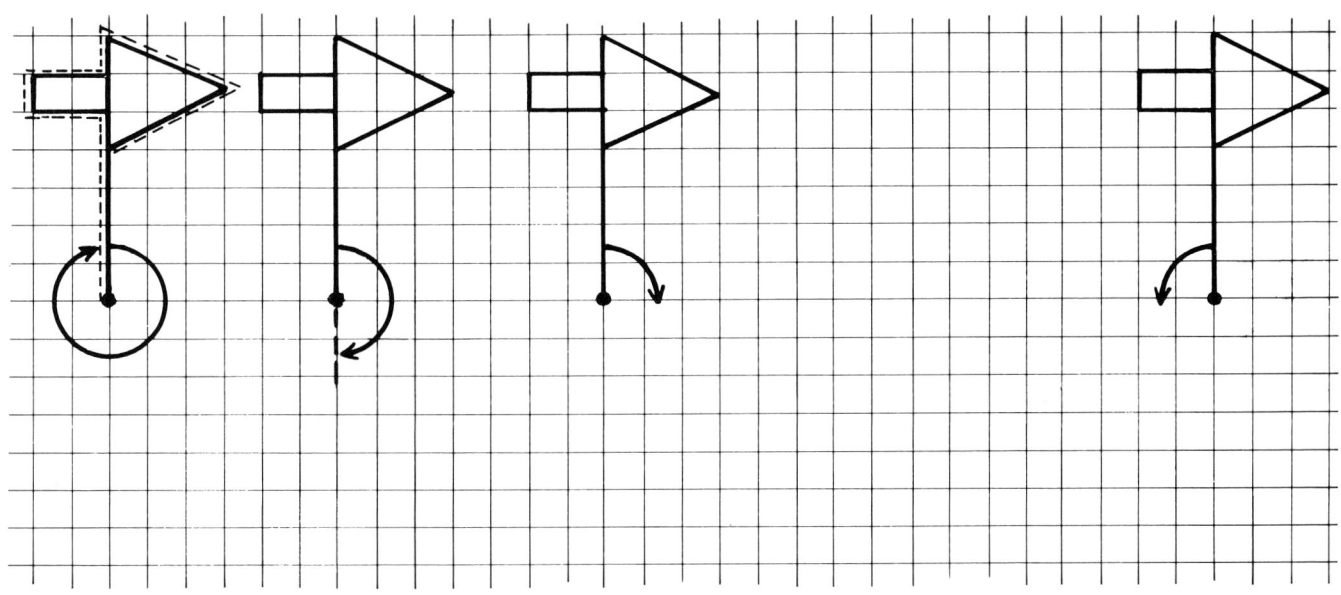

Ergänze jeweils die gedrehte Figur.

2. Wie wurde gedreht?

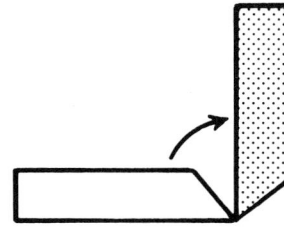   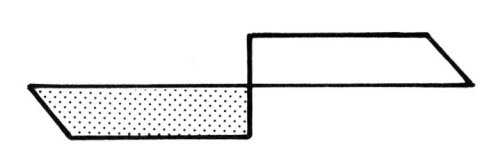   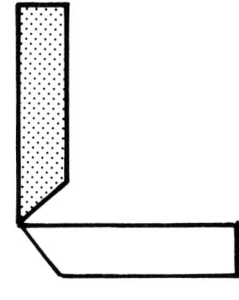

3. Zeichne

   Halbdrehung   Vierteldrehung nach links   Vierteldrehung nach rechts

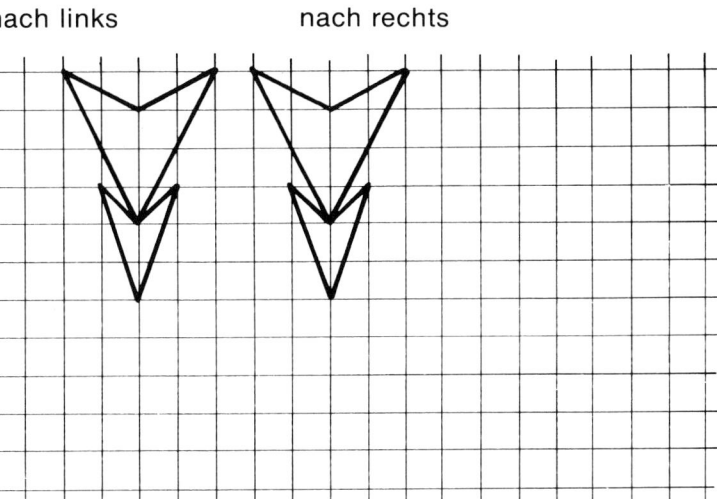

AB 10.3: Hinweise

Nr. 1: Selbstausgeführte Drehungen (siehe Lernschritt 8) erleichtern das Verständnis. Bei der zeichnerischen Lösung leisten vereinfachte Schablonen (z. B. auf den Kopf gedrehtes „L") wertvolle Hilfe.

Nr. 2: Drehpunkt markieren, Drehrichtung mit Pfeil einzeichnen. Dazu werden vorher in der Ur- und in der Bildfigur identische Linien farbig markiert.

Nr. 3: Die „Schablone" besteht aus einem Dreieck, das vor dem Zeichnen entsprechend gelegt wird.

Lösung:

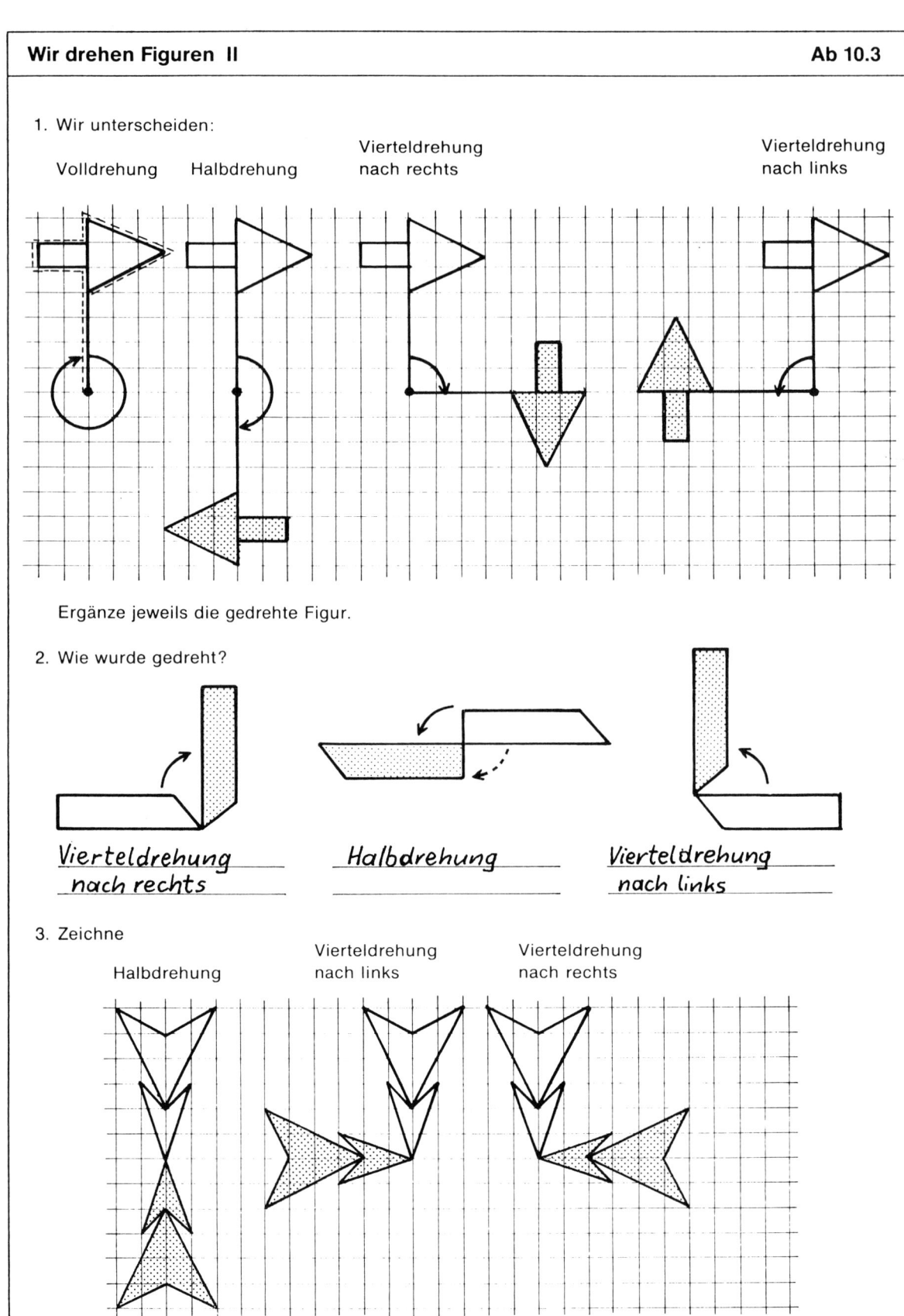

Wir spiegeln, drehen, verschieben AB 10.4

1. Wie sind diese Figuren entstanden?

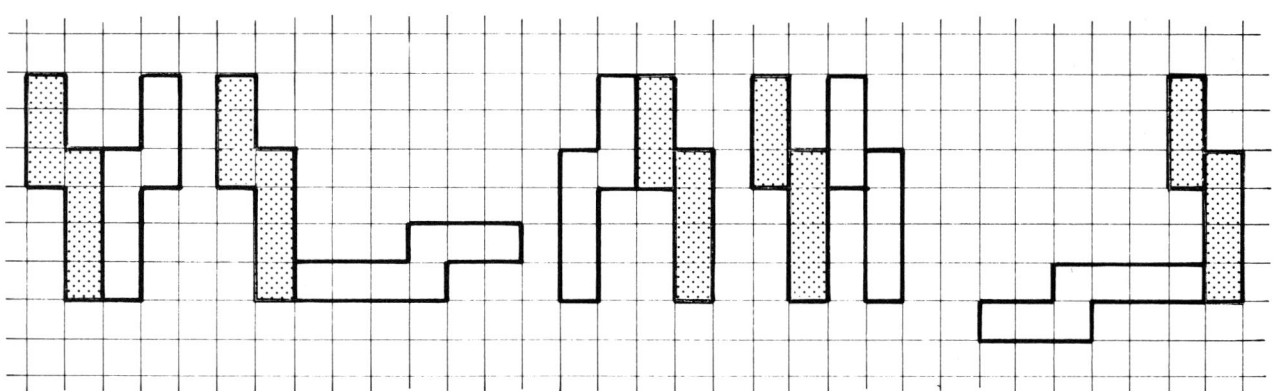

Durch:

_____   _____   _____   _____   _____

2. Führe die Vorschrift aus.

| Spiegeln | Spiegeln | Verschieben (4 r) | Vierteldrehung nach rechts |

99

AB 10.4: Hinweise

Dieses Arbeitsblatt eignet sich nur für leistungsstarke Gruppen.

Nr. 1: Die(selbe) Grundfigur wird jeweils markiert. Die Schüler erklären, durch welche Abbildungsart die Gesamtfigur entstanden ist. Bei Spiegelung ist die Symmetrieachse, bei Drehungen der Drehpunkt einzuzeichnen.

Nr. 2: Die Grundfiguren wurden so gewählt, daß sich nie identische Gesamtfiguren ergeben. Wird dieser Hinweis an die Schüler weitergegeben, so haben sie die Möglichkeit einer ersten Selbstkontrolle.

Lösung:

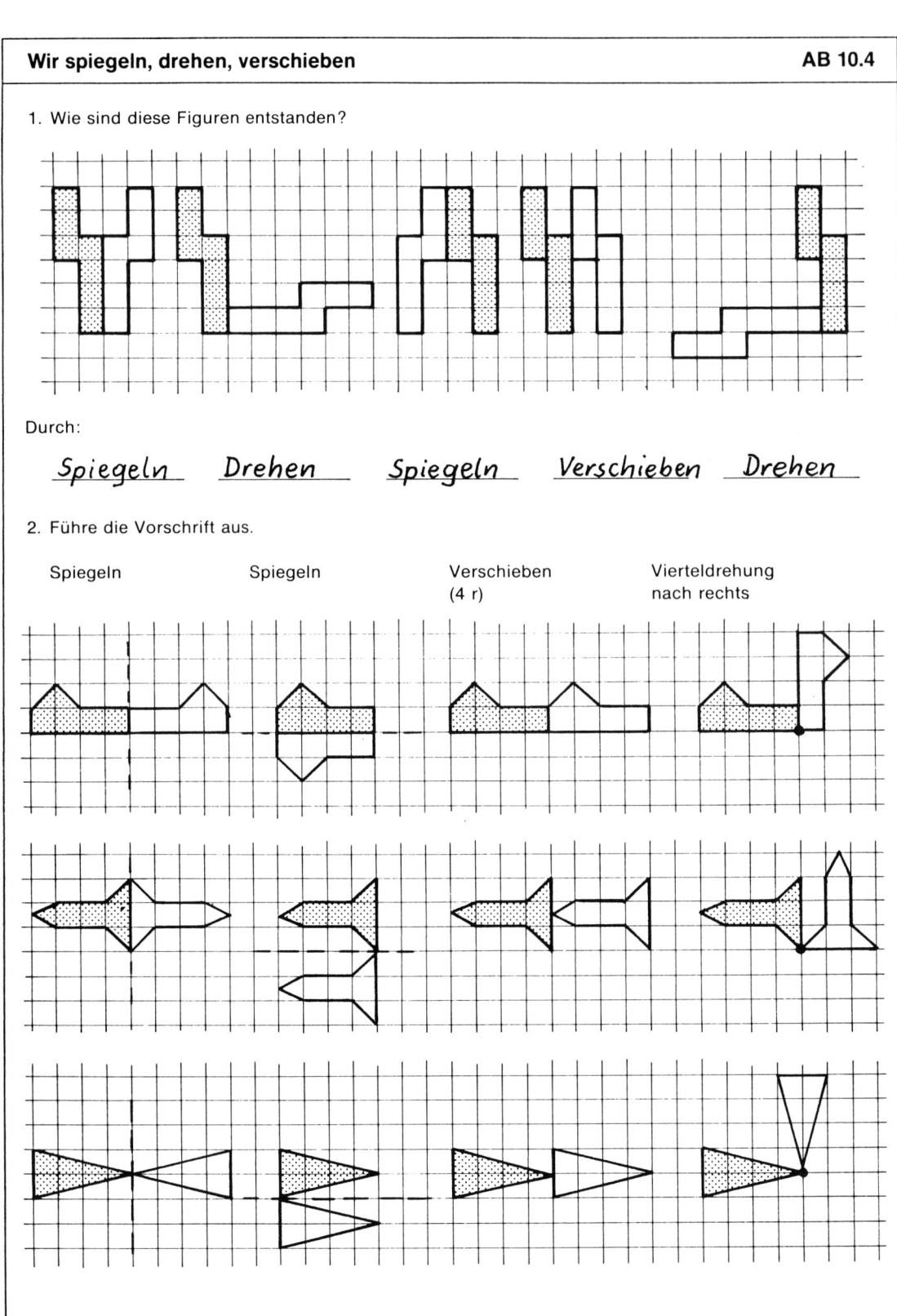

11. Flächen

Bei den Teilbereichen „Flächen" und „Körper" zeigt sich deutlich, wie notwendig eine intensive Klärung der einzelnen Begriffe, ein Herausstellen der Unterschiede ist. Die Schüler verfügen zwar über relativ umfangreiche, aber sehr diffuse Vorkenntnisse, was sicherlich auch mit der Bedeutungsvielfalt geometrischer Begriffe zusammenhängt.

Beispiele:

Geometrische Bezeichnung	Begriffe aus dem Alltag
Fläche, Oberfläche	Erdoberfläche, Wasserfläche, Tischfläche
Strecke	schwierige Strecke mit (kurviger, enger) Straßenführung, Durststrecke, Entfernung
Körper	Heizkörper, Menschenkörper, Tierkörper
Ecke	Hausecke, Straßenecke, Heftecken, Fotoecken

Der unterrichtliche Schwerpunkt liegt daher nicht auf der Erarbeitung von Formeln und deren Anwendung in Sachaufgaben, sondern auf der Vermittlung und Sicherung geometrischer Grundbegriffe, wie z. B. Länge, Ecke, Fläche, usw.

Hinweis: Die Arbeitsblätter sind nach dem Prinzip „Vom Leichten zum Schweren" strukturiert und können deshalb in der angegebenen Reihenfolge eingesetzt werden. Hinweise bei den Lernschritten auf einzelne Aufgaben dienen zur Verdeutlichung der Intention dieses Lernschrittes.

Lernschritte:

● Begriff „Fläche"

Um die geometrische Fläche klar zu definieren, geht man nicht von einer Fläche im umgangssprachlichen Sinne aus, sondern von einer geschlossenen Figur.
Als zentrale Begriffe sind festzulegen:
– Fläche: das Innere einer geschlossenen Figur
– Flächenform: Beschreibung der Fläche nach einem charakteristischen Merkmal, wie z. B. dreieckig, viereckig, rund,...
– Seite: Begrenzungslinie

Zur Sicherung dieser Begriffe werden Flächen auf unterschiedliche Weise erstellt.
– Wiederholung: Offen – geschlossen (Arbeitsblatt 4.2, Seite 17)
  Inneres und Äußeres (Arbeitsblatt 4.3, Seite 19)
– Schüler umfahren verschiedene Körper und markieren Fläche und Rand.
– Mit 3 (4/5/6/...) Stäbchen (Zahnstocher, abgebrannte Streichhölzer, Papierstreifen, Strohhalme) werden geschlossene Figuren gelegt.
– Schüler legen mit Plättchen (Arbeitsblatt 5.1, Seite 27) Flächen.
– Schüler zeichnen mit und ohne Lineal Flächen.
– Mit Schnüren und Seilen werden geschlossene Figuren gelegt.

● Flächenformen

Zunächst ist der Begriff des Drei- (Vier-)ecks von dem der Figur mit drei (vier) Ecken abzugrenzen. Kennzeichen des Drei- (Vier-)ecks sind neben den drei (vier) Eckpunkten noch die geraden Begrenzungslinien. Ebenso sind runde Flächen von solchen mit gekrümmten Begrenzungslinien (Halbkreis, Ellipse) zu unterscheiden.
– Arbeisblatt 11.1/Nr. 2, 3, 4 und 11.2/Nr. 1, 2, 3
– Zeichnen von Polygonen (Drei-, Vier-, Fünf-, Sechseck,...) mit dem Lineal
– Legen von Vielecken mit Plättchen (Arbeitsblatt 5.1, Seite 27).

● Allgemeine Vierecke – besondere Vierecke

Schüler sehen anfangs nur Rechtecke und Quadrate als Vierecke an. Selbst nach dem Markieren allgemeiner Vierecke (z. B. Arbeitsblatt 11.2/Nr. 1, 2) werden solche Figuren als Sonderform betrachtet. Die folgende – nicht für die Schüler bestimmte – Übersicht verdeutlicht den Aufbau und die logischen Zusammenhänge bei den Vierecken.

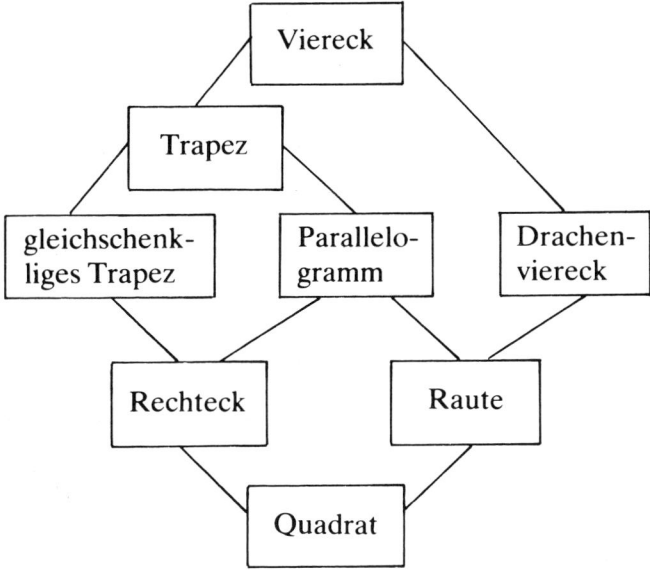

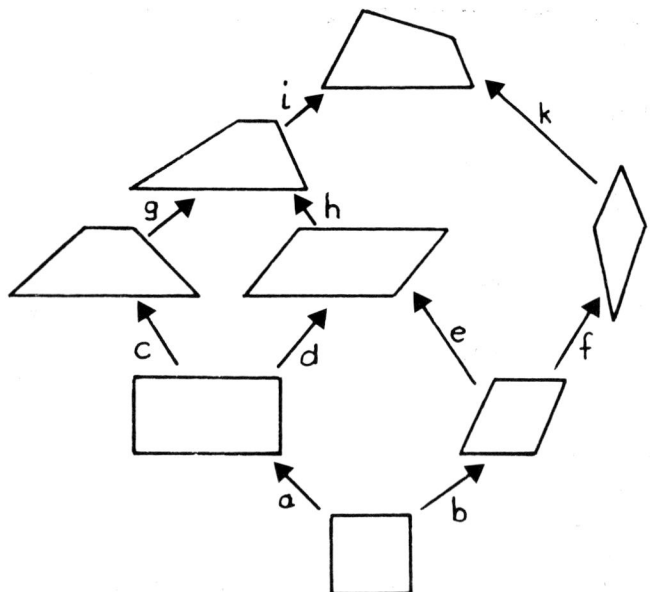

Aus der Darstellung der Übersicht kann abgelesen werden:
Von oben nach unten: Das Viereck umfaßt als Sonderfall das Trapez, das Trapez umfaßt als Sonderfall das gleichschenklige Trapez und das Parallelogramm.
Von unten nach oben: Jedes Quadrat ist zugleich eine Sonderform des Rechtecks und der Raute. Jedes Rechteck ist zugleich eine Sonderform des gleichschenkeligen Trapezes und des Parallelogramms.
Der Viereckbegriff wird von oben nach unten immer mehr durch Sondereigenschaften eingeengt.

Beim Beschreiben von Vierecken ist deshalb das besondere Augenmerk auf deren Symmetrieeigenschaften und die Seitenlängen zu lenken, ohne daß die Begriffe Rechteck und Quadrat jetzt schon gezielt eingeführt werden.
— Arbeitsblatt 11.2/Nr. 4
— Zeichnen von allgemeinen Vierecken mit dem Lineal
 (Aufgabe: Alle Seiten müssen verschieden lang sein).
 Die Lösung wird vom Nachbarn durch Nachmessen überprüft.

● **Das Quadrat als Sonderform des Vierecks**

Allen Schülern ist das Quadrat als Form längst vertraut, obwohl viele es als „Viereck" bezeichnen. Die Beschreibung dieser Flächenform fällt schwer, da die Begriffe „rechter Winkel" und „parallel" in der Regel noch unbekannt sind. Diese Verbalisierungsphase sollte aber nicht vorschnell abgebrochen werden, weil hier exemplarisch gezeigt werden kann, von welch großer Bedeutung die exakte Ausdrucksweise für das Verständnis mathematischer Zusammenhänge ist.
Um die Besonderheit des Quadrats deutlich herauszustellen, zeichnet die Lehrkraft nach jedem Beschreibungsversuch ein Viereck an, daß den Angaben der Schüler entspricht, aber kein Quadrat ist.
Beispiele (Die Angaben in Klammern ersetzen die „Zeichensprache" der Kinder):
a) Alle Seiten sind gleich lang ▷ *Raute*
b) 2 Seiten liegen so (waagrecht) und 2 Seiten liegen so (senkrecht) ▷ *Rechteck*
c) Aussagen a) und b) verknüpft
 ▷ *Auf der Spitze stehendes Quadrat*
d) Es besteht aus zwei deckungsgleichen Hälften ▷ *Rechteck, Drachenviereck*
e) Wenn die Faltachse von einer Ecke zur gegenüberliegenden Ecke verläuft, dann ist die Figur deckungsgleich ▷ *Raute, Drachenviereck*.

Mögliche Lösung: Bei einem Quadrat sind alle vier Seiten gleich lang. Man kann jedes Quadrat so drehen, daß zwei Seiten genau waagrecht und die beiden anderen Seiten genau senkrecht verlaufen.
Nach dieser unbewußten, aber dennoch sehr intensiven Auseinandersetzung mit den Phänomenen „rechter Winkel" und „parallel" drängt sich die Einführung dieser Fachbezeichnungen auf.
rechter Winkel: Schneiden sich zwei Geraden so wie eine waagrechte und eine senkrechte Gerade, so entstehen am Schnittpunkt vier rechte Winkel.
Parallel: Zwei Geraden, bei denen der Abstand überall gleich groß ist (Beispiel: Eisenbahnschienen).

Die formbestimmenden Eigenschaften des Quadrats werden gesichert durch:
— Arbeitsblatt 11.3
— Quadrate mit Holzstäbchen (Papierstreifen, Strohhalmen) legen
— Quadrate falten und ausschneiden: Ein beliebiges rechteckiges Papier wird kantengleich gefaltet. Der überstehende Streifen ist abzuschneiden (Arbeitsblatt 11.5/Nr. 2).
— Quadrate mit dem Lineal zeichnen auf kariertem und unliniertem Papier.

● **Das Rechteck als Sonderform des Vierecks**

Analog zum Vorgehen beim letzten Lernschritt ist auch das Rechteck möglichst genau zu beschreiben.
— Quader (Streichholzschachtel o. ä.) umfahren
— Arbeitsblatt 11.4
— Rechtecke mit Stäbchen usw. legen
— Rechtecke als Puzzle legen (Arbeitsblatt 11.5/Nr. 1)
— Rechtecke falten: Beliebiges Papier falten, entlang der Faltkante nochmals falten, entlang der beiden Faltkanten jeweils erneut falten.
— Rechtecke zeichnen.

- **Vergleichende Betrachtung Quadrat – Rechteck**

Nach dem isolierten Erarbeiten der Kennzeichen von Quadrat und Rechteck sind die Gemeinsamkeiten, aber auch die Unterschiede dieser beiden verwandten Flächenformen (Das Quadrat ist eine Sonderform des Rechtecks) herauszukristallisieren.
- Arbeitsblatt 11.5/Nr. 2 und 11.6
- Mit gleich langen Hölzchen o. ä. sind Rechtecke und Quadrate zu legen.
  Aufgabe: Wie viele Hölzchen benötigt man, um ein Quadrat/Rechteck legen zu können?
  Lösung: Quadrat: 4, 8, 12, 16, ...
  Rechteck: 6, 8, 10, 12, ...

- **Ermitteln des Umfangs**

Das übliche Vorgehen ist das Messen der einzelnen Seitenlängen und deren Addition (Arbeitsblatt 11.7).
Alternativen:
- Bei gelegten Figuren werden die einzelnen Stäbchen (Streifen) aneinandergereiht und deren Gesamtlänge gemessen.
- Bei größeren Figuren wird der Umfang mit Hilfe eines nassen Bindfadens ermittelt, der auf den Rand gelegt wird.

Beispiel a:

Grundstücke weisen oft eine unregelmäßige Form auf. Unterteile die folgenden Flächen jeweils in ein Rechteck, ein Quadrat und in ein Dreieck.

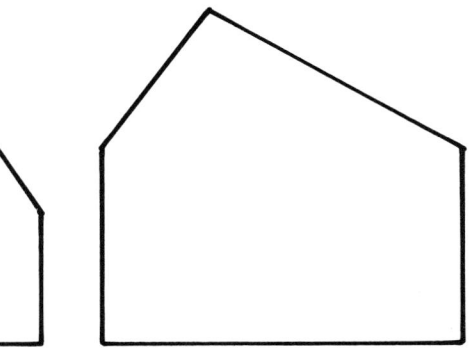

- **Parkettieren**

Beim Parkettieren als Grundtechnik der Flächenmessung bieten sich zwei Vorgehensweisen an, die beide zu dem Schluß führen, daß eine einheitliche (genormte) Meßeinheit notwendig ist.
a) Verschieden große Flächen (z. B. 2 Kinderzimmer mit 4 m × 4 m und 5 m × 3 m) sind zu vergleichen. Sie werden mit gleich großen Meßeinheiten (Papierbogen, Bodenfliesen usw.) ausgelegt. Eine Übertragung der Meßergebnisse auf entferntere Flächen (Kinderzimmer des Freundes) ist jedoch nur möglich, wenn die Meßeinheiten stets gleich groß sind.
b) Dieselbe Fläche wird mit verschiedenen Meßeinheiten ausgelegt (Beispiel b).

- Meßübungen im Freien runden die Einheit ab. Hier sollte jedoch unbedingt das Schätzen des Umfangs vorausgehen.
  Die ungefähre Länge wird zunächst durch Abschreiten und dann durch Messen ermittelt. Der genaue Umfang ist mit den Schätzwerten zu vergleichen.

Nur in einigen Bundesländern verbindlich:

- **Zusammengesetzte Flächen**

Mit Hilfe der Plättchen von Arbeitsblatt 5.1 (Seite 27) werden zunächst Vielecke gelegt.
Beispiele:
Lege mit 6 Plättchen ein Rechteck.
Lege mit 6 Plättchen ein Viereck.
Lege mit 6 Plättchen ein Dreieck usw.
In der Umkehrung der Aufgabenstellung müssen die Schüler bei unregelmäßigen Flächen bekannte Flächenformen erkennen (Beispiel a).
- Flächen (z. B. in Buchstabenform wie „L", „F", „E", „H", usw.) sind in zwei oder mehrere Teilflächen zu unterteilen.

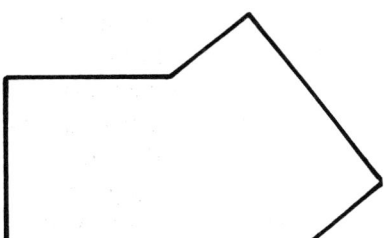

Beispiel b:

Schneide die Flächen A, B und C mehrmals aus!
Lege damit die größeren Flächen aus!
Zeichne ein, wie du angelegt hast!

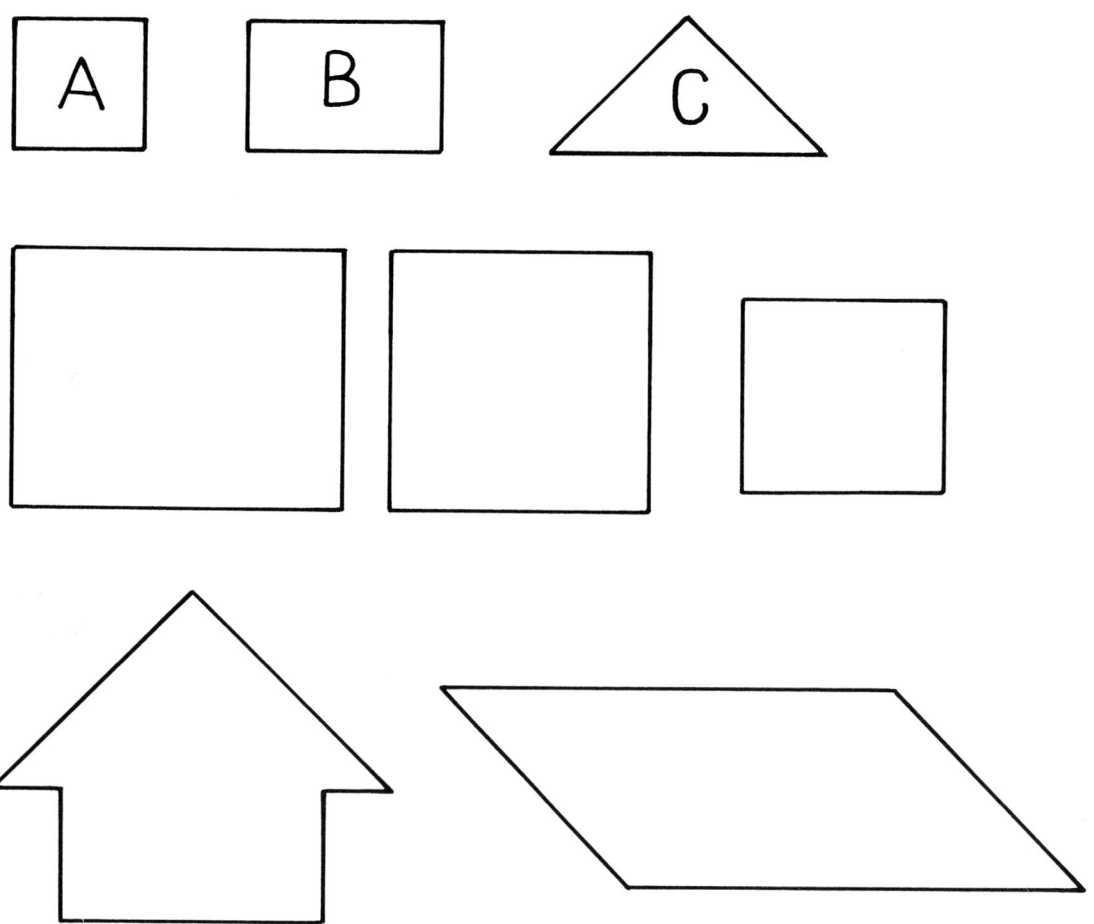

Arbeitsblatt 11.8/Nr. 1

Auch wenn die Schüler sofort die Maßeinheiten Quadratmeter, Quadratzentimeter usw. gebrauchen, so ist davon auszugehen, daß diese ihnen vom Wort her bekannt sind, sie aber damit keinerlei konkrete Vorstellung verbinden. Deshalb ist die Einführung standardisierter Meßeinheiten sicher angebracht. Dem konkreten Denken der Kinder entsprechend wird aber besser vom Zentimeterquadrat, Millimeterquadrat, Dezimeterquadrat und Meterquadrat gesprochen.

Das rechnerische Vorgehen bei rechteckigen und quadratischen Flächen erkennen leistungsstärkere Schüler beim Bestimmen der Anzahl der Meßeinheiten (Zentimeterquadrate) meist von selbst. Auf eine Umsetzung in die Flächenformel ist aber zu verzichten.

Vor dem Auslegen größerer Flächen wird mit meterlangen Holzstäben (Springseilen) ein Meterquadrat gelegt.
Besteht die Möglichkeit, eine nicht zu große Fläche mit Meterquadraten zu parkettieren (z. B. in einem Teilbereich des Pausenhofes mit Kreide Meterabstände markieren), so sollte man davon Gebrauch machen. Das Verständnis der Flächenberechnung wird so nachhaltig zugrundegelegt.

Arbeitsblatt 11.8/Nr. 2

Wir betrachten Flächen AB 11.1

1. Das dargestellte Gartentor besteht aus vielen einzelnen Flächenformen.
   Beschreibe. Trage die Anzahl der Flächenformen ein.

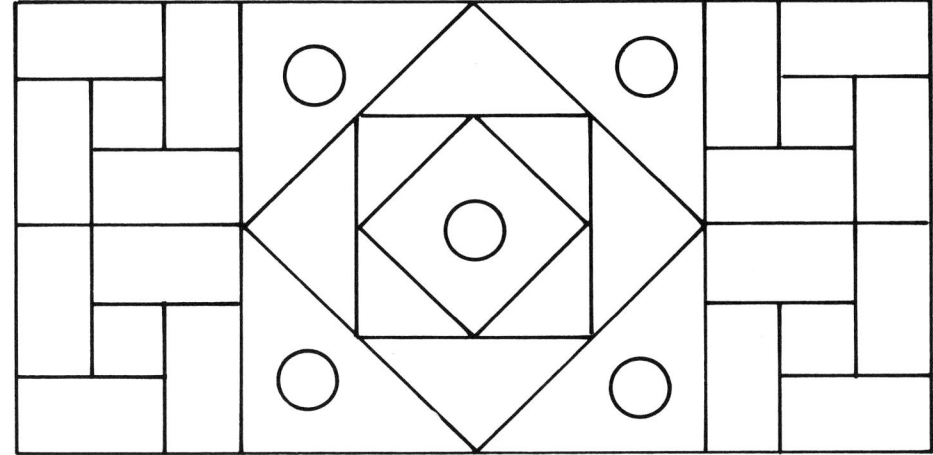

☐ Kreise

☐ Dreiecke

☐ Vierecke

2. Male alle Dreiecke rot aus.

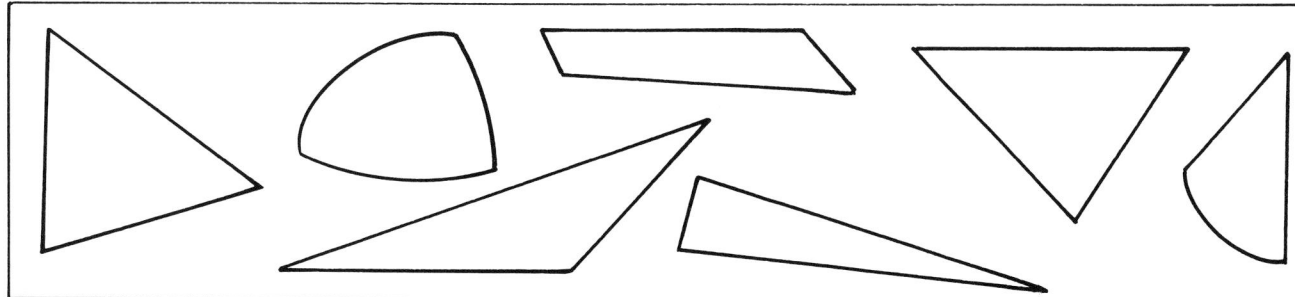

3. Male alle Kreise blau aus.

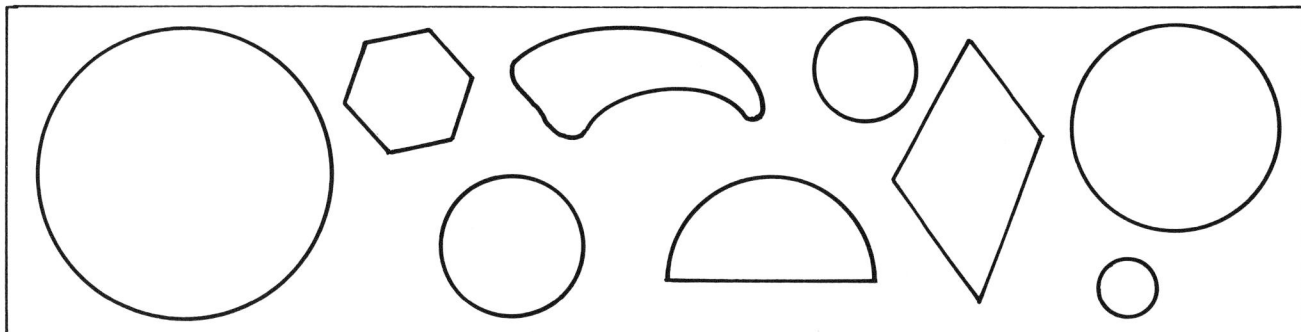

4. Male alle Vierecke grün aus.

105

AB 11.1: Hinweise

Nr. 1: Bei den Vierecken wird bewußt noch auf die Unterscheidung Viereck – Quadrat – Rechteck verzichtet.

Beim Auszählen ist zu vereinbaren, ob auch diese Flächen zu werten sind, die aus zwei oder mehreren Teilflächen zusammengesetzt sind.

Nr. 2: Das Dreieck ist von der „Figur mit 3 Ecken" (gekrümmte Begrenzungslinien) abzugrenzen.

Nr. 3: Zu unterscheiden ist zwischen runden Figuren und Figuren mit gekrümmten Begrenzungslinien.

Nr. 4: Die Schüler werden anfangs nur Quadrate und Rechtecke als Vierecke markieren. Die bei Nr. 2 erarbeiteten Kennzeichen für Dreiecke sind hier zu generalisieren.

Lösung:

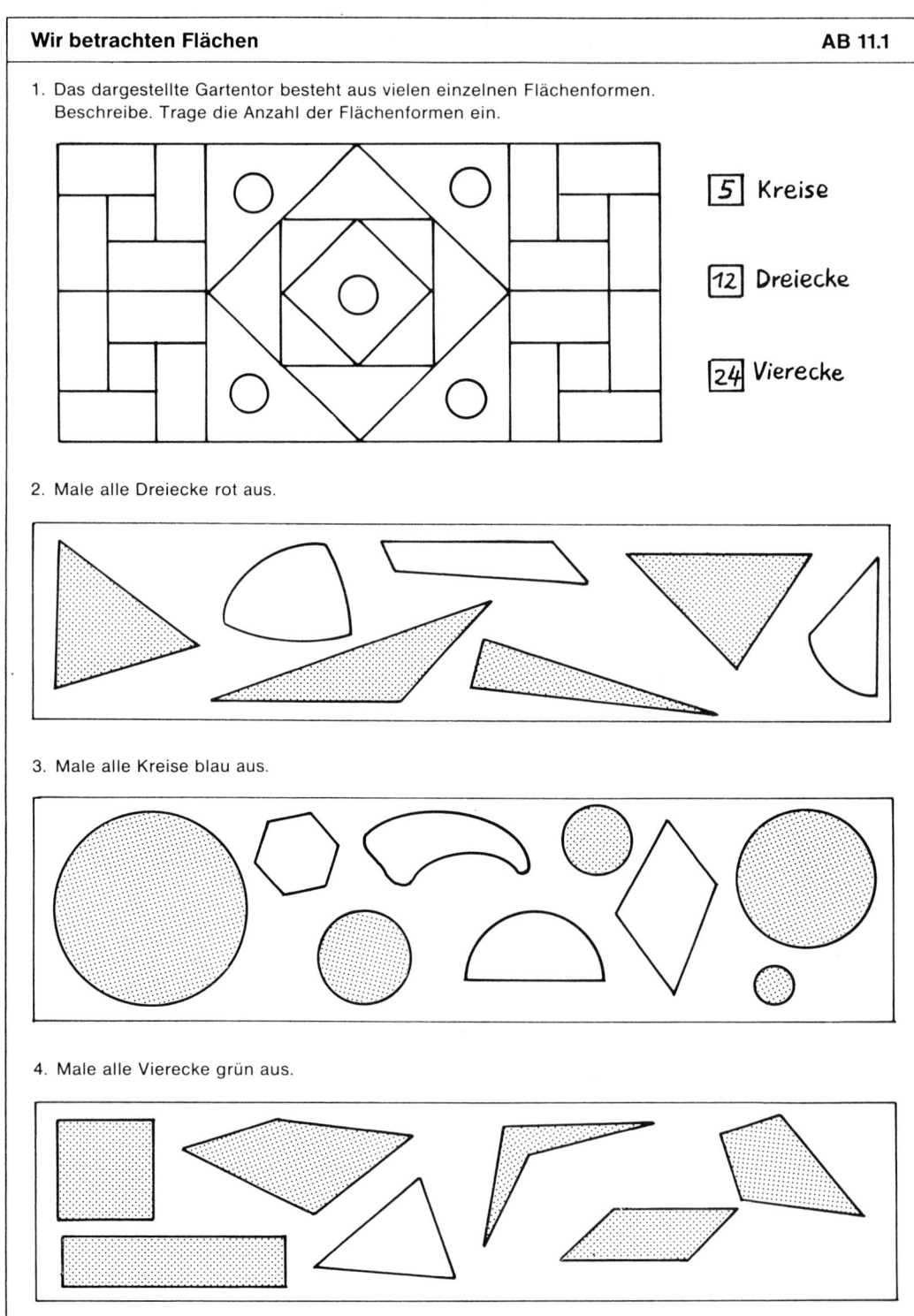

Wir untersuchen Vierecke AB 11.2

1. Kreise alle Figuren mit 4 Ecken ein.

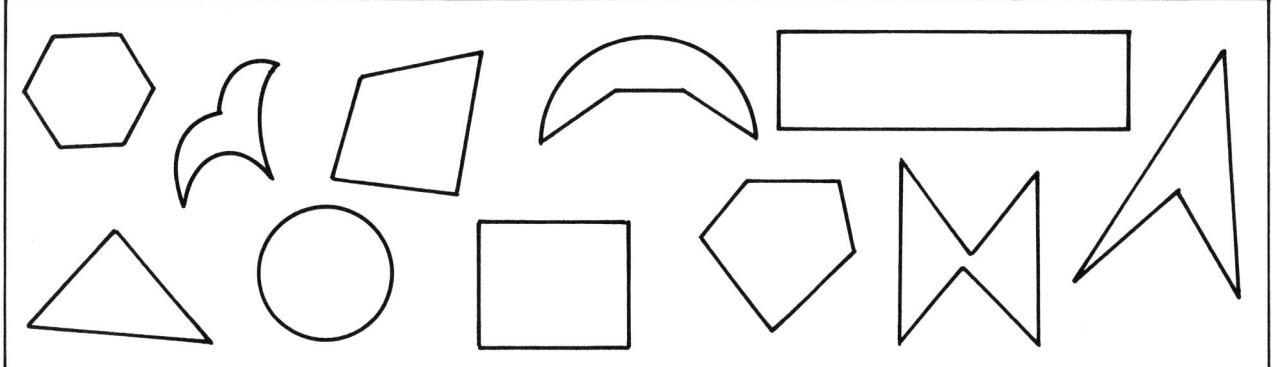

2. Male die Vierecke von Aufgabe Nr. 1 rot aus.

3. Verbinde die 4 Punkte in jedem Feld zu einem Viereck (Lineal!).

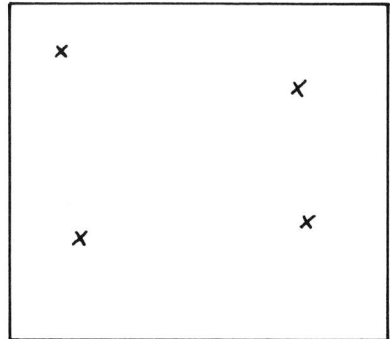 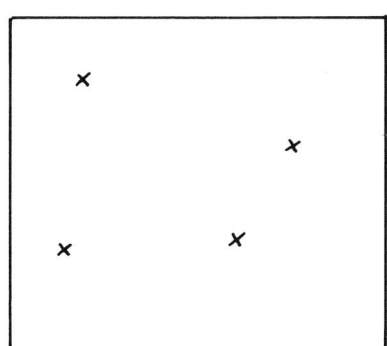 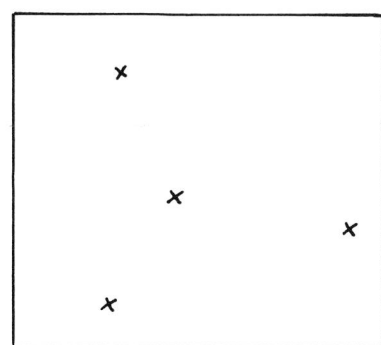

4. Vier der folgenden Vierecke weisen Besonderheiten auf. Kreise diese Vierecke ein.

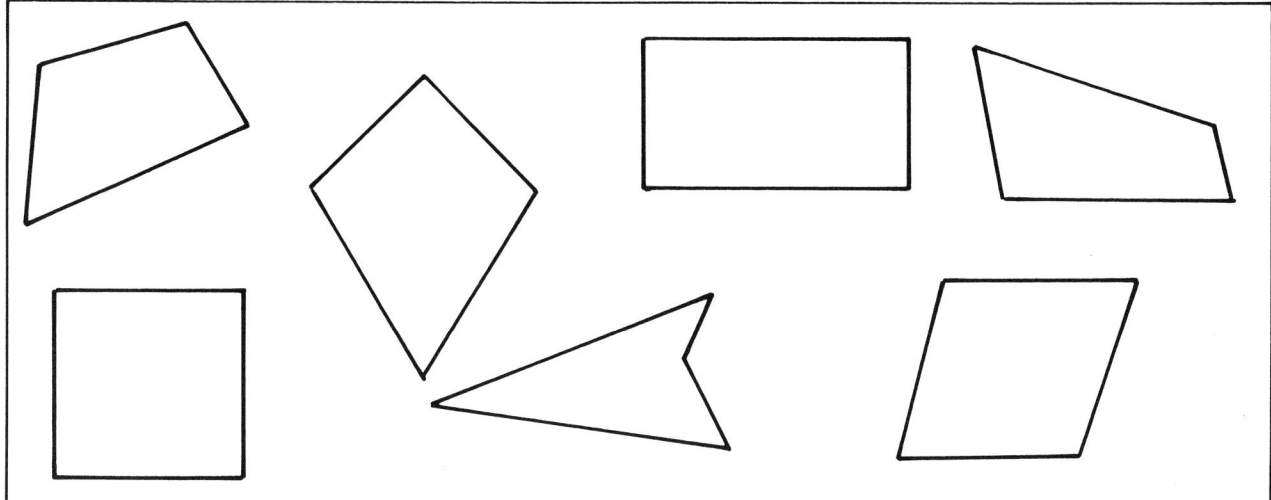

Beschreibe die Besonderheiten deiner eingekreisten Formen.

AB 11.2: Hinweise

Nr. 1 und 2: Die Unterscheidung von Vierecken und Figuren mit 4 Ecken wird gesichert.

Nr. 3: Zeichnen von allgemeinen Vierecken.

Nr. 4: Anfangs werden nur Rechtecke und Quadrate als „normale" Vierecke bezeichnet, alle anderen Formen als besondere Vierecke. Läßt man die Seitenlängen der einzelnen Vierecke messen und diese dann erst beschreiben, kann das gewünschte Lernziel schnell erreicht werden.

Lösung:

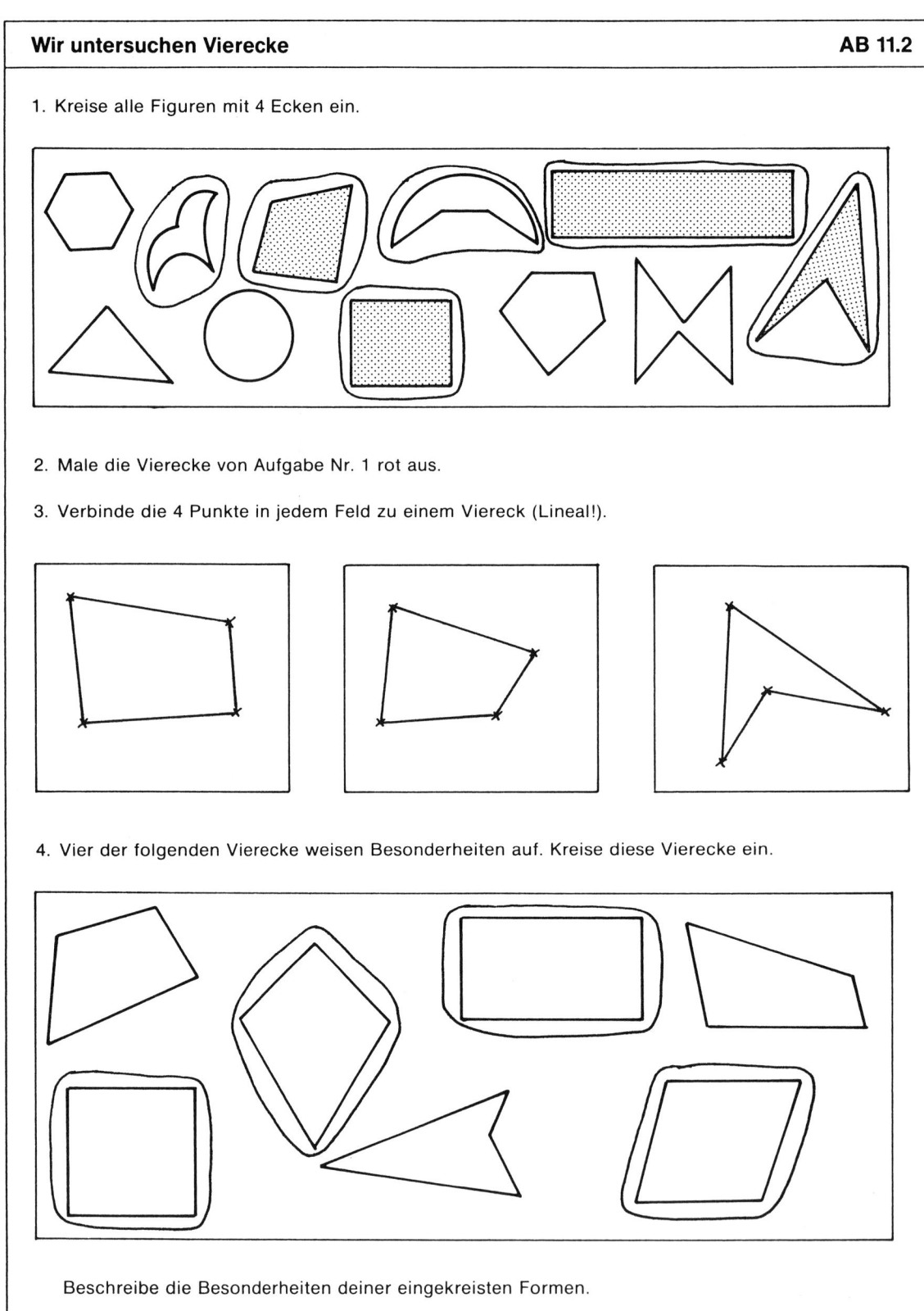

Wir betrachten Quadrate

AB 11.3

Eine solche Flächenform heißt quadratisch, die Fläche selbst heißt Quadrat.

1. Kreise alle Quadrate ein und male sie aus.

2. Fahre diese Quadrate genau nach (Lineal).

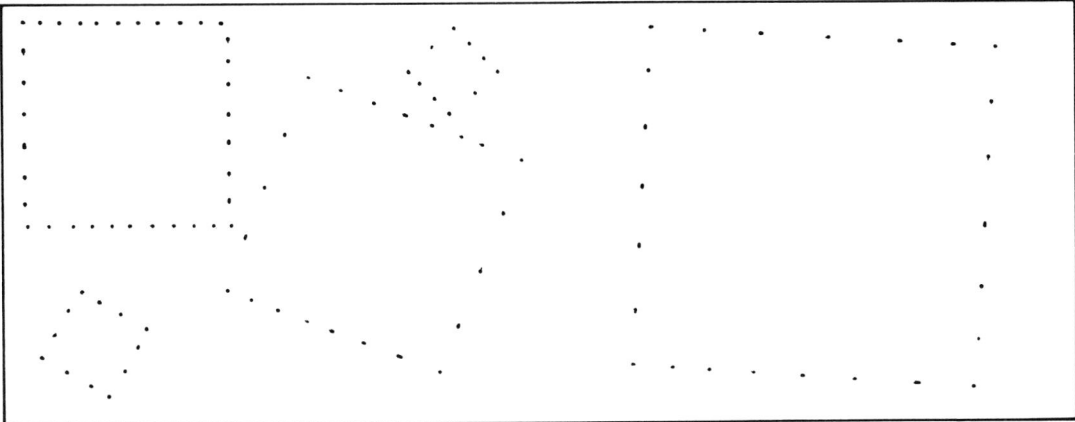

3. Übertrage diese Quadrate auf kariertes Papier. Zeichne genau auf den Karolinien.

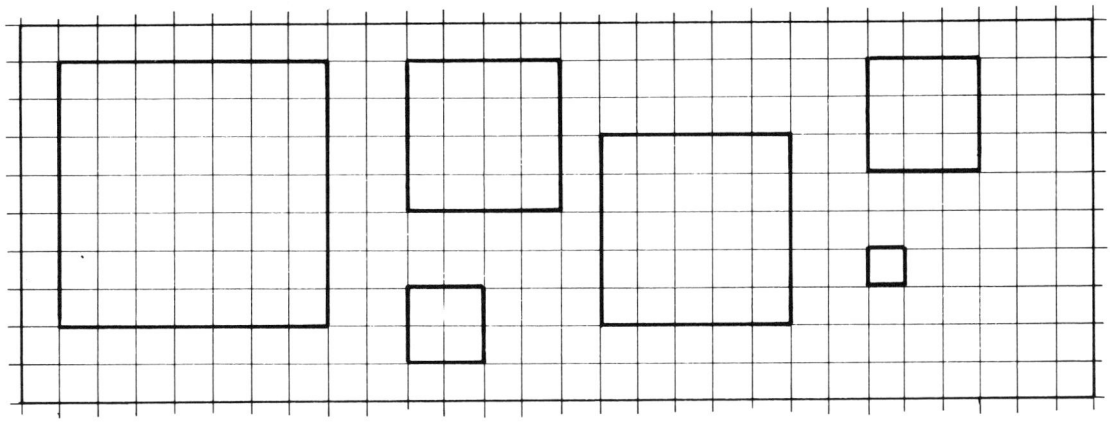

AB 11.3: Hinweise

Nr. 1: Bei manchen Rechteckformen wurden die Seitenlängen so gewählt, daß sie auf den ersten Blick als Quadrat erscheinen. So werden die Kinder zum Messen gezwungen.

Nr. 2: Durch das Nachzeichnen erfahren die Schüler, daß die Form der Fläche unabhängig von ihrer Lage ist.

Nr. 3: Die Maße sind so gewählt, daß beim Übertragen alle Linien auf Karolinien verlaufen.
Weiterführung: Freies Zeichnen von Quadraten auf kariertem und unliniertem Papier, auch in schräger Lage.

Lösung:

Wir betrachten Quadrate   AB 11.3

Eine solche Flächenform heißt quadratisch, die Fläche selbst heißt Quadrat.

1. Kreise alle Quadrate ein und male sie aus.

2. Fahre diese Quadrate genau nach (Lineal).

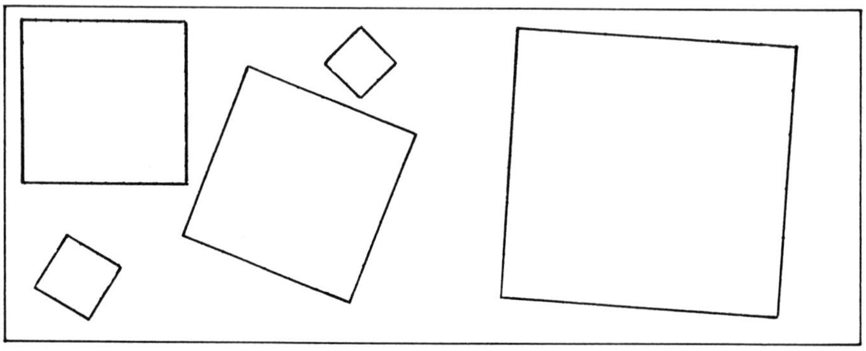

3. Übertrage diese Quadrate auf kariertes Papier. Zeichne genau auf den Karolinien.

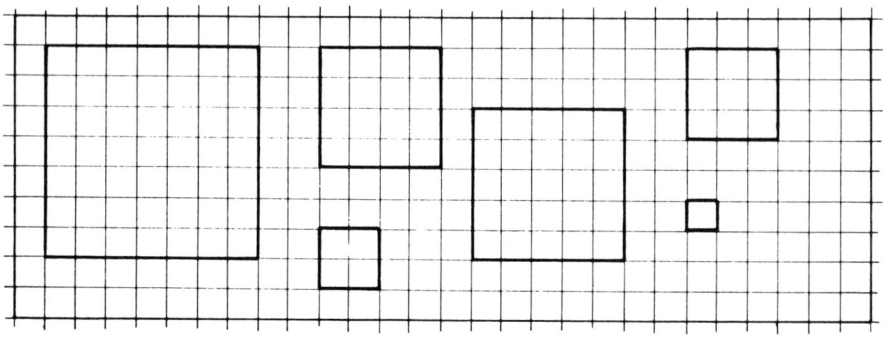

Wir betrachten Rechtecke AB 11.4

Eine solche Flächenform heißt rechteckig,
die Fläche selbst heißt Rechteck.

1. Welche dieser Angaben stimmen? Streiche falsche Aussagen mit dem Lineal durch.
   - Ein Rechteck hat 4 Seiten.
   - Ein Rechteck ist ein Viereck.
   - Alle Seiten des Rechtecks sind gleich lang.
   - Ein Rechteck hat 4 Ecken.
   - Die beiden gegenüberliegenden Seiten sind gleich lang.
   - Im Rechteck gibt es zwei rechte und zwei linke Winkel.

2. Male alle Rechtecke aus.

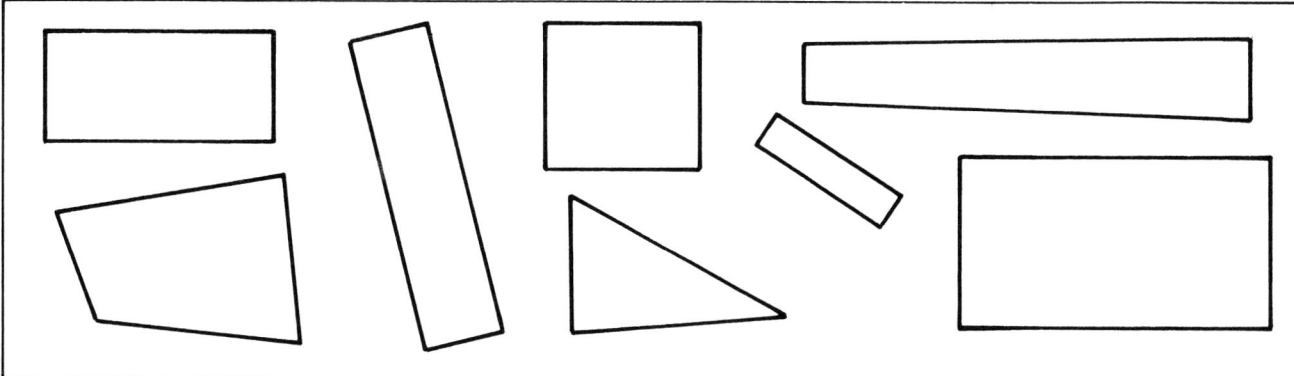

3. Fahre diese Rechtecke genau nach (Lineal).

AB 11.4: Hinweise

Nr. 1: Das Viereck ist der Oberbegriff zum Rechteck. Deshalb stimmt die Aussage zwei. Die Bezeichnung „rechter" Winkel hat nichts mit der Lagebezeichnung „rechts" zu tun. Deshalb gibt es auch keinen linken Winkel.

Nr. 2: Das Quadrat ist mathematisch gesehen auch ein Rechteck, weil es alle dessen Kennzeichen aufweist. Trotzdem wird es nicht als solches markiert, um auf dieser Stufe des Lernprozesses keine Verwirrung zu erzeugen. Wird von Schülern dieses Problem angesprochen, so genügt der Hinweis: Jede Flächenform wird mit ihrem genauen Namen benannt. Das Quadrat ist eine Sonderform des Rechtecks. (→ erfolgte Markierungen lassen!)

Nr. 3: Das Nachzeichnen bereitet das freie Zeichnen vor.
Weiterführung: Freies Zeichnen von Rechtecken auf kariertem und unliniertem Papier, auch in schräger Lage.

Lösung:

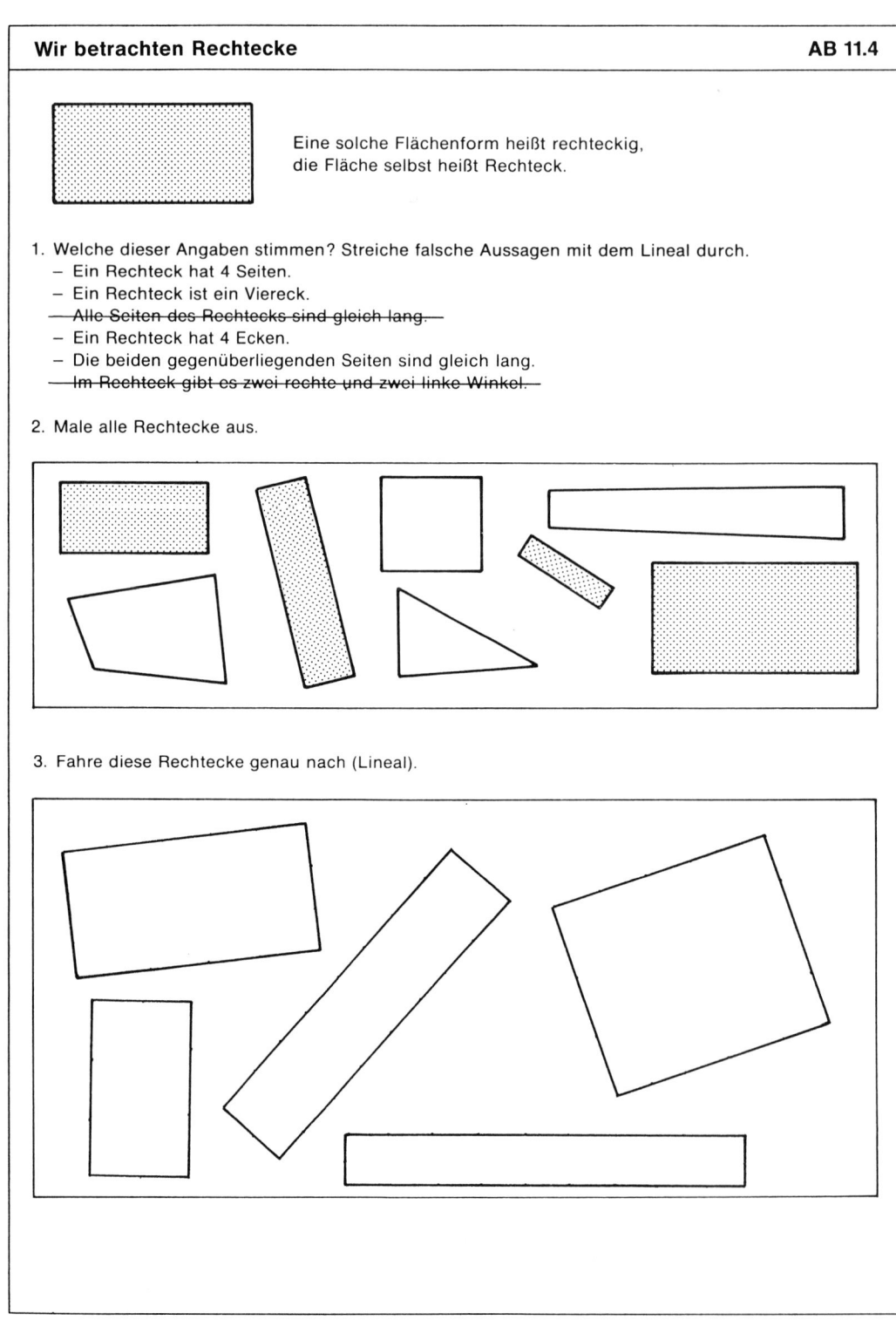

Zum Ausschneiden: Rechtecke und Quadrate AB 11.5

1. Jeweils drei Teile ergeben ein Rechteck. Schneide aus und setze zusammen.

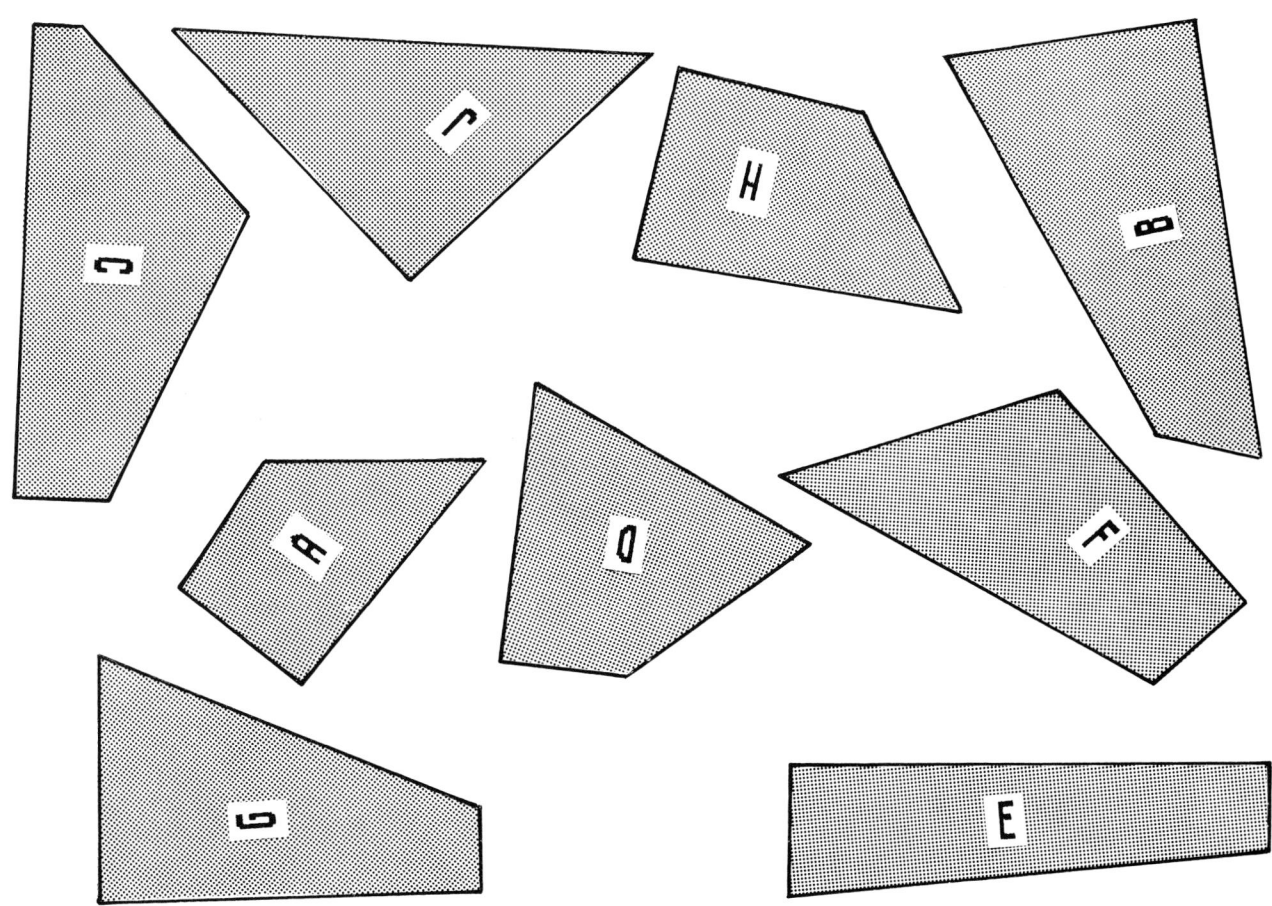

2. Trenne jeweils einen Streifen so ab, daß ein Quadrat entsteht.

AB 11.5: Hinweise

Nr. 1: Die Schüler legen zunächst die drei Rechtecke und kleben diese ins Heft. Werden andere Lösungen genannt, so ist zu überprüfen, ob die Teile korrekt aneinanderliegen und ob die rechten Winkel stimmen.

Nr. 2: Zeichnerisch wird die Lösung durch Abmessen der Seitenlängen erzielt.
Man kann aber auch die Rechtecke ausschneiden lassen, diese dann kantengleich falten und den überstehenden Streifen abschneiden. Quadrat und abgetrennter Streifen werden ins Heft geklebt.

Lösung:

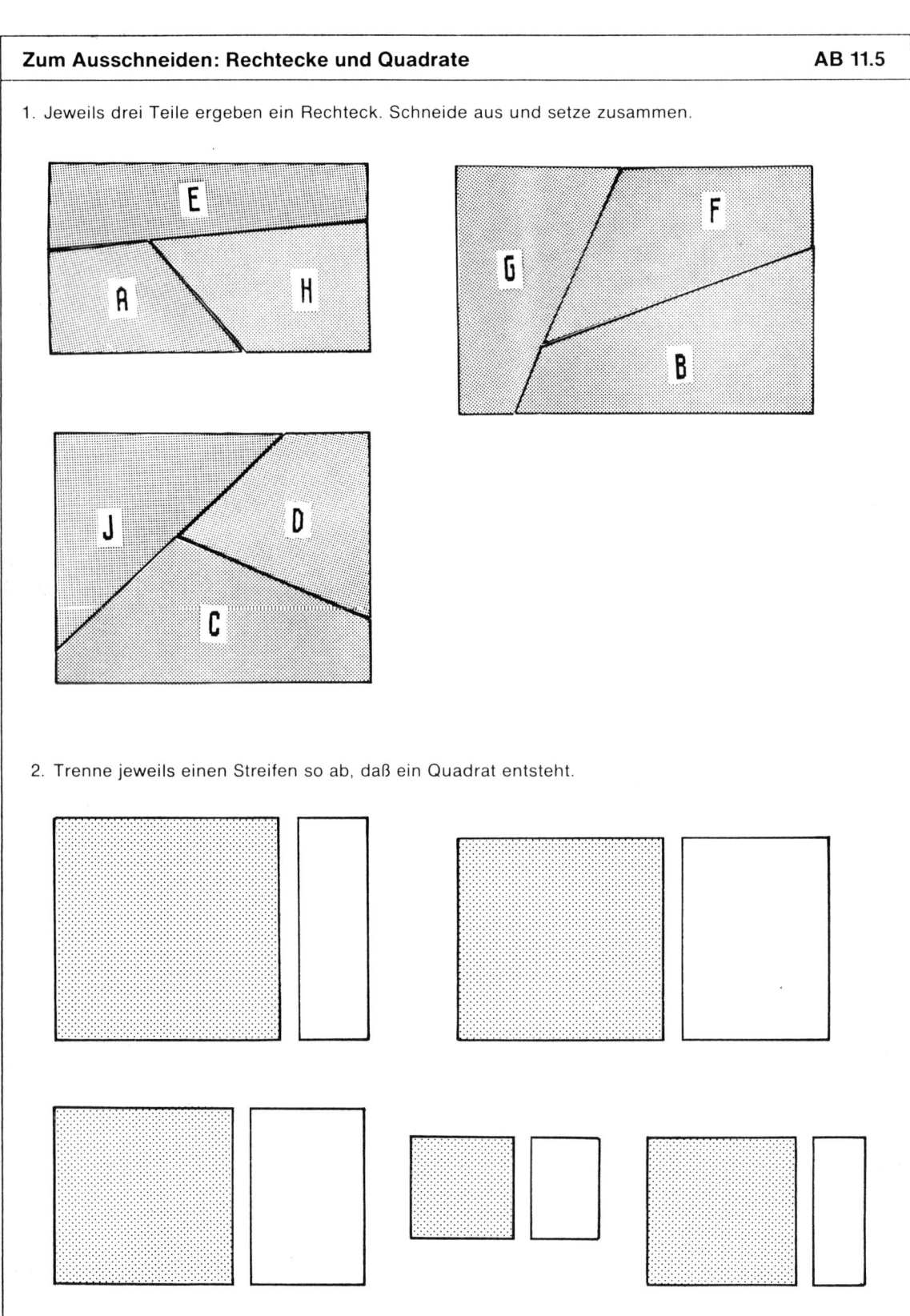

Wir betrachten Quadrat und Rechteck　　　　AB 11.6

1. Umkreise die Quadrate rot. Male die Rechtecke grün aus.

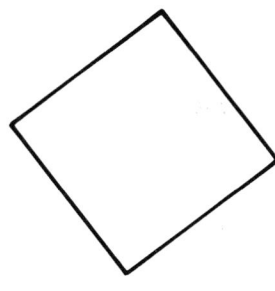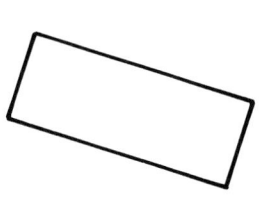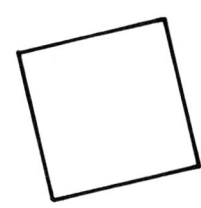

2. Wie viele Rechtecke (Quadrate) sind jeweils in der Figur enthalten?

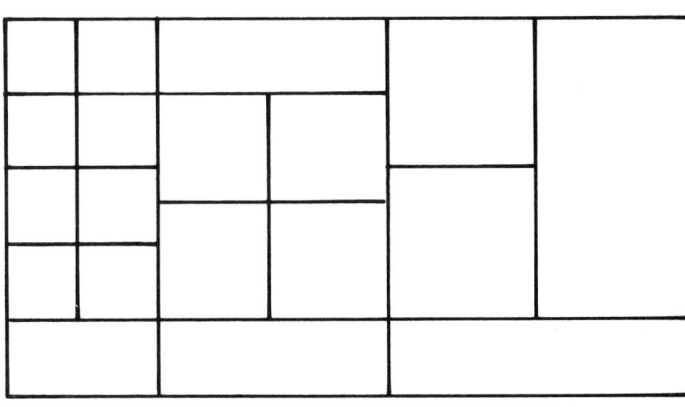

☐ Quadrate

☐ Rechtecke

3. Zeichne in das Quadrat

    2 Rechtecke   4 Quadrate   2 Dreiecke   4 Dreiecke

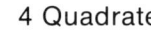

4. Unterteile das Rechteck in

    2 Quadrate   2 Rechtecke   2 Dreiecke   4 Dreiecke

AB 11.6: Hinweise

Nr. 1: Durch die bewußte Gegenüberstellung werden die Unterschiede zwischen diesen beiden Flächenformen noch einmal verdeutlicht.

Nr. 2: Die angegebenen Lösungszahlen schließen auch die Quadrate/Rechtecke mit ein, die aus mehreren Teilflächen zusammengesetzt sind. Finden die Schüler beim selbständigen Auszählen ca. 20 Quadrate und 45–50 Rechtecke, so ist dies bereits ein hervorragendes Ergebnis.

Nr. 3: Die symmetrischen Eigenschaften von Flächen gelten als deren wichtigste Kennzeichen. Durch die Unterteilungen werden derartige Erkenntnisse vorbereitet.

zu Nr. 2:

Anzahl der Teilflächen	Quadrate	Rechtecke
1	14	5
2	–	18
3	2	8
4	4	3
5	–	4
6	–	3
7	–	3
8	–	3
9	1	2
10	–	2
11	–	1
12	–	2
13	–	1
14	–	1
15	1	2
16	–	1
17	–	–
18	–	–
19	–	1

Lösung:

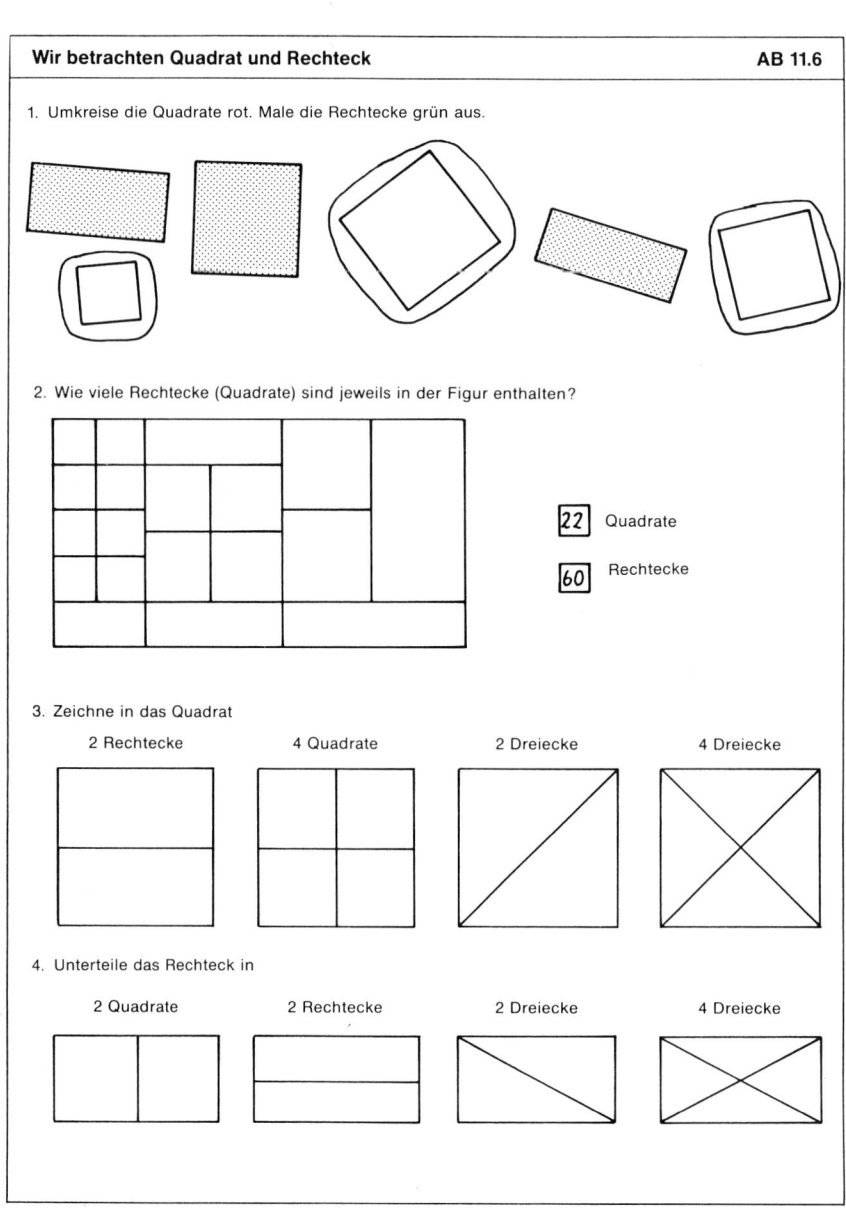

Wir bestimmen den Umfang von Flächen

AB 11.7

Die Begrenzungslinie (Rand) einer Fläche heißt Umfang.

1. Miß die Länge der einzelnen Seiten. Errechne die Länge des Umfangs.

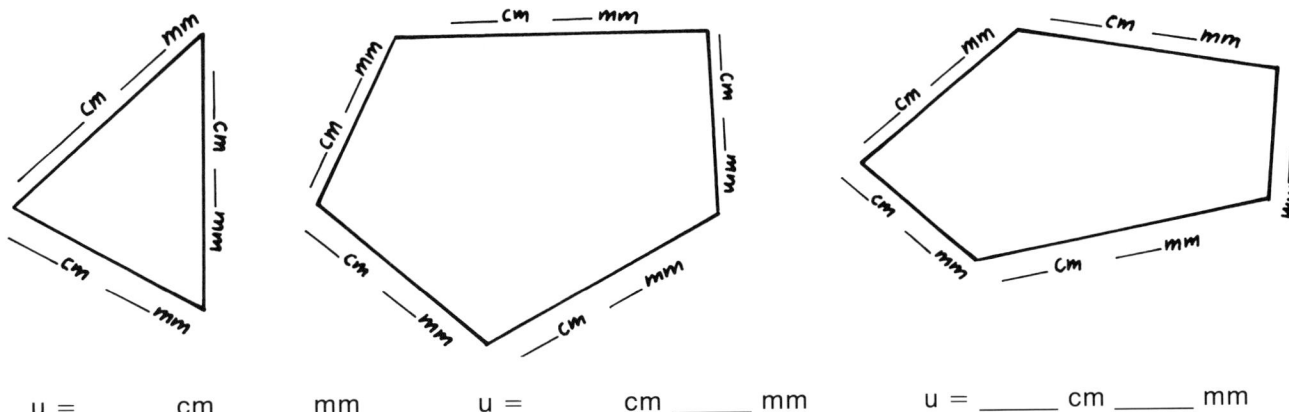

u = _____ cm _____ mm   u = _____ cm _____ mm   u = _____ cm _____ mm

2. Bei diesen Flächen kannst du mit einer oder mit zwei Messungen den Umfang ermitteln.

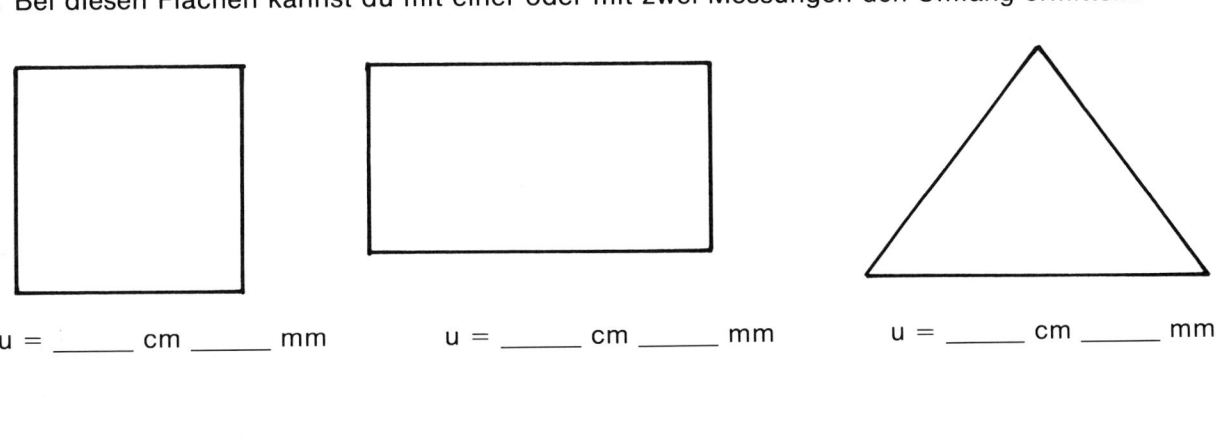

u = _____ cm _____ mm   u = _____ cm _____ mm   u = _____ cm _____ mm

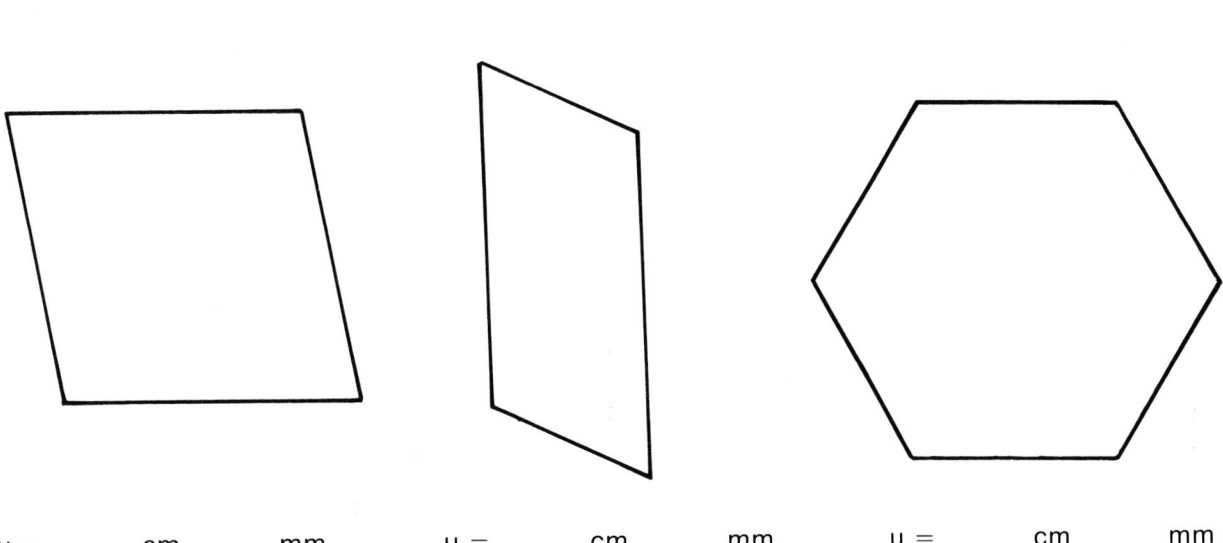

u = _____ cm _____ mm   u = _____ cm _____ mm   u = _____ cm _____ mm

AB 11.7: Hinweise

Nr. 1: Die Vorgabe der Maßeinheiten bei jeder Seite zeigt den Schülern den Lösungsweg auf.

Nr. 2: Voraussetzung für die vereinfachte Messung ist das Erkennen der Form bzw. gleich langer Seiten. Zur Berechnung des Umfangs (Addition aller Seitenlängen) wird die Länge bei jeder Seite notiert. Die korrekte Bezeichnung der Form (gleichschenkliges Dreieck, Parallelogramm usw.) ist hier aber noch nicht angebracht.

Lösung:

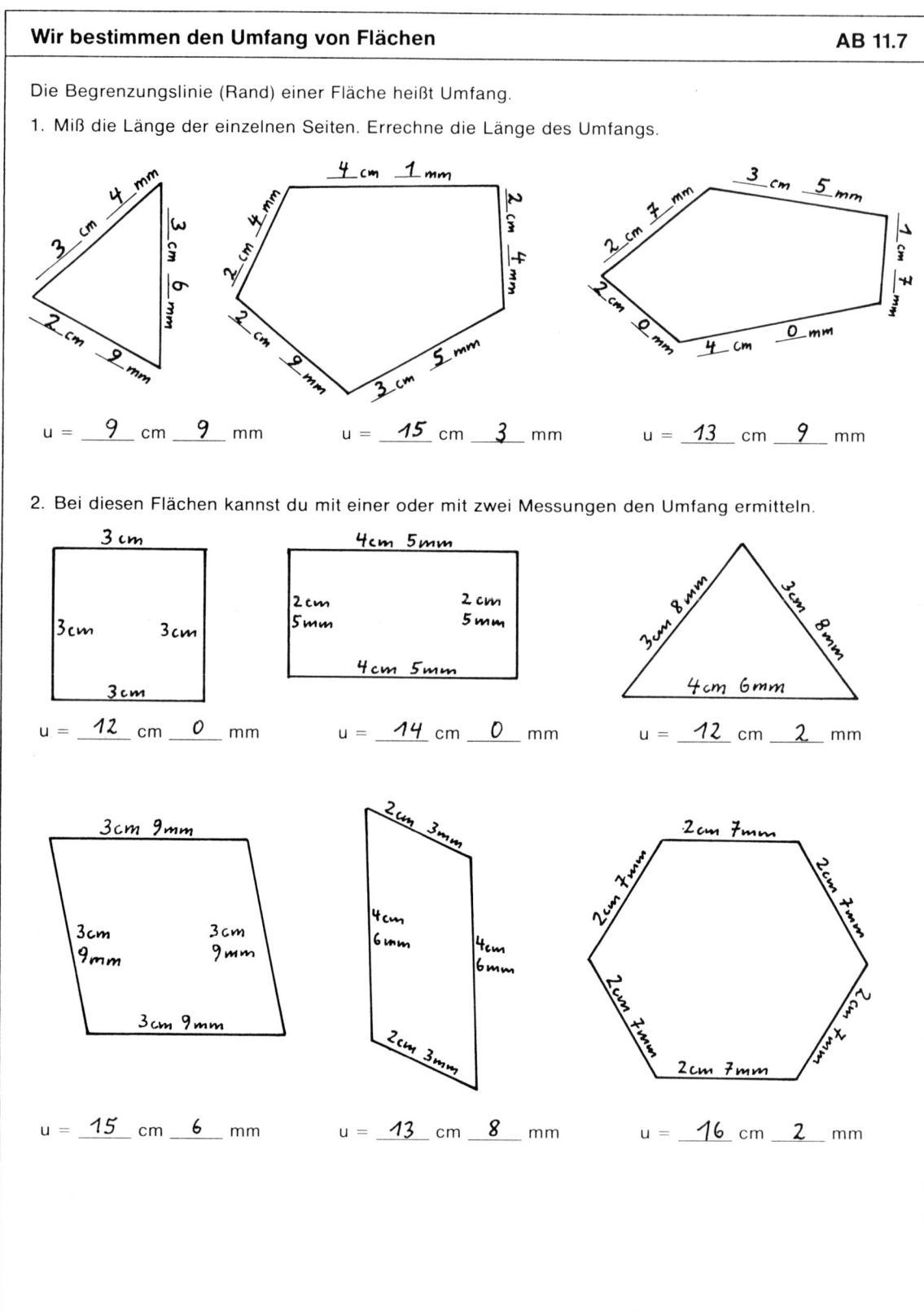

Wir parkettieren   AB 11.8

1.

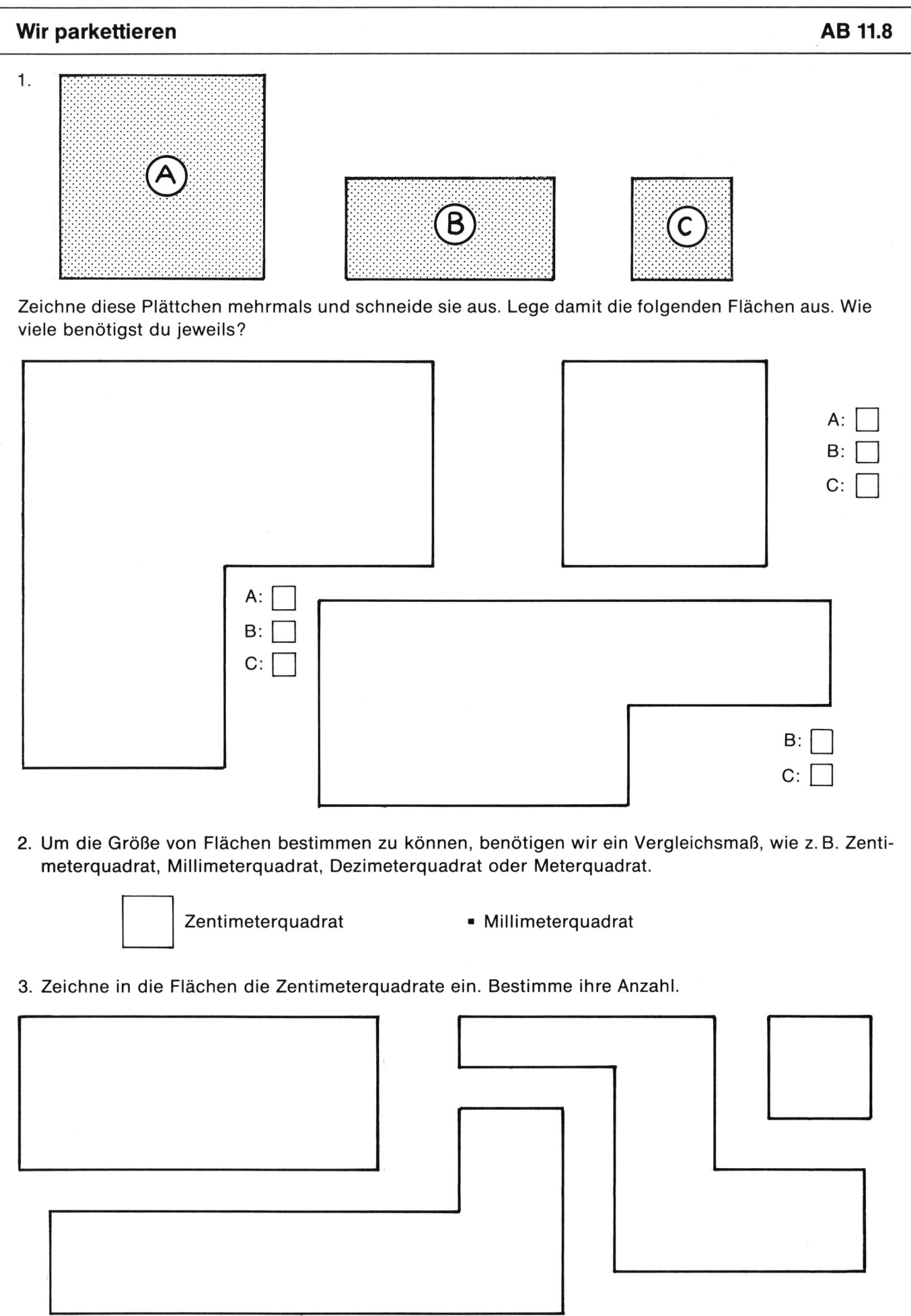

Zeichne diese Plättchen mehrmals und schneide sie aus. Lege damit die folgenden Flächen aus. Wie viele benötigst du jeweils?

2. Um die Größe von Flächen bestimmen zu können, benötigen wir ein Vergleichsmaß, wie z. B. Zentimeterquadrat, Millimeterquadrat, Dezimeterquadrat oder Meterquadrat.

   Zentimeterquadrat   ▪ Millimeterquadrat

3. Zeichne in die Flächen die Zentimeterquadrate ein. Bestimme ihre Anzahl.

AB 11.8: Hinweise

Nr. 1: Die Schüler schneiden die Meßeinheiten A, B und C in Originalgröße mehrmals aus. Je nach Angabe werden die großen Flächen immer mit einer dieser Meßeinheiten ausgelegt. Die unterschiedlichen Ergebnisse ergeben zwingend die Notwendigkeit einer einheitlichen Meßeinheit wie z. B. Zentimeter-, Millimeter-, Dezimeter- oder Meterquadrat. Die abstrakten Maßeinheiten m², dm², cm², mm² werden bewußt noch nicht eingeführt.

Nr. 2: In der Regel wird nur mit Zentimeterquadraten parkettiert.

Hinweis: Beim Ausmessen von Flächen auf kariertem Papier sind die Schüler verleitet, die Karos als Meßeinheit zu verwenden. Dies ist zulässig, so lange die standardisierten Meßeinheiten noch nicht eingeführt sind. Danach sollten grundsätzlich nur noch diese Meßeinheiten gebraucht werden.

Lösung:

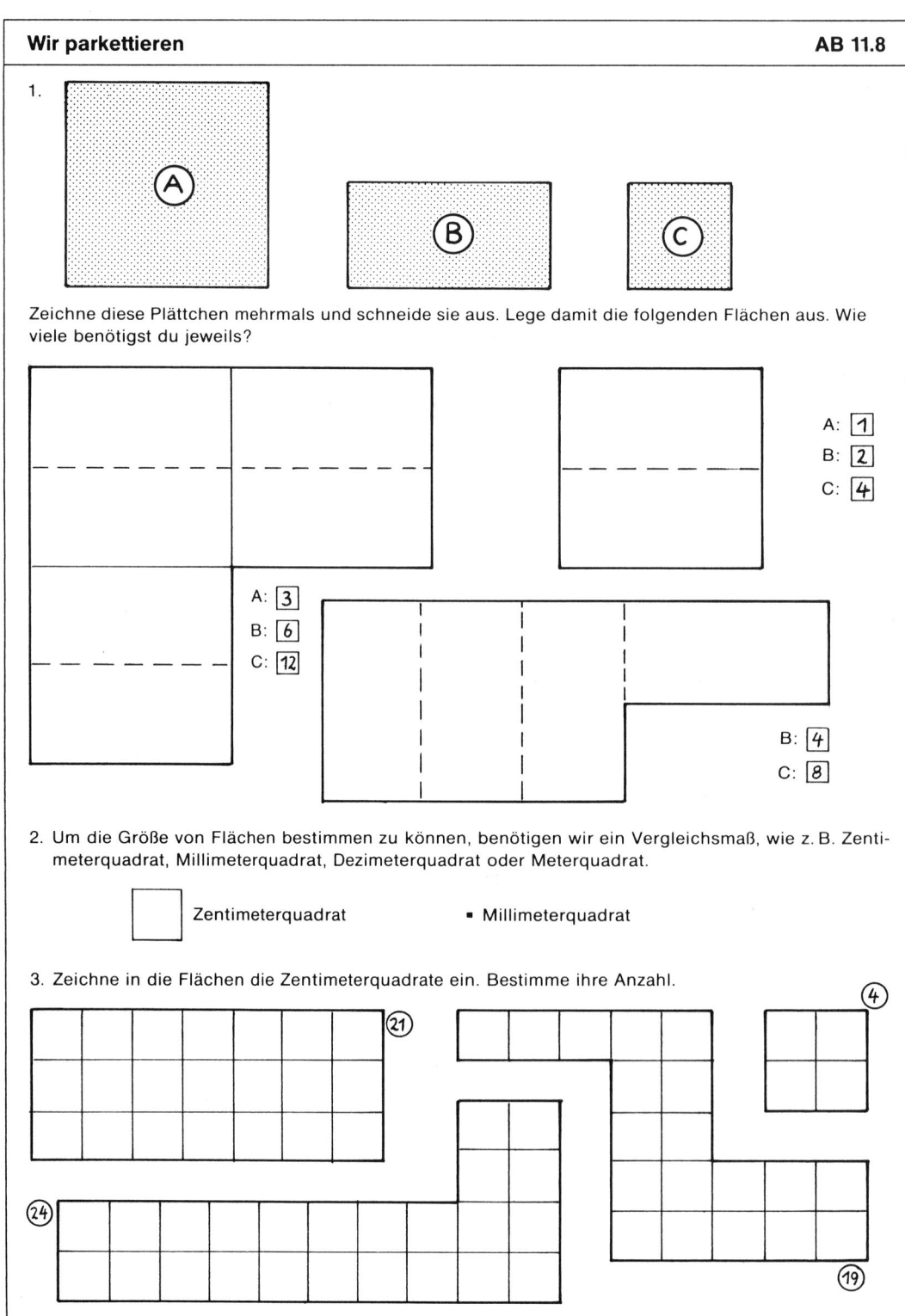

12. Körper

Kleinkinder sammeln ihre ersten räumlichen Erfahrungen im spielerischen Umgang mit Gegenständen, mit der „runden" Rassel, mit „dreieckigen, viereckigen" Bauklötzen usw. Auch im Erstunterricht sind heute Plättchen, Cuisenaire-Stäbe oder logische Blöcke nicht mehr wegzudenken.

So haben viele Kinder keine Schwierigkeiten beim Erkennen der entsprechenden Körper. Sie gebrauchen jedoch falsche Bezeichnungen, weil sie mit Hilfe eines formbestimmenden Flächenmerkmals (rund, dreieckig) den Gesamtkörper benennen.

Auf eine klare Unterscheidung von Fläche und Körper ist deshalb stets zu bestehen, weil sich diese Vermischung der Begriffe sonst später auch bei Oberflächeninhalt – Volumen, Gesamtkantenlänge – Umfang, Flächenmaßeinheiten – Volumenmaßeinheiten fortsetzt.

Durch diese konsequente Begriffsbildung, durch das ausführliche Verbalisieren als eines der zentralen Unterrichtsprinzipien wird somit auch ein wertvoller Beitrag zur sprachlichen Schulung geleistet.

Lernschritte:

● **Der Begriff „Körper"**

Verschiedene Modelle (Würfel, Quader, Zylinder,...) werden stumm präsentiert. Nach deren Beschreibung wird eine Gemeinsamkeit all dieser „Gegenstände" gesucht. Die Schüler werden erkennen, daß jedes dieser Objekte „gefüllt" werden kann. Die Fachbezeichnung „Körper" als Oberbegriff ist zu nennen. Der mathematische Körperbegriff ist vom umgangssprachlichen Körperbegriff (siehe Seite 101) klar abzugrenzen.

Beim Beschreiben der Modelle werden in der Regel bereits Objekte aus der Umwelt genannt, die die Form des jeweiligen Körpers zumindest annähernd aufweisen. Hieran kann man anknüpfen, daß diese Körper häufig, wenn auch in modifizierter Form (z. B. abgerundete Ecken) zu finden sind.

● **Vollmodelle**

Oft ist es schwierig, daß jedes Kind über ein Modell verfügt. Mit einfachen Mitteln lassen sich solche von den Schülern selbst basteln.
– Aus Plastilin wird der Körper geformt.
– Der Körper wird aus einer rohen Kartoffel herausgeschnitten.

● **Die Begrenzungsflächen von Körpern**

Möglichst früh ist auf die Unterscheidung Fläche – Körper einzugehen. Dreieckige, viereckige, runde Flächen begrenzen nur die Körper. Die Kurzform „Seite" für Seitenflächen ist zu vermeiden. Diese Bezeichnung verwirrt die Schüler, da der Begriff auch für die Begrenzungslinie bei Flächen verwandt wird.

Die Schüler umfahren die einzelnen Begrenzungsflächen der Körper und erkennen so schnell, daß die Form einzelner Begrenzungsflächen für die Gestalt des Körpers ausschlaggebend ist.

Alternative: Die Form der Begrenzungsflächen ergibt sich auch, wenn die einzelnen Seiten der (selbstgebastelten) Vollmodelle in den Sand oder angefeuchtet gegen die Tafel gedrückt werden.

Folgende Begriffe sind zu erarbeiten:
– Körper
– Bodenfläche (Grundfläche) und Deckfläche
– Seitenfläche
– Kante
– Ecke
– Spitze: Sprachlich versierte Kinder werden bei Kegel und Pyramide die Spitze als charakteristisches Merkmal nennen.

● **Würfel und Quader**

Am allseits beliebten Würfel, der als Anschauungsmodell von allen Kindern mitgebracht werden kann, lassen sich die zu erlernenden Begriffe schnell erarbeiten. Die gleiche Anzahl von Ecken, Kanten und Flächen deutet bereits die Verwandtschaft der beiden Körper an (Der Würfel ist eine Sonderform des Quaders). Durch das Umfahren der Begrenzungsflächen werden aber auch die charakteristischen Unterschiede verdeutlicht.

● **Detailbetrachtungen**

Durch die perspektivische Darstellung von Quader und Würfel lassen sich abstraktes Denken und Raumvorstellungen anbahnen, da die einzelnen Flächen nicht mehr in ihren tatsächlichen Dimensionen abgebildet werden.
– Seitenflächen als Begrenzung bestimmter Körper erkennen
– Gleiche Körper in verschiedenen Ansichten erkennen
– Teilkörper erkennen und benennen, die durch Schnitte entstanden sind
– Symmetrieeigenschaften herausfinden.

● **Flächenmodelle**

Das Hantieren mit Körpern in der Netzdarstellung kommt der Bastelfreude der Kinder entgegen. Das Netz des Würfels bzw. des Quaders läßt sich erarbeiten, wenn der Körper an den Kanten aufgeschnitten wird, und alle Begrenzungsflächen ausgebreitet werden. Dieses analytische Vorgehen erweist sich aber oft als schwierig, da die vorhandenen Körper z. T. aus festerem Karton gefertigt und deshalb nur schwer zu schneiden sind. Außerdem besteht die Gefahr, daß der Körper an den falschen Kanten aufgeschnitten wird.

Das Abrollen eines Würfels kann jedes Kind individuell vollziehen. Dazu wird der Würfel gekippt, nacheinander jede Seite umfahren und die jeweils nach oben zeigende Augenzahl eingezeichnet. Ein

Zurückkippen in die vorherige Lage ist möglich, das zweimalige Einzeichnen derselben Augenzahl verboten. Werden die so erstellten Netze ausgeschnitten und verglichen (z. B. durch entsprechende Schattenbilder auf dem Lichtschreiber) ergeben sich von allein bereits zahlreiche Darstellungsmöglichkeiten des Netzes (siehe folgende Übersicht). Soll das Quadernetz erstellt werden, so numeriert man bei einer Streichholzschachtel die sechs Seiten durch und geht analog vor. Das umgekehrte Vorgehen, aus einem Netz den dazugehörigen Körper zu basteln, ist den Schülern geläufig. Dieses rein handgeschickliche Operieren hat in der Weiterführung aber den Zweck, Vermutungen der Schüler (z. B. richtiges oder falsches Netz) auf ihre Richtigkeit zu überprüfen. Das Ergänzen und Vollenden von Netzen setzt bereits räumliches Vorstellungsvermögen voraus.

Übersicht der möglichen Netzformen des Würfels:

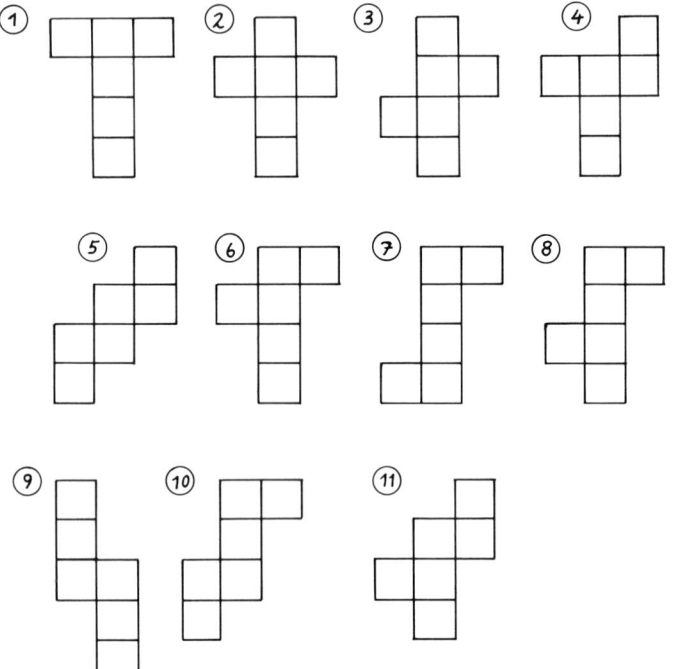

● **Kantenmodelle**

Mit Holzstäbchen und Plastilinkugeln lassen sich Kantenmodelle basteln, die die Dreidimensionalität von Körpern verdeutlichen.

Nur in einzelnen Bundesländern verbindlich:

● **Zusammengesetzte Körper**

Bezugnehmend auf die Ergebnisse der „Bauzeit im Kindergartenalter" beschreiben die Schüler gezeichnete (real gebaute) Bauwerke mit den korrekten Körpernamen.

Arbeitsblatt 12.9/Nr. 1

Nach der Einsicht, daß größere Bauten stets aus mehreren Teilkörpern zusammengesetzt sind, beschränkt man sich bei den folgenden Übungen auf Figuren, die mit Steckwürfeln gebaut werden können.

Das Auszählen der Würfelanzahl bzw. das Ermitteln fehlender Würfel schult das räumliche Sehen. Hat man mit Steckwürfeln die Objekte konkret gebastelt, so kann die Thematik ausgeweitet werden. Die Schüler stellen fest, wie viele Würfelflächen zu sehen sind.
▷ Vorbereitung auf die später folgende Berechnung des Oberflächeninhalts.

Arbeitsblatt 12.9/Nr. 2 und 3

● **Vergleich von Rauminhalten**

Als Vorstufe des Messens und Berechnens des Volumens von Würfel und Quader werden größere Körper mit gleich großen kleineren Körpern ausgelegt.
— Kleine Schuhschachtel mit Federmäppchen und/oder Streichholzschachteln/Tennisbällen
— Streichholz-/Zigaretten-/Kreideschachtel mit Steckwürfeln
— leere Schachteln mit Dezimeterwürfeln (mit Steckwürfeln zusammengebaute Kantenmodelle).
— Schüler basteln einen größeren und mehrere kleinere Quader und messen aus, wie oft die kleineren Quader im größeren enthalten sind.

Nach dem konkreten Vollzug setzen sich die Schüler auch auf zeichnerischer Ebene mit diesem Problem auseinander. Maßeinheiten wie cm^3, dm^3 usw. werden im Rahmen dieser Meßübungen nicht angesprochen.

Als Erkenntnis wird angestrebt: „Den Rauminhalt eines Körpers kann ich durch Auslegen mit gleich großen kleineren Körpern ausmessen."

Analog zur Flächenmessung kann noch die logische Folgerung aus diesen Messungen angestrebt werden: „Um Rauminhalte vergleichen zu können, muß man stets gleiche, einheitliche Meßeinheiten verwenden."

Der Schritt zum Zentimeterwürfel und Dezimeterwürfel als eine solch normierte Meßeinheit ist dann nur noch klein.

Wir betrachten Körper   AB 12.1

1. Die folgenden Körper begegnen dir in ähnlicher Form häufig.

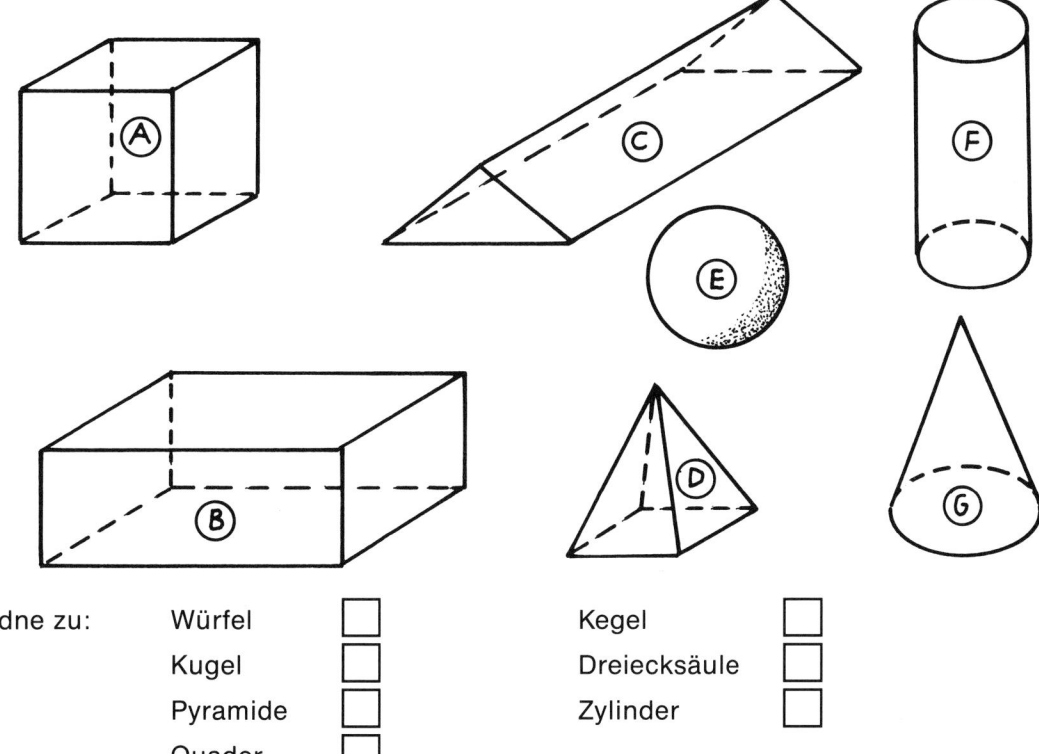

Ordne zu: Würfel ☐   Kegel ☐
            Kugel ☐   Dreiecksäule ☐
            Pyramide ☐   Zylinder ☐
            Quader ☐

2. Zu welchem dieser Körper (Aufgabe 1) gehören diese Seiten?

   Schreibe so! a – A; _____

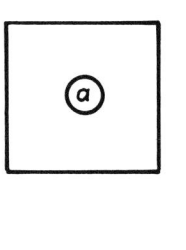 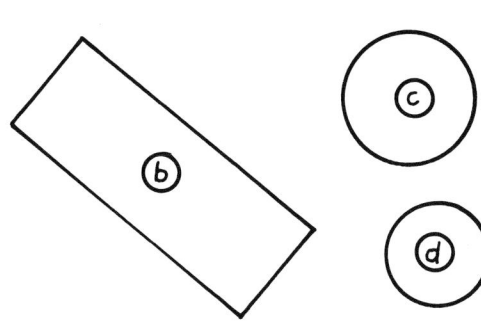 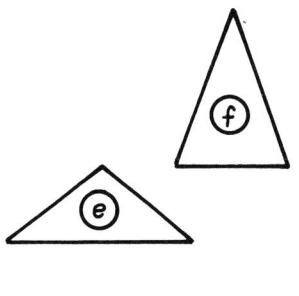

3. Male bei den Körpern die Bodenfläche rot und die Deckfläche blau aus.

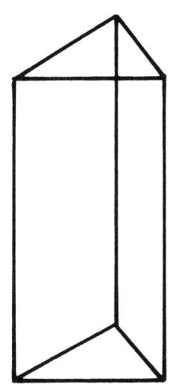 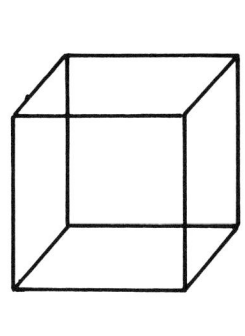 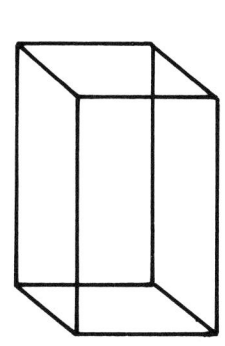 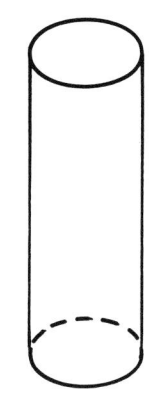 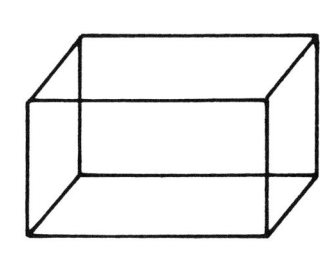

123

AB 12.1: Hinweise

Nr. 1: Viele Gebrauchsgegenstände weisen (annähernd) die Form geometrischer Körper auf. Deshalb werden zunächst die Körper beschrieben und Beispiele gesucht, wo uns diese Formen im Alltag begegnen.

- Würfel: Spielwürfel, Margarine, ...
- Quader: Schachtel, Schrank, ...
- Dreiecksäule: Hausgiebel, Bauklötzchen, kleines Zelt, ...
- Kugel: Ball, Lampe, ...
- Zylinder: Röhre, Walze, ...
- Kegel: Markierung bei Straßenbauarbeiten, Hütchen, ...
- Pyramide: Zelt, Trinkbeutel, ...

Nr. 2: Die Vorderseite der Körper ist zu messen.

Nr. 3: Das Erkennen der Boden- und Deckfläche ist bei der späteren Berechnung des Volumens lösungsweisend. Erkennen die Schüler die letzte Figur als liegenden Quader, so deutet dies auf eine schon gut entwickelte Raumvorstellung hin.

Lösung:

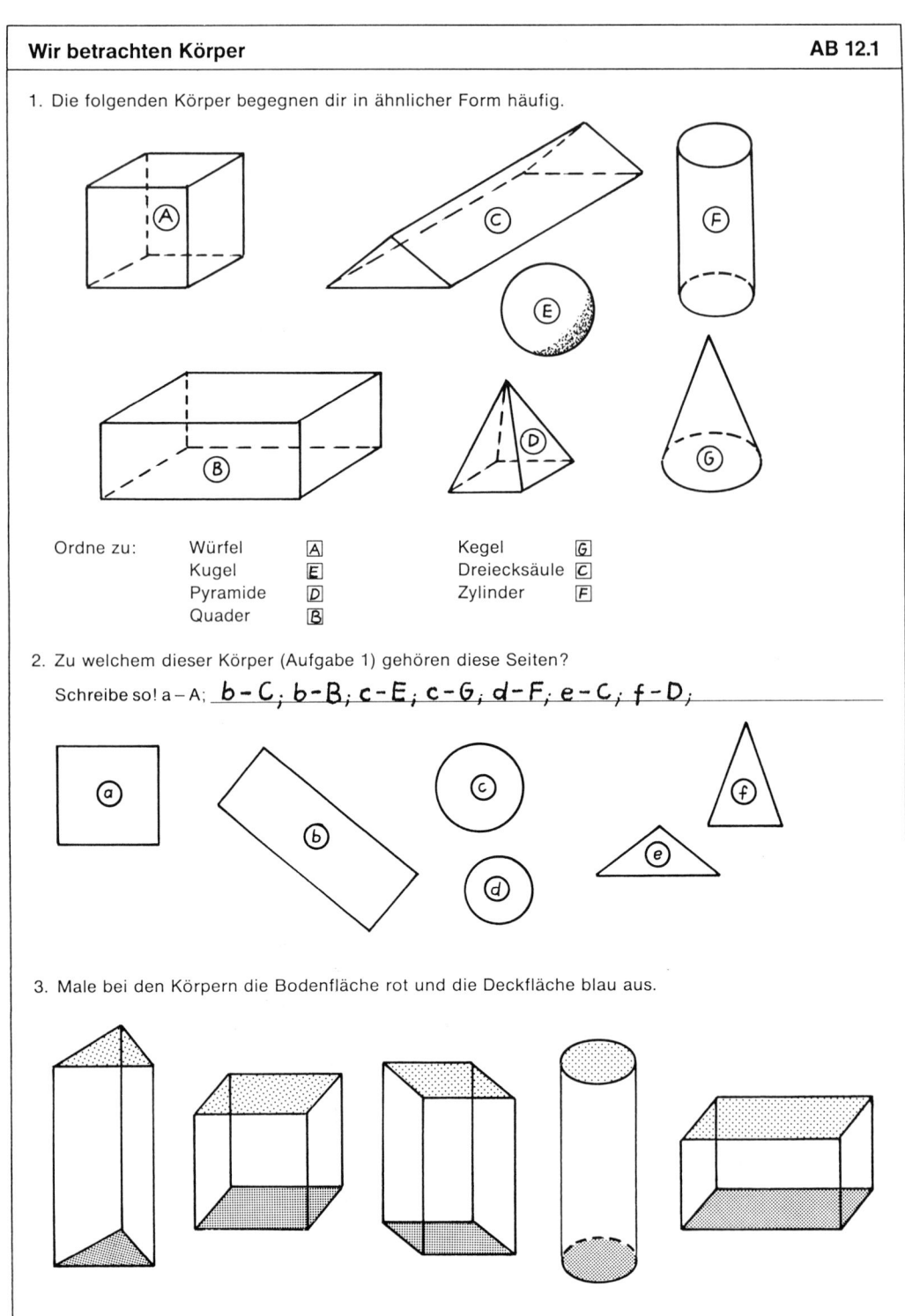

Wir betrachten Würfel AB 12.2

1. Zeichne die Augen ein, die sich jeweils auf der entgegengesetzten Seite des Würfels befinden.

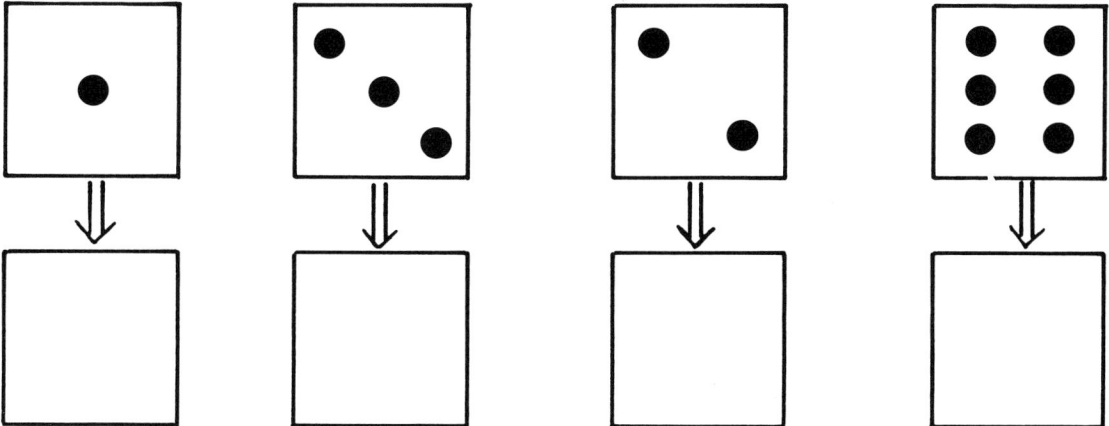

2. Lege einen Würfel so wie den im Kasten. Von welcher Seite siehst du jeweils die anderen Würfel?

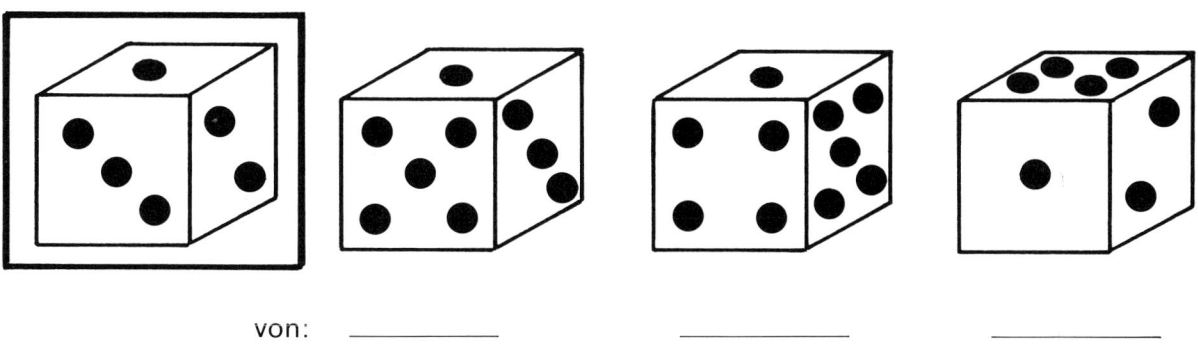

von: _____   _____   _____

3. Lege einen Würfel so wie den im Kasten. Zeichne die Augen ein.

von: vorne   rechts   hinten

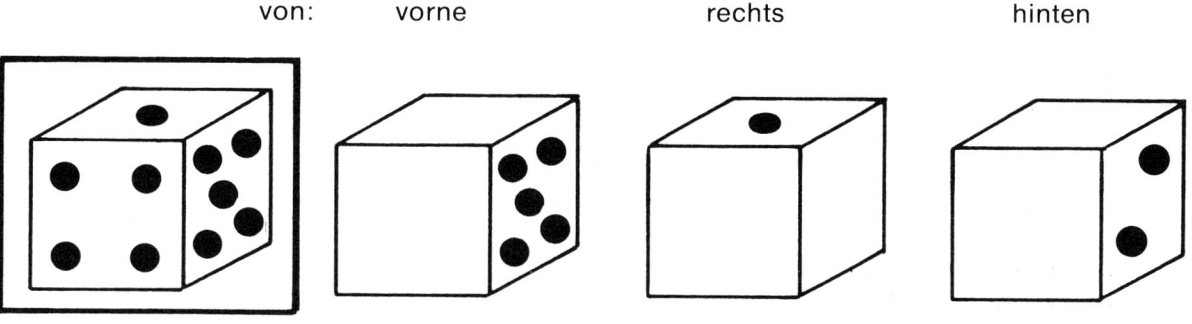

125

AB 12.2: Hinweise

Der Spielwürfel ist jedem Kind geläufig. Deshalb wird der eigentlichen Betrachtung des Würfels eine Übungseinheit vorangestellt, bei der die Schüler sich intensiv mit diesem Spielzeug auseinandersetzen und dabei entsprechende geometrische Erfahrungen sammeln. Jedes Kind sollte dazu über einen Würfel verfügen können.

Nr. 1: Hier wird das unbewußt vorhandene Wissen in das aktive Bewußtsein gerückt und verbalisiert: Die Summe der Augenzahlen gegenüberliegender Seiten ist stets 7.

Nr. 2 und 3: Der Würfel bleibt stets unverändert liegen. Die Schüler ändern jeweils ihre Position, wobei die Angaben „von rechts" usw. stets vom Betrachter aus gemeint sind. Sind bei dem Spielwürfel des Kindes die Punkte anders angeordnet, so können diese eventuell mit Selbstklebeetiketten überklebt und neu beschriftet werden.

Lösung:

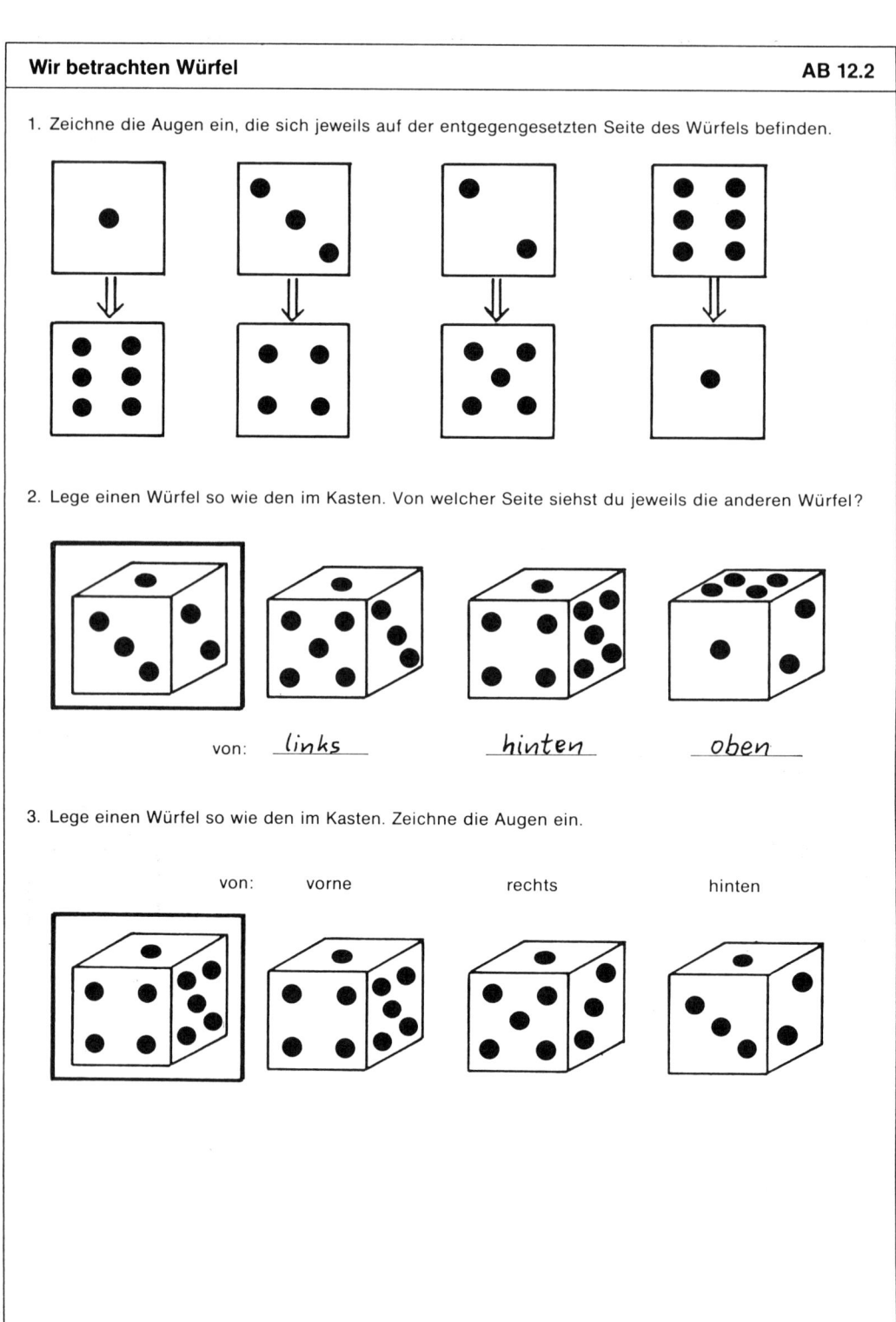

Wir untersuchen Würfel AB 12.3

Ecken	Seitenflächen	Kanten

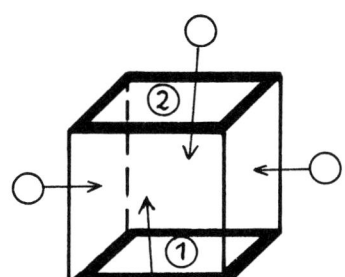
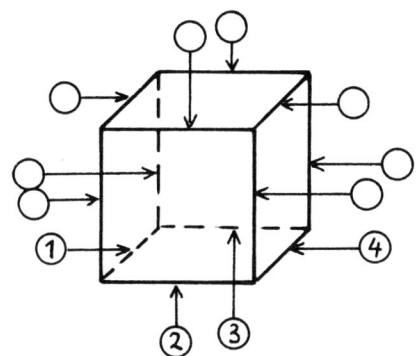

1. Numeriere und ergänze.

   Ein Würfel besitzt _____ Ecken.

   Er wird von _____ Flächen begrenzt.

   Ein Würfel hat _____ Kanten.

2. Zeichne die anderen Seiten des Würfels.

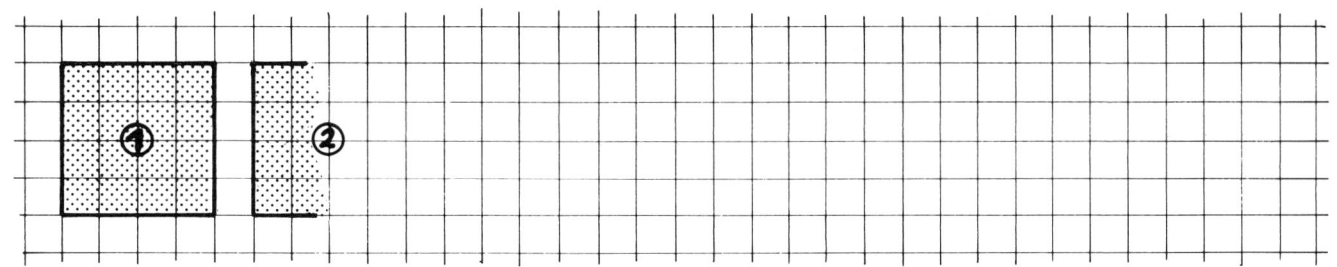

   Merke: Die Seitenflächen sind _____ _____ und _____

3. Beschrifte den Würfel.

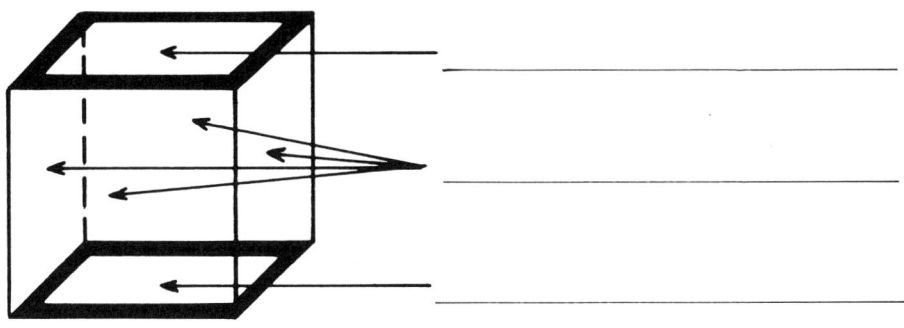

   Merke: Ein Würfel besteht aus der _____ , der

   _____ und _____ _____

AB 12.3: Hinweise

Nr. 1: Beim Zählen der Ecken, Flächen und Kanten werden zunächst die Boden-, dann die Deckfläche und zuletzt die Seitenflächen gezählt. Die Numerierung verhindert Doppelzählungen oder das Vergessen einzelner Ecken, Flächen oder Kanten.

Nr. 2: Vor dem Zeichnen auf dem Arbeitsblatt umfahren die Schüler die sechs Seiten ihres Modells auf einem Extrablatt.

Nr. 3: Die Bezeichnungen „Bodenfläche, Deckfläche und Seitenflächen" werden verbindlich eingeführt.

Lösung:

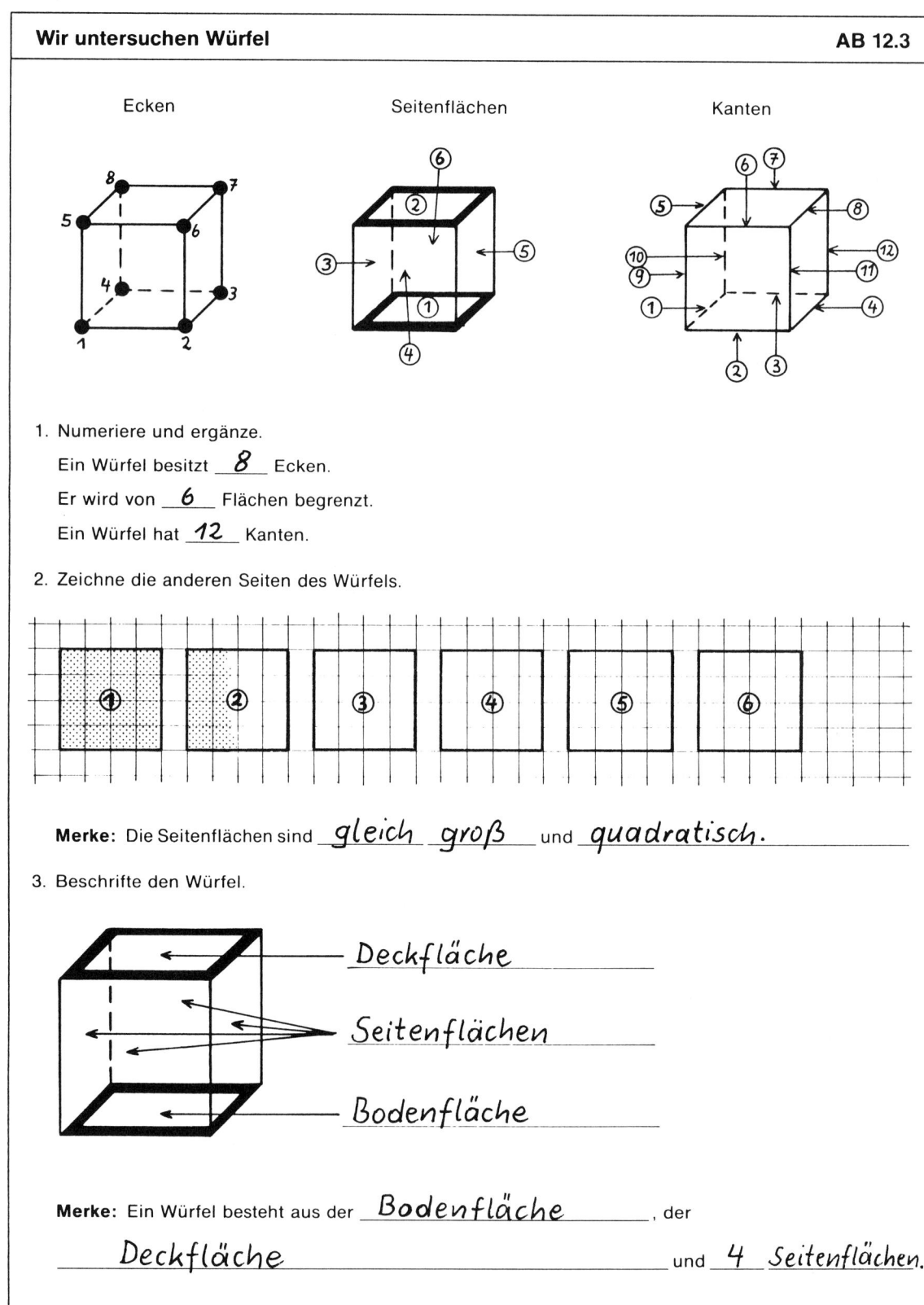

Wir betrachten Quader AB 12.4

1. Markiere.

rot	**blau**	**grün**
die Ecken	die waagerechten Kanten	die senkrechten Kanten

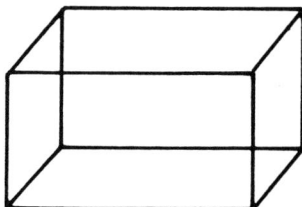 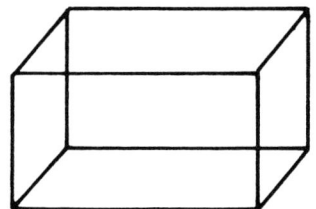 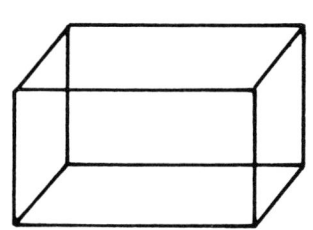

2. Markiere.

rot	**grün**
die Bodenfläche	die Deckfläche

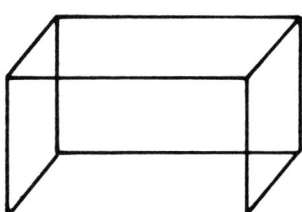 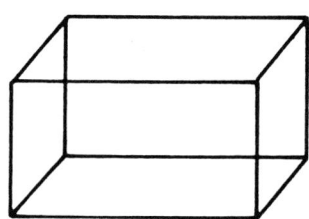

3. Betrachte einen quaderförmigen Körper (Schachtel) und beschreibe:

- Ein Quader besitzt _____ Ecken.
- Ein Quader hat _____ Kanten.
- Er wird von _____ Flächen begrenzt.
- Die Bodenfläche ist ein _____ .
- Die Deckfläche ist ein _____ .
- Bodenfläche und Deckfläche sind _____ _____ .
- Die Seitenflächen sind _____ .
- _____ Seitenflächen sind_____

AB 12.4: Hinweise

Jedes Kind benötigt das Modell eines Quaders (z. B. leere Streichholzschachtel, kleine Schuhschachtel, ...).

Nr. 1: Vor dem Auszählen werden die Ecken und Kanten farbig hervorgehoben.

Nr. 2: Boden- und Deckfläche werden markiert. Es ist zu vereinbaren, daß stets die untere bzw. die obere Fläche als Boden- bzw. Deckfläche bezeichnet wird. Werfen die Schüler selbst das Problem auf, daß jede Fläche des Quaders Boden- bzw. Deckfläche sein kann, so wird die obige Vereinbarung als Vereinfachung bei der Kontrolle begründet.

Nr. 3: Um die Form und Größe der Begrenzungsflächen zu ermitteln, werden diese numeriert und umfahren. So kann die Lage der gleich großen Flächen festgestellt werden.

Lösung:

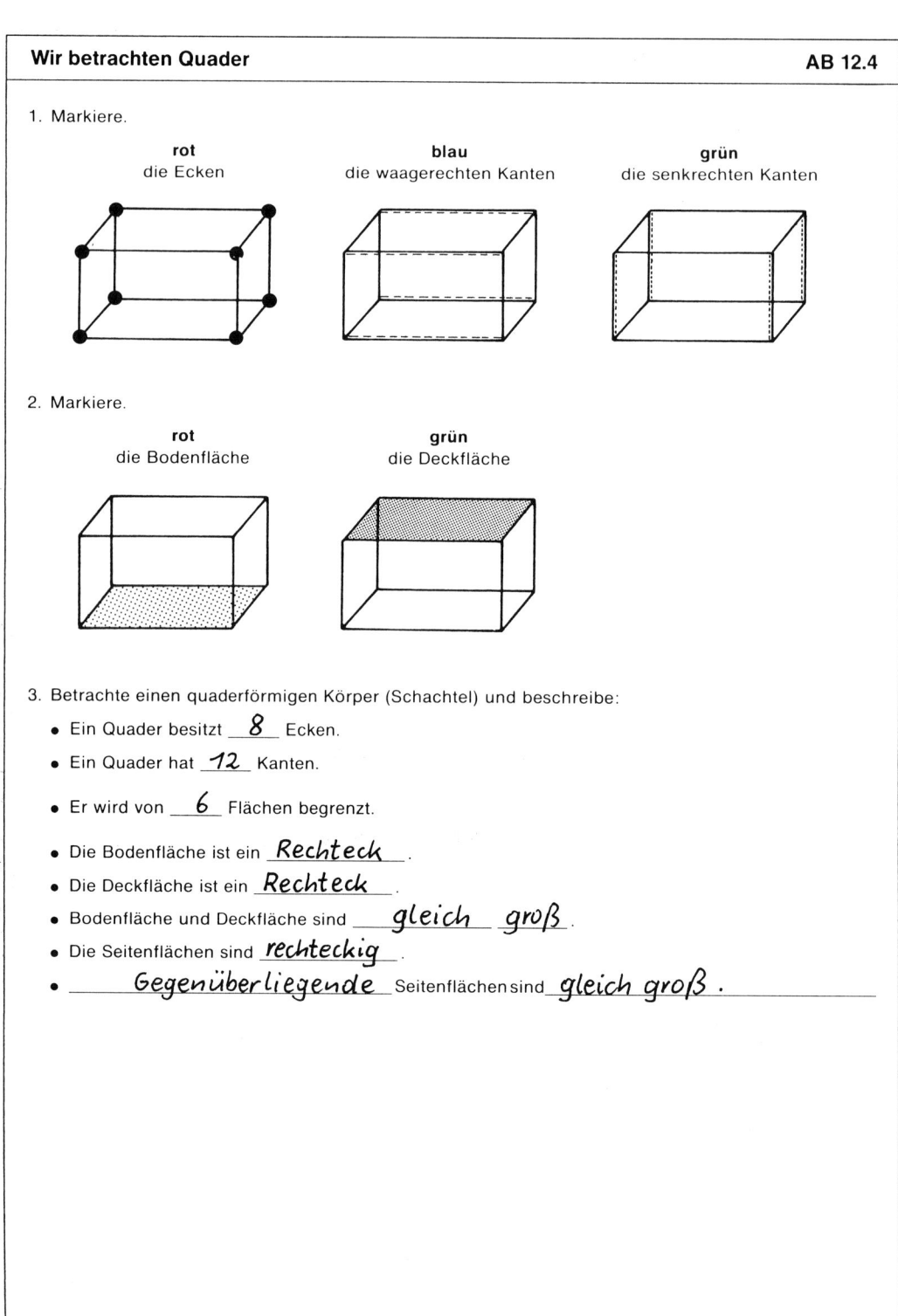

Wir betrachten Quader — AB 12.4

1. Markiere.

   rot die Ecken | **blau** die waagerechten Kanten | **grün** die senkrechten Kanten

2. Markiere.

   rot die Bodenfläche | **grün** die Deckfläche

3. Betrachte einen quaderförmigen Körper (Schachtel) und beschreibe:
   - Ein Quader besitzt __8__ Ecken.
   - Ein Quader hat __12__ Kanten.
   - Er wird von __6__ Flächen begrenzt.
   - Die Bodenfläche ist ein __Rechteck__.
   - Die Deckfläche ist ein __Rechteck__.
   - Bodenfläche und Deckfläche sind __gleich groß__.
   - Die Seitenflächen sind __rechteckig__.
   - __Gegenüberliegende__ Seitenflächen sind __gleich groß__.

Zum Ausschneiden: Würfelnetze   AB 12.5

Schneide die Netze aus.
Falte jeweils einen
Würfel.

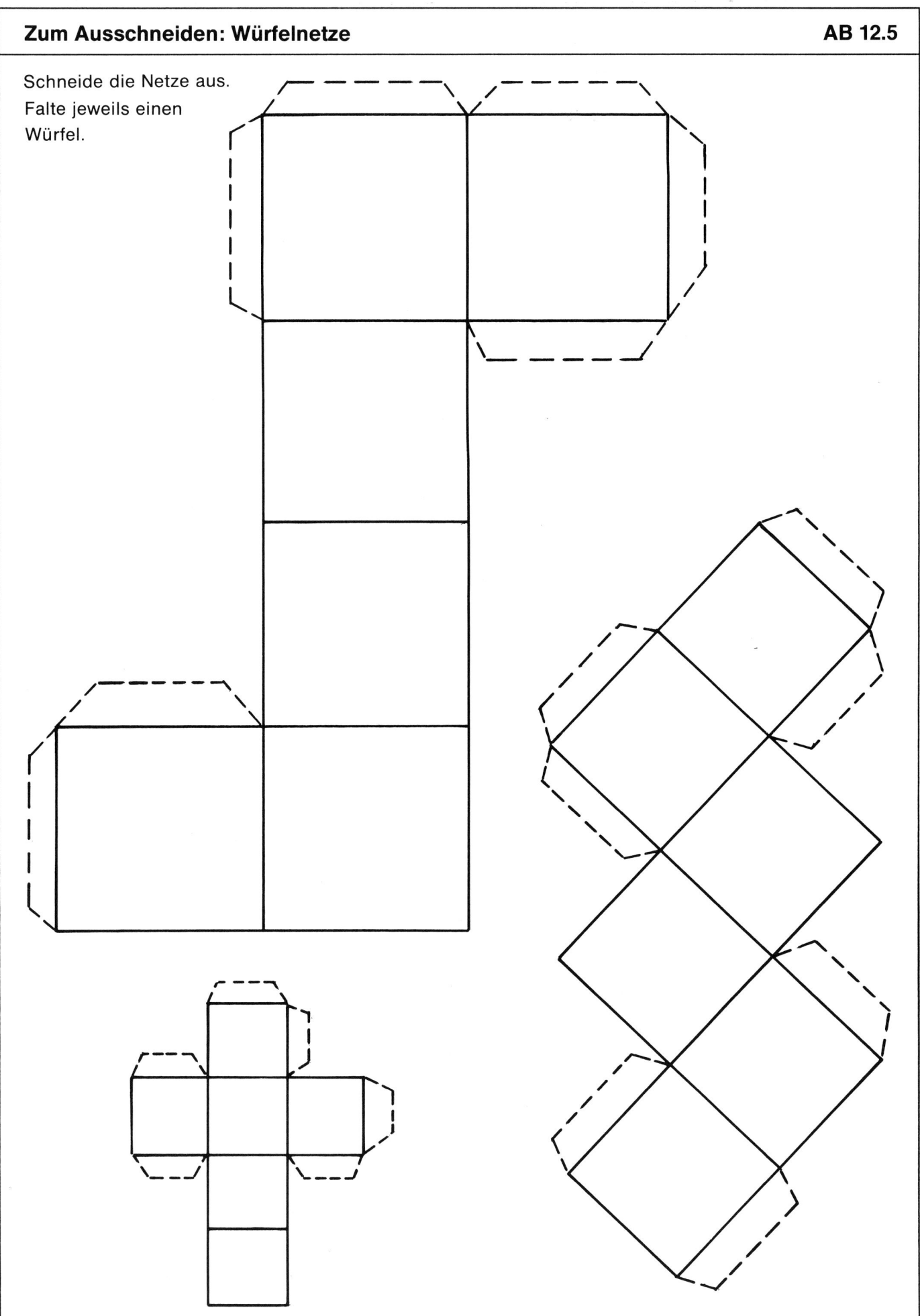

Zum Ausschneiden: Würfelnetze

Vor dem Ausschneiden und Falten äußern (und begründen) die Kinder ihre Vermutungen, welche der Netze wirklich einen Würfel ergeben.
Die gestrichelten Linien markieren die Klebefalze.

Lösung: Alle Netze lassen sich zu einem Würfel falten.

Zum Ausschneiden: Quadernetze AB 12.6

Schneide die Netze aus. Falte daraus jeweils einen Quader.

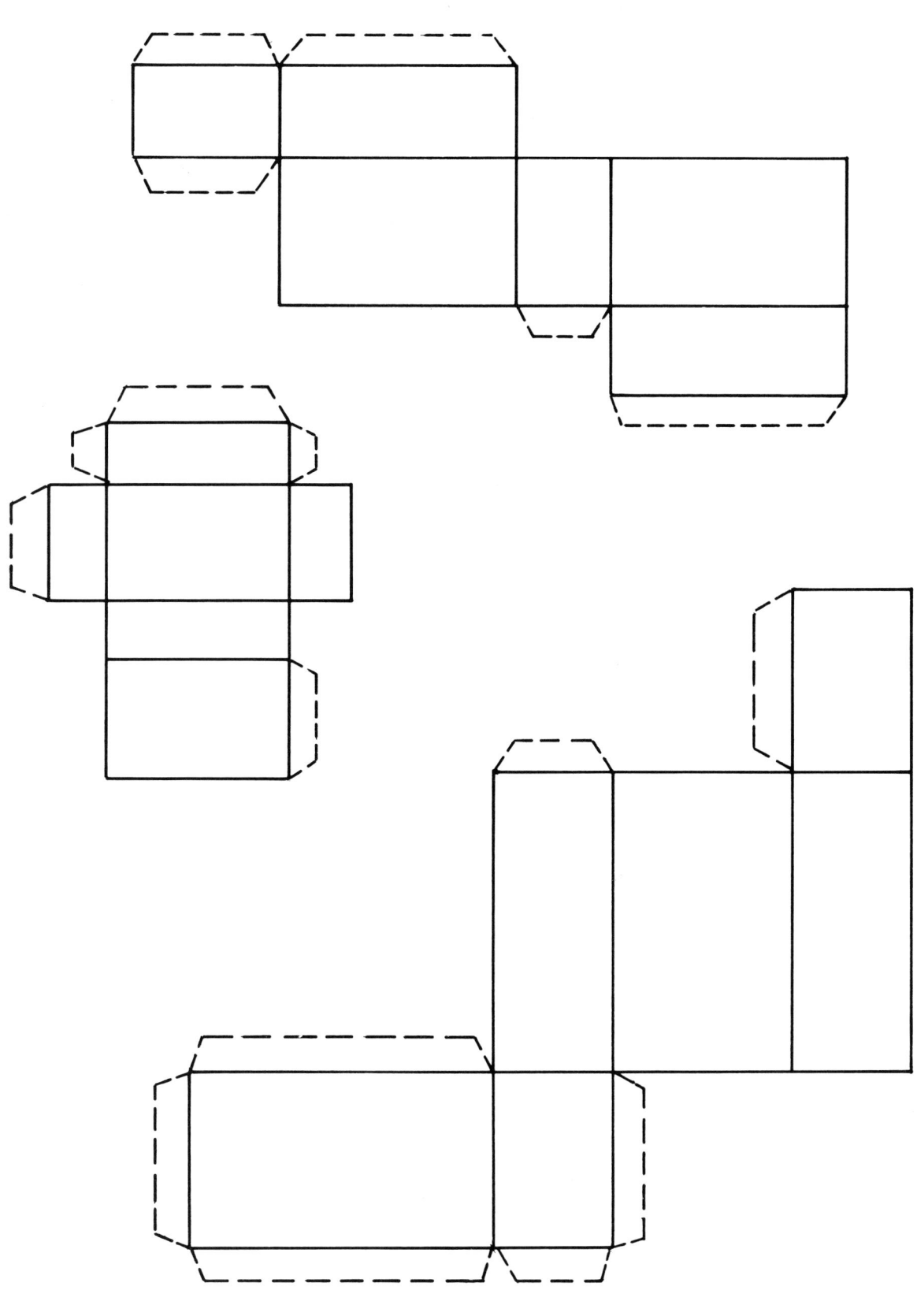

Zum Ausschneiden: Quadernetze

Vor dem Ausschneiden und Falten äußern (und begründen) die Schüler ihre Vermutungen, welche der Netze einen Quader ergeben.

Lösung: Alle Netze lassen sich zu einem Quader falten.

Wir betrachten Netze

AB 12.7

1. Zwei dieser Netze sind falsch. Kreise ein und begründe.

2. Zwei dieser Netze sind falsch. Kreise diese ein.

AB 12.7: Hinweise

Die Netze werden vergrößert (z. B. alle Längen verdoppeln) ausgeschnitten. Durch konkretes Falten wird überprüft, welche Netze einen Würfel/Quader ergeben.

Nennen Schüler ohne Falten die Lösung, so müssen sie diese entsprechend begründen können, z. B. Boden- und Deckfläche dürfen nicht auf der gleichen Seite (des Mantels) liegen.

Lösung:

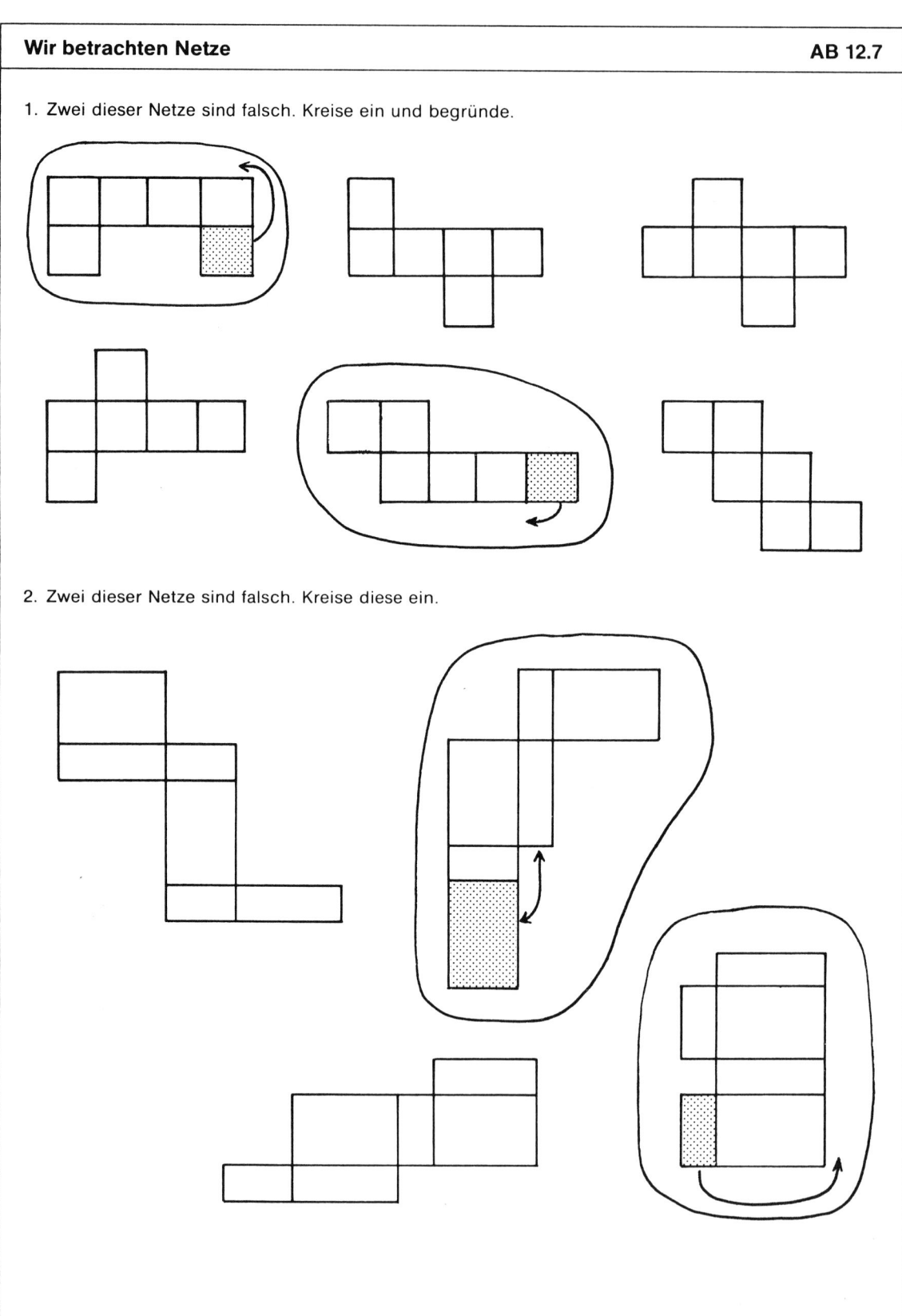

Wir vergleichen Würfel und Quader

AB 12.8

1. Kreise die Würfel rot und die Quader blau ein.

2. Welche Schnitte sind möglich, um einen Würfel (Quader) zu halbieren?
   Zeichne den (durchgehend gedachten) Schnitt auf der Vorderseite ein.

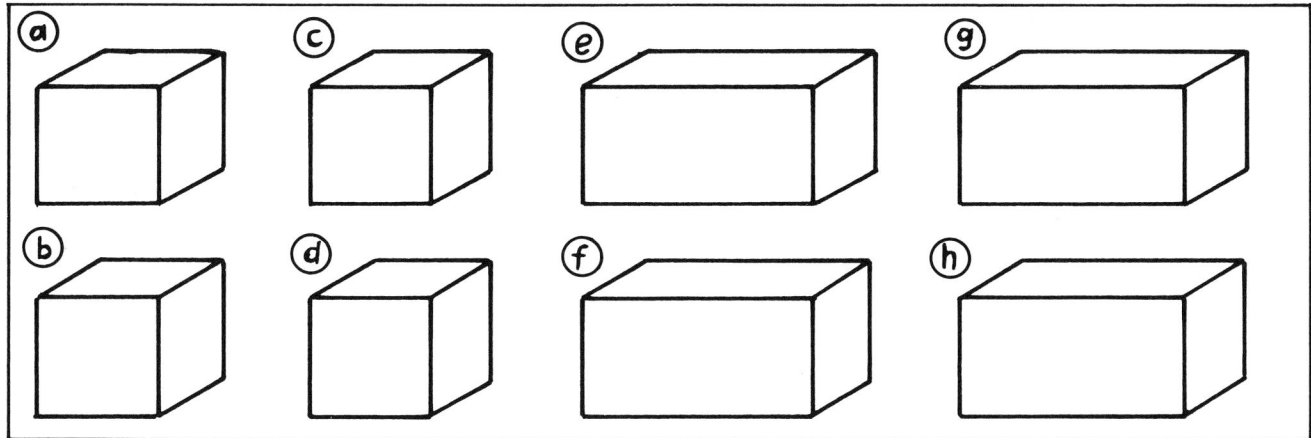

3. Welche dieser Schnitte (Aufgabe 2) sind symmetrisch?

   Würfel: _____ Quader: _____

4. Schreibe hinter jede Aussage, ob diese für den Würfel (= W), für den Quader (= Qu) oder für beide Körper (= W/Qu) zutrifft.

   a) Der Körper ist symmetrisch. (_____)

   b) Jede Begrenzungsfläche ist gleich groß. (_____)

   c) Der Körper kann dreierlei Grundflächen haben. (_____)

   d) Die Seitenflächen sind rechteckig. (_____)

   e) Der Körper hat 8 Ecken. (_____)

   f) Der Körper hat 24 rechte Winkel. (_____)

   g) Alle 12 Kanten sind gleich lang. (_____)

AB 12.8: Hinweise

Nr. 1: Die Schüler sollen Würfel und Quader auch in verschiedenen Lagen und aus unterschiedlichen Perspektiven erkennen.

Nr. 2 und 3: Ziel ist die Schulung des räumlichen Vorstellungsvermögens.

Nr. 4: Zum Abschluß der Betrachtung von Würfel und Quader müssen die charakteristischen Eigenschaften den Körpern zugeordnet werden. Gemeinsamkeiten und Unterschiede werden so deutlich.

Lösung:

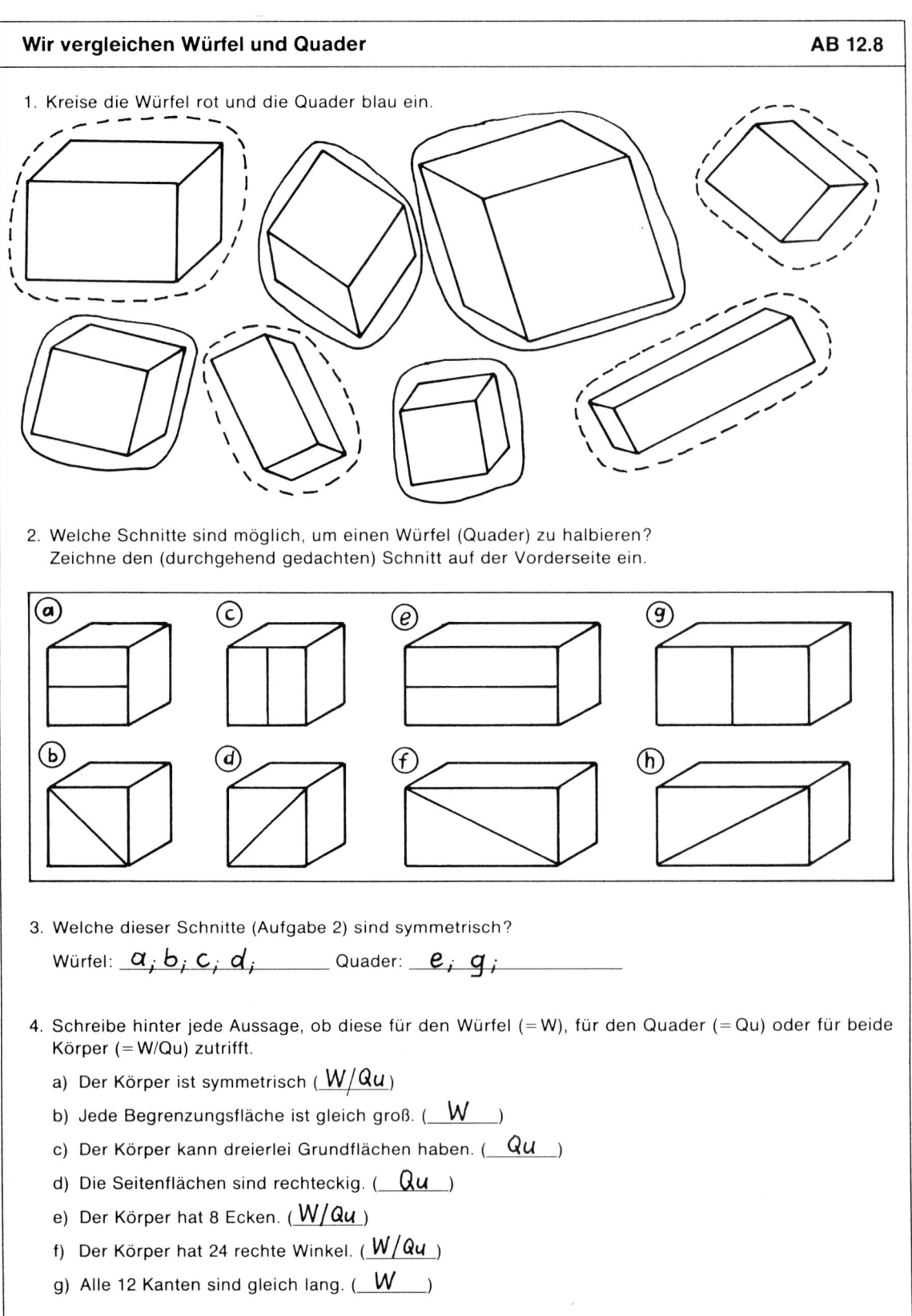

Wir untersuchen zusammengesetzte Körper AB 12.9

1. Welche Bausteine wurden bei den folgenden Figuren verwendet? Beschreibe.

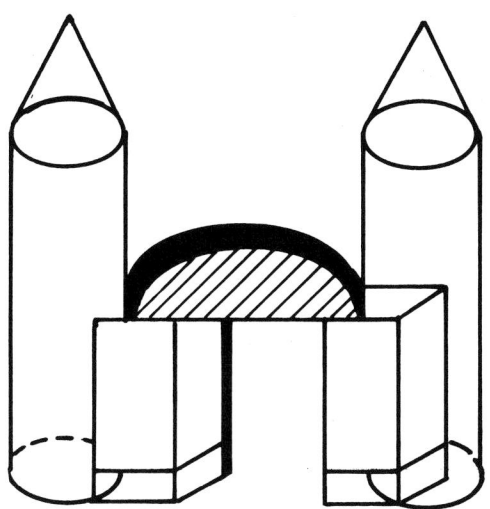 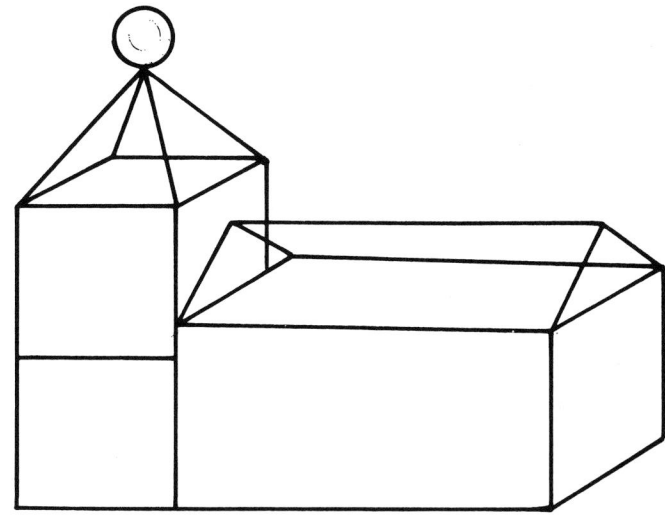

2. Bestimme bei jedem Körper die Anzahl der Würfel. Berücksichtige auch die nicht sichtbaren Würfel.

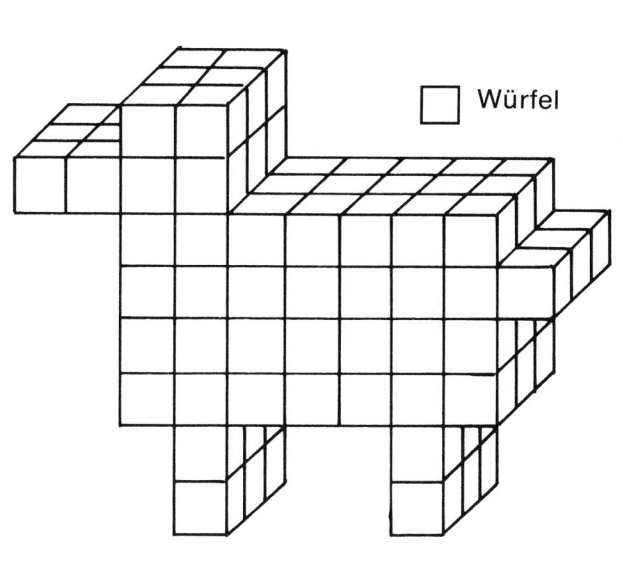 ☐ Würfel

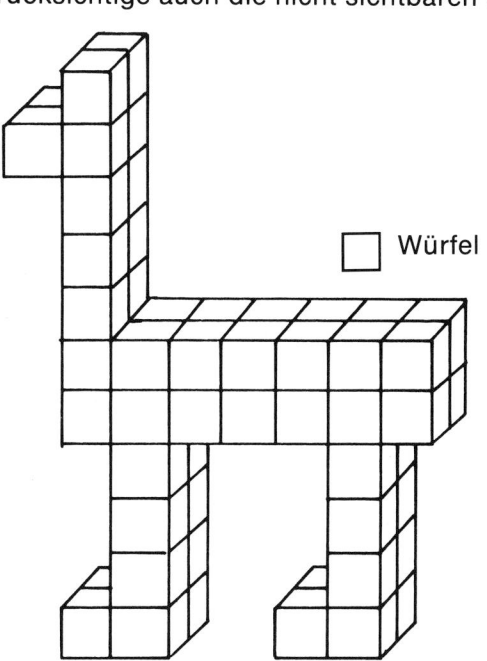 ☐ Würfel

3. Bei den folgenden Buchstaben fehlen noch einzelne Würfel. Wie viele?

 ☐ Würfel
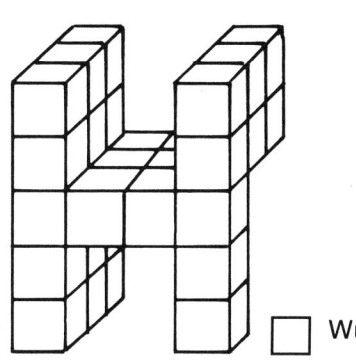 ☐ Würfel
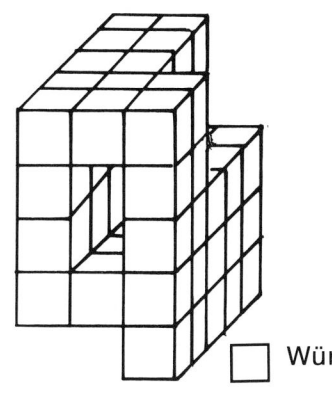 ☐ Würfel

AB 12.9: Hinweise

Nr. 1: Bei der Beschreibung der „Bauwerke" ist darauf zu dringen, daß die Schüler die korrekten mathematischen Begriffe gebrauchen, also Dreiecksäule (nicht „dreieckiger Baustein"), Zylinder (nicht „runder Klotz") usw.

Nr. 2: Die Schüler erläutern ausführlich ihr Vorgehen. Im Hinblick auf spätere Volumenberechnungen sollte vor allem das Verfahren eingehender besprochen werden, bei dem nur die Anzahl der Würfel in der vorderen Schicht (Vorderseite) und die Anzahl der Schichten gezählt werden.

Nr. 3: Nicht die Lösungszahlen stehen im Mittelpunkt der Betrachtung, sondern das Verbalisieren des Vorgehens.

Lösung:

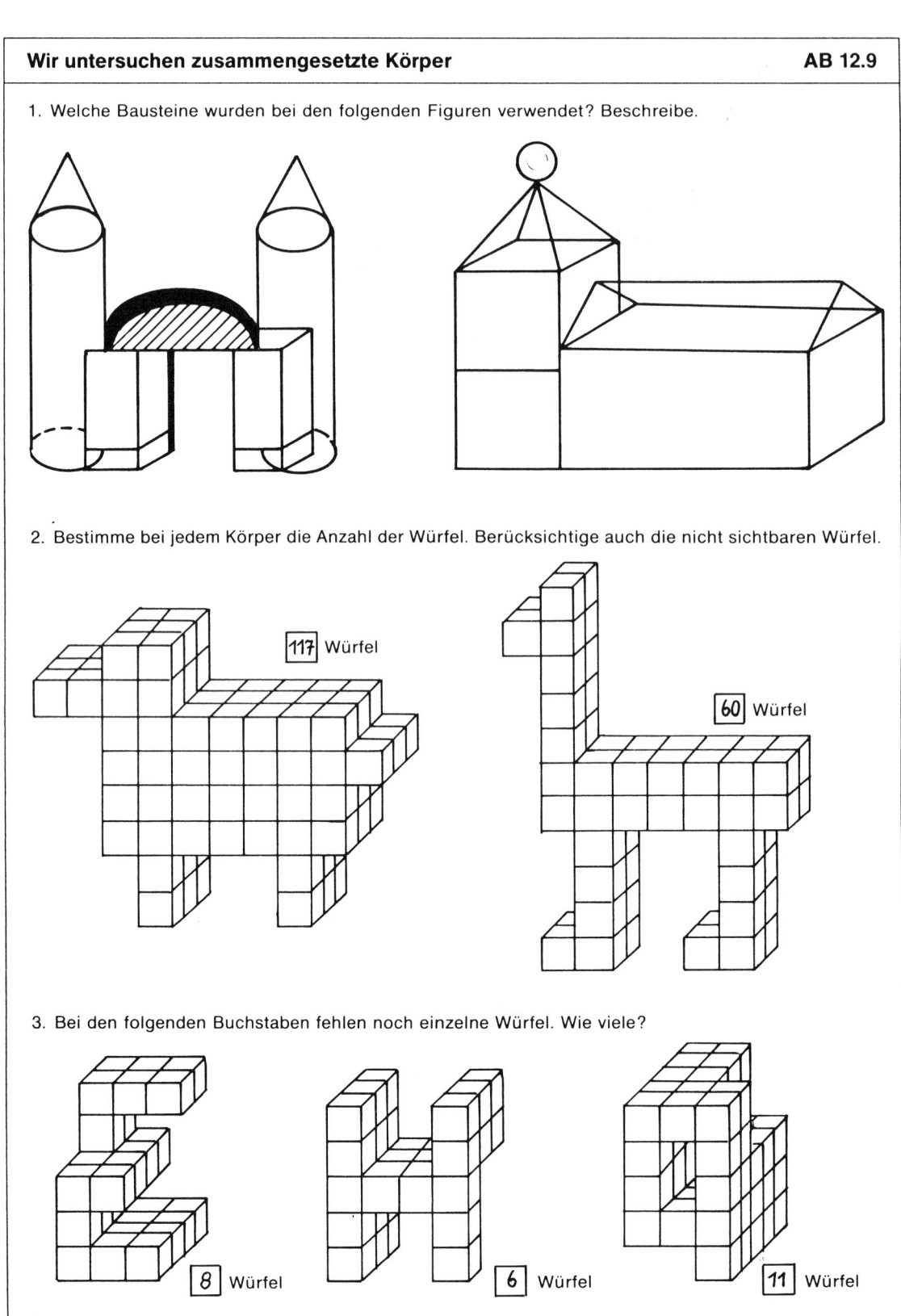

Literaturverzeichnis

Besuden, H.: Geometrie in der Grundschule. Zentralblatt für Didaktik der Mathematik, Heft 2. 1976

Fraedrich, A. M.: König Senkrecht IV. und sein Reich. Vortrag auf der 19. Bundestagung für Didaktik und Mathematik 1985. Bad Salzdetfurth 1985

Fricke, A. und *Besuden, H.:* Mathematik. Elemente einer Didaktik und Methodik. Stuttgart 1970

Griesel, H.: Die neue Mathematik für Lehrer und Studenten.
Band 1. Hannover 1971
Band 2. Hannover 1973

Keßler, R.: Parkettierung mit Würfelnetzen – Optimierungsprozesse in der Grundschule. Vortrag auf der 19. Bundestagung für Didaktik und Mathematik 1985. Bad Salzdetfurth 1985

Kirsche, P.: Symmetrien und Abbildungen im Geometrieunterricht der Primarstufe. Vortrag auf der 16. Bundestagung für Didaktik und Mathematik 1982. Hannover 1982

Kratz, J.: Geometrie 1. München 1980

Kratz, J.: Geometrie 2. München 1980

Lauter, J.: Der Mathematikunterricht in der Grundschule. Donauwörth 1978

Lauter, J.: Methodik der Grundschulmathematik. Donauwörth 1979

Leutenbauer, H.: Das praktische Handbuch für den Mathematikunterricht in der Hauptschule, Band 2 – Geometrie. Donauwörth 1984

Piaget, J.: Die Entwicklung des inneren Bildes beim Kinde. Frankfurt 1979

Schiffler, H. und *Winkeler, R.:* Tausend Jahre Schule. Stuttgart 1985

Schlaak, G.: Fehler im Rechenunterricht. Hannover 1974

Weidig, I.: Geometrieunterricht und Karogitter – Möglichkeiten und Erfolgsverbesserung. Vortrag auf der 19. Bundestagung für Didaktik der Mathematik 1985. Bad Salzdetfurth 1985

Weiser, G.: Der Geometrieunterricht in der Hauptschule. Donauwörth 1981

Winter, H.: Vorstellungen zur Entwicklung von Curricula für den Mathematikunterricht in der Gesamtschule. In: Beiträge zum Lernzielproblem, Bd. 16 der Schriftenreihe des Kultusministeriums Nordrhein-Westfalen. Ratingen 1972

Stichwortverzeichnis

Abbildung 6
Anwendung, Phase der 11
Arbeitsformen 8 f.
Artikulation 10 f.
außen 12, 19 f., 101
Äußere, das 13 f., 101
Ausführung, Phase der 10
Ausschneiden 25 ff.

Bewegungen
   euklidische 5
   Invarianz von 5
   topologische 5
Bodenfläche 121 ff.
Bogen 13
Bruner 8

Darstellungsebenen 8
Deckfläche 123 ff.
deckungsgleich 73 ff.
Dezimeter
   als Maßeinheit 59
   umrechnen 59, 63 ff.
   zeichnen 59
Differenzierung 8
Drachenviereck 102
Drehen 5, 91, 95 ff., 99
Drehvorschrift 91, 95 ff.
Dreieck 101

Ecke 13, 101, 121
Eigenschaften
   geometrische 5
   topologische 5

Figuren
   beschreiben 25
   deckungsgleiche 73 ff.
   dreieckige 101, 105 f.
   falten 75 f.
   legen 25, 81
   runde 101
   symmetrische 73 ff.
   übertragen 37 f.
   viereckige 105 ff.
Faltachsen 83 f.
Falten 75 f.
Farbsymmetrie 79 f.
Flächen 6, 101 ff.
   auslegen 10, 102 f.
   betrachten 105 ff.
   zusammengesetzte 103
   -form 101
   -modell 7, 121

Gebiete 23 f.
Geometrie
   Begrenzung der Inhalte 6
   Definition 5
   propädeutische 6, 9
gerade 12, 15 f.

geschlossen 12, 17 f., 101
Gitternetz 5 f., 49, 51 ff.
Größenvorstellung 60
Grundfertigkeiten 7, 35 ff.
Grundfläche 121, 123 f.
Grundtechniken 25 f.
Grundwissen 5

Handeln 9
Hochachse 49, 51 ff.

innen 12, 19 f., 101
Innere, das 13, 101
Invarianz 8

Kante 121
Kantenlänge 121
Kegel 123
Kilometer
   als Maßeinheit 60
   umrechnen 69 f.
Kontrolle 8
Kontrollformen 8
Körper 7, 101, 121 ff.
   Begrenzungsflächen 121
   betrachten 123 f.
   -maße 59 ff.
   -modelle 7, 121 f.
   Grundbegriffe 121
   Grundkenntnisse 7
   zusammengesetzte 122, 139 f.
Kreis 105
krumm 12, 15 f.
Kugel 121

Labyrinth 13 f.
Lagebeziehungen 6, 12 f., 21 f.
Längen 59
   messen 10, 59
   umrechnen 59, 61 ff.
   vergleichen 59
Längenmaße 60 f.
   Rechnen mit 60 ff.
Lernen, handelndes 6
Lösung, Phase der 10

Maßeinheiten 36, 59 ff., 104
Messen 35 f., 43 f., 59
Meter
   als Maßeinheit 60
   Entstehung des 60
   umrechnen 60, 65 ff.
Millimeter
   als Maßeinheit 36, 59
   messen 36, 43 f., 59 f.
   umrechnen 59, 61 ff.
   zeichnen 45 ff., 59
Modell 7, 121
Motivierung 8
Muster 91 f.
Mutterstruktur 5

Nachbargebiete 13
Netz 7, 121 f., 131 ff.
   des Quaders 133 ff.
   des Würfels 122, 131 ff.

Oberfläche 101
Oberflächeninhalt 121 f.
offen 12, 17 f., 101

Parallelverschiebung 5
Parkettieren 104, 119 f.
Piaget 8
Planung, Phase der 10
Plättchen 25
Polygon 101
Prinzipien 8
Pyramide 121, 123

Quader 121, 129 ff., 137 f.
   -netz 133 ff.
Quadrat 101 f., 109 ff., 115
   zeichnen 109

Rand 12, 101
Rauminhalt 122
Raumvorstellung 8, 60
Raute 101 f.
Rechnen mit Längenmaßen 59 ff.
Rechteck 102, 111 f., 115 f.
   legen 113 f.
   -puzzle 113 f.
Rechtsachse 49, 51 ff.

Seite 101
Seitenfläche 119
Spiegeln 5, 91, 99 f.
Spitze 121
Strategiebildung, Phase der 10
Strecke 101
Streckenzug 41 f.
Strukturierung 8
Symmetrie 6, 9, 73 ff.
Symmetriespiel 89 f.

Topologie 5, 12

Übungen, operative 59
Umfang 102, 107 f.
Umrechnungen 59 ff.
Umrechnungszahl 59

Verbalisieren 9
Verinnerlichung, Stufen der 8
Verschieben 91 ff., 99
   im Gitternetz 49
Verschiebevorschrift 49, 55 ff.
Vieleck 101
Viereck 101, 105 ff.
   besondere 101 ff.
   zeichnen 107 f.
Vierfarbenproblem 13

Vollzug
   handelnder 8
   kognitiv-verbaler 9
   zeichnerischer 9
Volumen 121
Vorstellungsvermögen, räumliches 5

Wertung, Phase der 10
Würfel 121, 125 ff., 137 f.
   -netz 122, 131 f.

Zeichengerät 5
Zeichnen 9, 35, 41 f., 45 ff., 53 f., 59, 107 f.

Zentimeter
   als Maßeinheit 36, 59
   messen 36, 43 f., 59
   umrechnen 59, 61 ff.
   zeichnen 45 ff., 59
Zielbestimmung, Phase der 10
Zielorientierung 8

Mathematik zeitgemäß unterrichten!

Paul Olbrich/Andrea Eisenreich
Bildungsstandards für die Grundschule Mathematik
4. Jahrgangsstufe
Komplett-Paket
mit Übungsheft und Lösungsheft
Best.-Nr. **4340**

Übungsheft (extra)
124 S., DIN A4, kart. Best.-Nr. **4338**

Lösungsheft (extra)
124 S., DIN A5, kart. Best.-Nr. **4339**

Perfekt ausgearbeitetes Übungsmaterial zur Leistungsüberprüfung!
Dieses Übungsheft ist die Antwort auf die jetzt eingeführten länderübergreifenden Bildungsstandards in der Grundschule! Es liefert Ihnen passgenaues Aufgabenmaterial, das mit dem dazugehörigen Lösungsheft ohne großen Aufwand kontrolliert werden kann. Mit diesem brandneuen Übungspaket können Sie exakt überprüfen, ob Ihre Schüler/-innen dem verbindlich vorgegebenen Leistungsniveau entsprechen.
Mit dem umfangreichen Übungsteil können Sie die Kinder gezielt für die weitere Schullaufbahn fit machen. Im Vordergrund stehen dabei schülernahe Aufgaben, die neben dem Üben und Wiederholen ebenso Einsicht und Strategiebildung fördern.
Dieses Material ist unerlässlich für alle Lehrkräfte, die den Bildungsstand ihrer Klasse den Eltern gegenüber konkret nachweisen wollen. Es wurde im Hinblick auf die **aktuellen Beschlüsse der Kultusministerkonferenz** entwickelt und hilft auch Eltern, die ihre Kinder schulisch unterstützen möchten.

Josef Schmid-Egger
Geometrische Figuren entwerfen und gestalten
80 S., DIN A4, kart. Best.-Nr. **3440**

Kreativität und Mathematik schließen sich nicht aus – im Gegenteil! Dieser Band bietet insgesamt 150 geometrische Figuren für die Klassen 1 bis 4 in der Grundschule. Die Kinder rekonstruieren die Figuren und gestalten sie anschließend aus. Dabei entstehen fast immer ganz verschiedene, in vielen Fällen wunderschöne Ergebnisse. Geschult werden genaues, konzentriertes Arbeiten ebenso wie künstlerische Fähigkeiten. So macht der Mathematikunterricht Spaß!

Stefan Eigel
Lernzirkel Mathematik
3.–7. Jahrgangsstufe
Mit Kopiervorlagen
134 S., DIN A4, kart.
Best.-Nr. **3206**

Die praxiserprobten Lernzirkel können als Hinführung zu freiem, selbst bestimmtem und selbstständigem Arbeiten eingesetzt werden. Die einzelnen Stationen dienen als Orientierungshilfe, der Lernzirkel führt die Schüler/-innen „wie an einem roten Faden" durch das an Stationen aufbereitete Thema. In der Lernzirkelarbeit werden Schüler/-innen daran gewöhnt, sich anhand konkreter Aufgaben Ziele zu setzen und diese entschlossen zu verfolgen. Zentrale Themen des Mathematikunterrichts der Jahrgangsstufen 3 bis 7 werden abgedeckt.

Auer BESTELLCOUPON

Ja, bitte senden Sie mir/uns

Paul Olbrich/Andrea Eisenreich
Bildungsstandards für die Grundschule Mathematik
___ Expl. **Komplett-Paket** Best.-Nr. **4340**
___ Expl. **Übungsheft** Best.-Nr. **4338**
___ Expl. **Lösungsheft** Best.-Nr. **4339**

___ Expl. Josef Schmid-Egger
Geometrische Figuren entwerfen und gestalten Best.-Nr. **3440**

___ Expl. Stefan Eigel
Lernzirkel Mathematik Best.-Nr. **3206**

mit Rechnung zu.

Bequem bestellen direkt bei uns!
Telefon: 01 80 / 5 34 36 17
Fax: 09 06 / 7 31 78
Internet: www.auer-verlag.de

Bitte kopieren und einsenden an:

**Auer Versandbuchhandlung
Postfach 11 52
86601 Donauwörth**

Meine Anschrift lautet:

Name/Vorname

Straße

PLZ/Ort

E-Mail

Datum/Unterschrift